中国红十字运动知识丛书(第五辑)

陈海高　池子华　总主编

盐城市盐都区红十字会　红十字运动研究中心　编

梅 开 二 度

——二次革命救援的故事

池子华　著

合肥工業大學出版社

图书在版编目(CIP)数据

梅开二度:二次革命救援的故事/池子华著;盐城市盐都区红十字会,红十字运动研究中心编. --合肥:合肥工业大学出版社,2025.5.(中国红十字运动知识丛书). -- ISBN 978-7-5650-7195-9

Ⅰ. K258.306;R197.8

中国国家版本馆 CIP 数据核字第 2025KF9254 号

梅开二度

——二次革命救援的故事

池子华 著

责任编辑	孙南洋
出版发行	合肥工业大学出版社
地　　址	(230009)合肥市屯溪路193号
网　　址	press.hfut.edu.cn
电　　话	人文社科出版中心:0551-62903200 营销与储运管理中心:0551-62903198
开　　本	850毫米×1168毫米 1/32
总 印 张	22.25　**总 字 数** 394千字
版　　次	2025年5月第1版
印　　次	2025年5月第1次印刷
印　　刷	安徽联众印刷有限公司
书　　号	ISBN 978-7-5650-7195-9
总 定 价	120.00元(共5册)

总　序

中国红十字会诞生于1904年，至今已走过110多年的风雨历程，“是国内历史最悠久的人道组织”（习近平语），被称为“百年老店”。百余年来，中国红十字会秉持人道、博爱、奉献精神，救死扶伤，扶危济困，谱写出一曲曲人道赞歌，在中国近代史和中华人民共和国史上留下了闪光的足迹。正如习近平总书记所说的：“中国红十字会在重大灾害救援、保护生命健康、促进人类和平进步等方面发挥了重要作用。”

可是，对中国红十字会所建立的丰功伟绩，知道的人并不是很多。为弘扬红十字精神，“讲好红十字故事”，中国红十字基金会委托红十字运动研究中心，组织编写了这套“中国红十字运动知识丛书”，通过对重要历史人物、重大历史事件的挖掘，呈现一幅幅丰富饱满、多姿多彩、跌宕起伏的红十字历史画卷。

丛书虽然是“讲故事”，但不是“编”故事，没有

无中生有的猜想，没有胡编乱造的粉饰，没有“标题党”的故弄玄虚，没有添油加醋的天马行空，更没有虚构的文学情节，而是依据历史事实，用通俗易懂、朴实无华的语言，娓娓道来，再配上老照片，图文并茂，客观再现历史的场景。虽然少了点舞文弄墨的精彩，但确是信史。不求梦笔生花，但求“告诉你一个真实的红十字会”！

池子华

2018 年 1 月 9 日

目　录

引　子

袁世凯在窃取辛亥革命（一次革命）果实后，置国人群起反对而不顾，执意走上专制独裁的道路。专制独裁与民主共和水火不容。为扫清专制道路上的障碍，袁世凯不惜采用铁血手段，向国民党（1912 年 8 月组建，以孙中山为理事长）人开刀。1913 年 3 月 20 日，在上海火车站刺杀宋教仁，接着在6 月 9 日、14 日、30 日相继免除江西都督李烈钧、广东都督胡汉民、安徽都督柏文蔚职务，公开向革命党人宣战。

在袁世凯步步进逼之下，革命党人决定发动二次革命，用鲜血捍卫共和。7 月 12 日，李烈钧在湖口起义，宣布江西独立，“二次革命”（即“讨袁之役”，1913 年为旧历癸丑年，又称“癸丑之役”，因主战场为江西、南京，所以又称“赣宁之役”）爆发。中国红十字会一如辛亥革命救护那样，立即做出反应，迅速组织起强有力的人道行动，“梅开二度”，书写了战地救护的新篇章。

一、烽烟再起

1912年1月1日，孙中山在南京就任临时大总统，庄严宣告中华民国成立。统治中国两千多年的封建帝制一去不复返。中国历史开始了新纪元。

1912年对中国红十字会来说，更是新征程的起点。1月12日，瑞士日内瓦红十字国际委员会主席（史书称国际红十字联合会会长）阿铎尔致函中国红十字会万国董事会董事部长沈敦和，告知中国红会已得到国际红会的正式承认，享有与各国红会同等待遇。中国红会由此正式成为红十字"国际联合会"（红十字会与红新月会国际联合会的前身国际红十字会协会于1919年5月5日才宣告成立，这里所说的"国际联合会"，是清末民初对红十字国际委员会的习惯称呼）大家庭的一员。这是对中国红十字会自1904年成立以来特别是辛亥革命救护中取得辉煌业绩的肯定。

民国建立，举国同庆，中国红十字会也向新政府表

孙中山

达了美好愿望，2 月 15 日《红十字会致北京临时政府袁及孙大总统、黎副总统》电文说：“统一已见明文，南北战祸永息，本会乐赞和平，曷胜额庆!”对中国红十字会的良好祝愿，孙中山、袁世凯、黎元洪都表示赞赏。17 日袁世凯回电时就说：“共和成立，战祸永息，贵会乐赞和平，今已幸告成功，谨代南北军界同胞叩谢。”令人意想不到的是，恰恰是袁世凯，背弃共和，挑起

“战祸”，使中国再次陷入战争的泥潭。

袁世凯（1859—1916），字慰亭、慰廷，号容庵、洗心亭主人，河南项城人，人称袁项城，北洋军领袖、直隶总督、军机大臣。虽然他曾一度被贬，心灰意冷，回到河南，赋闲垂钓，但他一手创建的北洋新军听命于他。手握重兵，他自信有东山再起的机会。1911 年 10 月 10 日辛亥革命爆发后，清王朝处于风雨飘摇之中，不得不重新启用袁世凯，任命他为湖广总督、内阁总理大臣，希图借助北洋新军扑灭南方革命之火。

革命潮流，势不可挡。“复出”的袁世凯，清楚地看到清王朝大势已去，无药可救，于是暗中与革命党人谈判，取得革命党人的信任。1911 年 10 月 28 日，革命军总司令黄兴就致电袁世凯，承诺“若能赞成共和，必可举为总统”。1912 年 1 月 1 日孙中山就任临时大总统后也表示，如果袁世凯使皇帝退位，宣布共和，他可以“让位”给袁世凯。

袁世凯求之不得，1 月 25 日，他和北洋将领们通电支持共和，紧接着，2 月 12 日，他“逼宫”迫使清帝退位，结束了清王朝的封建统治。袁世凯做到了，孙中山也兑现承诺，3 天后的 2 月 15 日，经南京参议院选举，袁世凯接替孙中山出任临时大总统，他于 3 月 10 日在北京就职。他信誓旦旦地表示：“深愿竭其能力，发扬共和之精神，涤荡专制之瑕秽。”

袁世凯

然而，袁世凯骨子里并不真正赞成共和。大权到手，他便把“发扬共和之精神”的宏愿大誓抛到九霄云外，走上了专制独裁的道路，这使国民党（1912 年 8 月 25 日于北京成立，以孙中山为理事长）人失望至极，而令国民党人最不能容忍的是袁世凯刺杀宋教仁。

宋教仁（1882—1913），字得尊，号遁初、钝初、遯初、敦初，别号渔父，湖南常德人，“中国宪政之父”。他在 1905 年加入中国同盟会，任司法部检事长。湖北军政府于 1911 年 10 月 11 日在武昌成立时，他致力于建设民主共和政权。1912 年中华民国成立，宋教仁被任命为法制局局长，起草了《中华民国临时组织法草案》。1912 年 8 月，中国同盟会改组为国民党，他当选为理事，并被孙中山委为代理理事长。宋教仁到处演说为国民党争取多数席位。1913 年 2 月，国会选举接近尾声，国民党取得重大胜利。可是，3 月 20 日他却在上海火车站遇刺，经抢救无效，3 月 22 日撒手人寰，年仅 31 岁。

宋教仁

宋教仁遇刺身亡，是国民党革命事业的巨大损失，孙中山悲痛不已，亲撰挽联，称他为“为宪法流血”的“第一人”。

宋教仁被暗杀，舆论一片哗然，凶手是谁？史书说是武士英、应桂馨、洪述祖策划实施，但幕后主使指向袁世凯（部分学者存疑）。黄兴挽联一针见血：“前年杀吴禄贞，去年杀张振武，今年又杀宋教仁；你说是应桂馨，他说是洪述祖，我说确是袁世凯。”

袁世凯是刺杀宋教仁的真凶，没有多少人怀疑。袁世凯干脆一不做二不休，于6月9日首先免去被其视为眼中钉肉中刺的江西都督李烈钧的职务。接着，6月14日、30日相继免去广东都督胡汉民、安徽都督柏文蔚职务，公开向革命党人宣战。

李烈钧（1882—1946），字协和，号侠黄，江西九江人，民主革命家。1904年赴日本东京振武学校留学，1907年进入日本陆军士官学校第六期学习，也是这一年，他加入中国同盟会。1908年回国后其任江西混成协第五十四标第一营管带，次年赴云南任讲武堂教官兼兵备道提调，在军队中鼓动反清革命。1911年10月23日，江西九江起义成功，李烈钧辗转赴九江，被推为总参谋长，不久任海陆军总司令。11月率队溯江而上，驰援武昌，被任命为苏皖赣鄂五省联军总指挥兼中央军司令，阻击北洋军阀冯国璋部的进攻。1912年3月19日，李烈钧就任江西都督，大刀阔斧地进行军事、政治、经济改革，如推行剪辫、禁鸦片等。1913 年宋教仁被刺身亡后，5 月 5 日李烈钧联手湖南都督谭延闿、广东都督胡汉民、安徽都督柏文蔚通电反袁，并公开指出袁世凯为刺杀宋教仁的凶犯。袁世凯恨之入骨，下令将其免职。李烈钧前往上海，与孙中山、黄兴商讨反袁事宜，决定发动“二次革命”，讨伐袁世凯，用“铁血”捍卫共和。

1913 年 7 月 12 日，李烈钧在江西湖口成立讨袁司令部，并就任总司令，通电全国，宣布江西独立，发布

李烈钧

《江西讨袁军总司令檄文》，痛斥袁世凯“乘时窃柄，帝制自为，意图破坏共和，为全国之公敌”，因而“亟起自卫，为天下共击之”，以“保卫共和，驱除民贼”，“二次革命”（即“讨袁之役”，1913 年为旧历癸丑年，又称“癸丑之役”，因主战场为江西、南京，所以又称“赣宁之役”）爆发。孙中山也发表宣言，号召国民一致“倒袁”，维护共和。

江西独立不久，7 月 14 日，江苏宣布独立，17 日、18 日，安徽、上海先后独立。接着，广东、福建、湖南、重庆等省区相继独立，纷纷组织讨袁军，讨伐袁世凯。袁世凯也调兵遣将，南下应战，一时狼烟四起，天昏地暗。

二、闻风而动

共和民国，酿成变局；
煮豆燃萁，祸乱交作；
同胞无辜，横遭惨酷；
过山大炮，毛瑟来福；
兵连祸结，死亡枕藉；
玉石俱焚，暗无天日。

这是中国红十字会副会长沈敦和在1913年7月29日《申报》所发的广告词，读罢令人浩叹不止。

杀戒大开，烽烟四起，伤亡累累，生灵涂炭。以救死扶伤为天职的中国红十字会当然不会袖手旁观。而且，比一年之前，中国红十字会已面目一新了。

原来，1912年民国建立后，在沈敦和积极争取下，在孙中山等政要的关心提携之下，2月28日，内政部为中国红十字会“立案”（注册），使它成为全国统一的人道救助组织。5月7日至17日，第九届国际红十字大会

沈敦和

在美国首都华盛顿举行，中国红十字会代表团出席，首次“亮相”国际舞台，格外引人注目。9月29日，中国红十字会首届会员大会在上海隆重召开，大会通过了《中国红十字会章程》，选举吕海寰为正会长，沈敦和为副会长兼常议会议长，江绍墀为理事长，总会设于北京，总办事处设上海，具体负责中国红十字会会务和业务工作，并公举大总统、副总统为名誉总裁。10月19日大总统令，正式任命吕海寰为中国红十字会正会长、沈敦和为副会长兼常议会议长。10月30日，中国红十字会又在上海召开“统一”大会，制订并通过了《中国红十字会分会章程》，结束了一盘散沙的局面，实现了规范化管理。总而言之，经过一年的努力，中国红十字会于内于外，开拓奋进，实现了新形势下的“华丽转身”，也为二次革命的人道救援打下良好的基础。

二次革命爆发，中国红十字会闻风而动，迅速作出反应。1913 年 7 月 18 日，中国红十字会在上海召开常议会特别会议（第六次常议会），商讨救护之策，具体办法：

一是向国际社会发出通电，请求“红十字同盟各国”给予协助；

二是秉持人道主义宗旨和中立性原则，不分地域，不管哪方面军，无差别“一体救护”；

三是九江红十字会医院医生缺乏，除了“星夜派医协助外，再发医队”；

四是上海山雨欲来风满楼，人心惶惶，除沪城分会（上海分会的前身，又称城内分会）“组织救护队外，本会亦预备二、三队，一遇警报，随时出发”；

五是召集热血青年 40 人编成急救护、担架队，进行救护技能培训，由王培元、希尔治医生担任主任；

六是派出掩埋队，及时掩埋腐尸，以免引发疫情；

七是邀请旅居上海的中外绅商、医药界人士，“组织万国红十字协会，协助进行”；

八是致电参战各方军队，对红十字会救护人员“一体优待保护”；

九是“增设各省分会及临时医院”；

十是禁止滥用红十字徽章，“并严禁以红十字为作战机关”等。

常议会特别会议后，中国红十字会组织救护队，迅速投入救援行动。

然而，战事不断扩大，战线延伸拉长，主战场也迅速转移到长三角地区，中国红会因地制宜、因时制宜，实时调整救护策略。7 月 21 日，《申报》报道了中国红十字会的应对措施，主要有：

一、请讨袁军总司令黄兴电令津浦铁路南段给红十字会预备救护专车，并发给救护员乘车执照；

二、致电江苏、江西、安徽等省司令长官通令各军队，对红十字会救护人员加以优待保护；

三、请南京宝琅医生快速组织沿津浦铁路南段救护车及救护队，往来徐州、浦口一带开展救护；

四、请段少沧、朱星斋等组织徐州所属五县分会，对徐州战事进行救护；

五、请苏州柏乐文、惠庚生教会医生，镇江白廉教会医生组织救护力量，设立临时医院，沿沪宁铁路开展救护；

六、南京、浦口、滁州、临淮、怀远、颍州至徐州一带加派救护队、掩埋队；

苏州博习医院首任院长柏乐文

七、上海一旦接到求助报告，确保十分钟内出发，赶赴战地；

八、推举柯师、王培元医士为上海战场救护队长，负责上海战场救护事宜。

如此部署，细致周密，行动迅速有序。

不过，要展开高效快捷的救援行动，没有经费支持将寸步难行。为此，沈敦和副会长代表中国红十字会总会总办事处在 7 月 22 日《申报》刊登广告“急募捐款”，说二次革命开战以来，“遍地伤痍，徐州以下，兵事尤剧，战祸蔓衍”，不可避免。中国红十字会天职所在，现已组织救护、掩埋等队，分赴战地，“并就开战各地设立临时医院，以资救济而重人道”，但经费不足，如果没有社会各界的支持，难以为继，所以务请海内外爱心人士“慨解仁囊，互相扰助，俾资接济，曷胜盼祷之至”。

红十字会的“急募”呼吁迅速得到响应，捐款源源而来。7 月 24 日，沈敦和副会长就代表中国红十字会总会总办事处在《申报》刊登“寿仪移助红十字会”广告，向人们讲述了这样一个感人故事，说：“庞莱臣先生暨德配张夫人于本月廿五号（即旧历六月廿二日）五旬双庆，至亲好友本拟备筵公祝。现因战事已开，红十字会救护经费无着，妥议将祝敬移助红会，巡送二马路红十字会总办事处核收，以救民命。”就是说，庞莱臣和其夫人 50 大寿，亲朋好友准备设宴祝寿，考虑到战事救护，红十字会经费没有着落，庞莱臣决定将祝寿的“份子钱”捐给红十字会，“以救民命”。

故事的主人公庞莱臣就是近代大名鼎鼎的庞元济（1864—1949）。庞元济，字莱臣，浙江吴兴（今湖州）人，他是一位企业家、商人，曾与人合资先后在杭州、德清创办世经缫丝厂、大纶缫丝厂和通益公纱厂，并在上海、苏州、绍兴等地开设不少当铺、钱庄、米行、酱园、酒坊、药店，经济实力雄厚。不仅如此，他还特别

庞元济

热衷传统文化，喜欢收藏书画，被誉为“世界最负盛名”的收藏家。

时值国难，庞元济义无反顾，把祝寿“红包”捐出，这其中有好友何秉鳌与吴蟾青合送洋 30 元，施则敬洋 20 元，洪少圃洋 10 元。庞元济“交游素广，称觞晋祝，亲友当不乏人。当此两军鏖战，肉薄血飞，务请将寿仪一律移助红会，以充救护之用”，令人感动。

捐款不断，增强了中国红十字会人道救援的信心，保障了救援行动的顺利进行。

三、沪城救护

上海是二次革命争战激烈的地区之一，也是中国红十字会总会总办事处（以下简称总办事处）所在地和救护行动的指挥机关。天时地利与人和，沪城救护的高效可想而知。

1913 年 7 月 16 日，上海讨袁军总司令陈其美发布讨伐袁世凯的檄文，意味着上海大战即将来临。檄文罗列袁世凯种种罪状，说他“残害忠良，袒护凶犯，捣乱司法”等，如今更是“派兵南下，破坏共和”，穷凶极恶，“实在忍无可忍”，故而举兵讨伐。

陈其美（1878—1916），字英士，号无为，浙江吴兴（今湖州）人，1906 年赴日本留学，当年加入中国同盟会，后成为骨干。1908 年奉孙中山之命回国宣传、组织革命。1911 年辛亥革命爆发，他在上海发动武装起义，光复上海后其被推举为沪军都督，不久他率军攻克浙江巡抚衙门，进而组织苏浙镇沪联军攻克南京。蔡元培称

陈其美

他为“民国第一豪侠”。

1912 年陈其美被袁世凯解除了沪军都督职务，这使他对袁世凯及其独裁统治颇感失望。二次革命举兵反袁，也是自然之理。

陈其美宣布上海独立，大战一触即发。总办事处立即组织救护队，由被誉为“中国红十字会第一医师”的王培元临危受命，担任救护队长。

王培元的履历并不是很清晰，但在中国红十字运动史上确是一位“关键”人物。1910 年，沈敦和创办的中国红十字会总医院、医学堂开张，王培元被聘为驻院医生，主持院务并兼任医学堂教师，参与红十字会各项建设工作。辛亥革命爆发后，他又被派往武汉，战事救护

蔡元培

中，他勇往直前，冒险深入战地，差一点丢了性命。上海战幕拉开，沈敦和副会长委以其重任，看中的正是他医术高明且不怕危险、不怕困难、临危不惧。

战争迫在眉睫。为适应战事救护的需要，总办事处也把徐家汇路中国红十字会总医院改设为第一伤兵医院留养重伤兵民，天津路北市医院改为第二伤兵医院，时疫医院改为第三伤兵医院。战斗一旦打响，什么样的情况都可能出现。为便于联络、协调救护行动，特设救护队召集机关，由邓笠航负责。

7 月 22 日夜，讨袁军进攻上海制造局，战斗打响。王培元立即带领救护队奔赴战地救护伤兵。战况极为惨

中国红十字会总医院

烈，死伤无数。不仅如此，城门失火，殃及池鱼，日晖港、陆家浜等处民屋也毁于炮火，市民死于流弹甚多，哭声震野，惨不忍闻。7 月 24 日，《申报》报道战况说："县南街红十字分会各救护队于二十二日夜半二点半钟出发，至昨日午后两方面停战后车（运）回受伤之兵士三十余人，闸北市红十字总会车（运）回伤兵有百余人之多"；"红十字会黎明均赴战地援救伤兵，因伤病过多，致车辆等件不能敷用。午前，保安堂受红十字会委托向棺材店购棺木五百具，兵士死亡之众于此可见"；"此次南北两军激战甚烈，伤亡将士为数不少，北军一方面伤亡几何未得确信，未敢臆断，所有南军阵亡者昨日午前已均将尸身异至同仁辅元堂棺殓，闻有十余具之多，其受伤而送至红十字会疗救者，午前已有五六十人，战祸诚烈矣哉！”23、24、25 日连夜剧战，28 日搏战尤烈。救护队在王培元的指挥下，奋不顾身，四出救护，及时将伤员转送红十字医院救治。

8 月 10 日，江湾开战，枪声大作，流弹纷飞。王培元率红十字救护队员乘专车至江湾，营救伤兵及济良所难民 200 余人。伤兵难民运到医院时，沈敦和副会长率救护人员迎接，将他们妥善安置。鉴于江湾战事日紧，王培元、苏荔裳二次赴江湾，在玉佛寺救护妇孺 180 余人，乡妇 43 人出险。11 日，王培元再次率救护队员至江湾，值两军开战，弹如雨下，王培元等身陷火线，惊险万分。媒体报道说：“下午四点三刻，江湾两军交战正烈，炮弹如雨。红十字会救护队王培元等途遇官军五人，（他们）力劝王（培元）赶赴车站营内暂避。惟站前交战甚烈，汽车布篷已中两弹，车轴亦中一弹，不得已由王队长发紧急令前往沟渠暂避，渠水过深，凫行约六百码，河阔水深，力既不逮。”进退两难之际，遇牧童牵着 3 头水牛经过，商量给钱借用，王队长等趴在牛背上过了河，这才幸免于难。江湾此行，救护队员冒着枪林弹雨救护 30 多人出险。江湾激战，死亡士兵不少，王培元队长来不及喘息，又带领掩埋队前往，共掩埋尸骸百余具。

张华浜开战之前，沈敦和副会长特借张华浜原有海

中国红十字会救护车

军医院为临时医院，聘请英国医生穆林纽为主任，战事开始后又增派柯师医士等乘救护小轮往来驰救。12 日傍晚时分，救护小轮“汉源”号等救护伤兵抵沪，副会长沈敦和、理事长江趋丹、常议员施则敬、赞助员沈鼎臣等数十人等候在码头，将救出的伤兵 40 余人分送各医院。自开战以来，红十字会医院共收治伤员 947 人，重伤不治而死者 11 人。这其中，尽管红十字会救护人员付出了巨大的艰辛，但没有丝毫倦怠，媒体评论说：“自朝至夕，沿路时见有红十字会病车（救护车）、抬床（担架）络绎不绝。其各会员及院夫又均热心救世，暑汗淋漓，未尝少有倦容，真中国慈善事业之第一美效也。”

四、和平使者

战争是残酷的，生灵涂炭不说，还会造成社会经济的大破坏。上海是国际性的大都会，更是中国的经济中心，繁花似锦。一旦冲突升级，后果不堪设想。红十字会是人道救助组织，无力制止战争，但有一线曙光，他们就会充当和平使者，穿梭于敌对双方，居间调停。

上海刚一开战，红十字会就扮演着和平使者的角色，希望交战双方握手言和，但并不顺利。7 月 23 日，沪南制造局开战后，为避免伤及平民，红十字会乞求双方停战，柯师和沈敦和副会长分头行动，“以红十字博爱恤兵之名义分往两方面苦求”，以至于“声泪俱下”，遗憾的是“双方未能并给息战证书”，这使红十字会深感“愧对同胞”。尽管没有获得双方停战保证，但“两军允中国红十字会之请，休战八小时，拯救伤兵伤民”。不过，休战后不久，双方当夜再次开战。二人不甘心，24 日，柯师医师与沈敦和副会长再次分别前往交战双方

“苦求”，希望“以人道为重”，化干戈为玉帛，取得城南闸北闹市区“勿用炮火击射”的承诺，两军从 25 日晨 6 时起休战 10 小时。

沪南之战没有因柯师和沈敦和的调停化解干戈，不过，还是减轻了战争的危害，也为红十字会救护伤兵伤民争取了时间。庆幸的是，在吴淞之战中，中国红十字会的“和平运动”（调停之意）大获成功。这其中柯师医师作出了巨大的努力，功不可没。

柯师是中国红十字运动史上的“红人”。1915 年 3 月 8 日《申报》刊登的张裕葡萄酒广告中有一句“经英国柯师大大夫化验，发给证书，谓此酒质味美醇，有滋补身体之功用。”实际上民国初年各色张裕广告频频打出柯师大大夫、柯师大夫或柯大夫的“招幌”（招牌、广告）。柯师无疑是不折不扣的张裕葡萄酿酒公司首位形象代言人。这位代言人，身兼中国红十字会医师和教师，为红十字会代言的广告在《申报》上也是连篇累牍，可谓“奇人”，因此有必要稍作介绍。

斯塔福德 · M. 考克斯（Stafford M. Cox，1866—1925），中文译名柯师、柯师太福，英国爱尔兰人，内科学博士，1900 年来华，担任上海海关“医官”（负责医疗卫生事务的官员）。他与商务印书馆经理张元济、著名思想家严复等都是交谊很深的挚友，与中国红十字会创始人之一的沈敦和，更是过从密切。正因为如此，其多有参与红十字会医务。早在1908年中国红十字会在上海天津路316号创设临时时疫医院时，就请柯师坐诊。同年沈敦和在上海宁波路43号创设急痧医院时，也是“请英国柯师医生担任施治”，一切费用全免。1910年，中国红十字会鉴于总医院建成使用，特聘柯师为总医院内科医师。不久，中国红十字会医学堂在总医院旁拔地而起，当年招生，柯师又被聘为教员，“用最新学术教授专门医科”。中国红十字会的医师兼教师，柯师就是以这种“双师”的身份，一直尽心尽力于红十字事务，直到1925年去世。

1911年10月10日，武昌起义燃起辛亥革命的熊熊烈火。战火燎原，伤亡惨重。10月24日，沈敦和为此专门在上海发起成立“中国红十字会万国董事会”，紧急调动人道资源，进行救援。事不宜迟，25日组织起30多人的救护人员，分编为甲、乙、丙3支救护队，驰赴战地。沈敦和本打算亲自带队前往武汉，但统筹指挥无法脱身，故拜托柯师为队长，带队前往。柯师表示万苦不辞。30号抵达汉口后，柯师立即指挥各队投入人道救援行动。

战事已持续了20天，两军多有伤亡。红十字会的到来，使伤者看到了生的希望。柯师等来不及休息，立即实施救治，把许多垂危伤兵从死神手中夺回，“有伤兵弹从前胸洞穿而过，伤及心膜，气息奄奄，经柯师医生

柯师医师

救治苏生”。他就是这样夜以继日地工作着。救护队员不顾安危，奋力救治伤兵伤民的人道义举，连湖北都督黎元洪也深受感动，他不仅为红十字会捐助经费，还亲自前往慰问。

武汉救伤，持续月余，综计汉口医愈病兵 576 名，伤兵 415 名，病民 31 名，伤民 106 名；武昌治愈病兵 860 名，伤兵 562 名，病民 18 名，伤民 116 名；汉阳治愈病兵 571 名，伤兵 120 名。成绩昭然，柯队长劳苦

武汉战地救护

功高。

二次革命爆发，柯师不负所望，再次冲到第一线。虽然沪南之战没有因他和沈敦和的调停而罢战息兵，但他没有轻言放弃，终于在吴淞之战中收获成功。

沪南制造局之战失败后，讨袁军退守长江门户吴淞。7月25日上午9时，沈敦和、柯师共赴吴淞口北军海筹号兵舰面见李鼎新、郑汝成二司令“劝和”，“上海租界内外居民有二百万人，请以人道为重”。经“再四央求”，李、郑提出两个条件：一是“南北军一律退往吴淞外决战”；二是“闸北与城内不准再战，南军司令部不准在华界再行开战”。11时，沈敦和、柯师马不停蹄，乘汽车赴闸北，“与陈其美再四商说，勿因袁一人伤害沪人数千万生命财产，出示北军条件申说至三小时之

黎元洪与救护队员合影（中为黎元洪，旁留八字胡者为柯师）

久”，没有达成所愿。7 月 26 日讨袁军击退海军的进攻，俘获“联鲸”舰。双方仍在对垒交锋，不时激战。红十字会也不得不竭力救护，不敢有丝毫懈怠。

8 月 11 日，北洋军进抵吴淞，将讨袁军围得水泄不通。守卫吴淞炮台的钮永建部军心不稳，有厌战情绪。沈敦和副会长得知这一情况后，立即派出“特使”柯师前往调停。柯师不辞辛劳，12 日下午冒着炮火乘红十字小轮赴宝山城内，向讨袁军钮永建（先任苏沪讨袁联军总司令，后改任总参谋部总长）劝和。

钮永建请柯师坐下，便问“伤亡之数。”

柯师回答：“尸骸遍地，疮痍满目，商业凋敝，人民流散，暗无天日矣。公松人，何不为家乡计？”

钮永建

钮永建（1870—1965），1870 年出生于上海，是地地道道的本地人。

钮永建说：“事已如此，桑梓情深，爱莫能助。”

柯师质问：“公非以讨袁自命乎？袁未讨，而公之乡人父老已被公讨尽矣。问心安乎？”

钮永建羞愧难当，说：“我知过矣，公将何以教我？”

柯师说：“为今之计，以弭兵为策，救淞沪生灵为重。公之勇，通国皆知，全师而退，不失英雄本色。”

钮永建说：“官军能不杀吾部下，则我岂无人心，忍令最亲爱之乡人永罹锋镝?”

柯师说：“公不妨开一条件交我，当冒险投递。”

钮永建写了封信，开列 4 条投降条件，包括撤出战斗、让出炮台及联鲸号兵舰、付款遣散兵士回乡、赦免各军官。信封好后交给柯师，希望他交给海圻巡洋舰刘冠雄总长，“盖刘乃其故友也”。

夜已深，柯师来不及去海圻巡洋舰，于是连夜“携密函赴海筹巡洋舰谒见李司令”，告知事情的经过。李鼎新司令“即发无线电报通告海圻巡洋舰刘总长”。13日一大早，柯师又去海圻巡洋舰面见刘冠雄总长“陈述情形”，约定以“红十字旗”为记。“午前十时，柯（师）率救护队入宝山城，已无兵士足迹”，知道钮永建已兑现承诺，“十二时，柯（师）登炮台与下级队官兵士劝说一番，众情悦服，将所有炮门悉数向内，枪支一概离手。上级队官亦允降服。十二时五十分，柯登炮台，自竖红十字旗”。就这样炮台守军 2000 余人解除武装，狮子林、南石塘炮台高悬红十字旗，暂由红十字会接管，联鲸号兵舰作为红十字会医船归孟纳司暂管。经过柯师苦口婆心的劝说，终于“得达和平目的”，而“全体军队向红十字旗行三呼礼道谢”。

14 日，沈敦和副会长由海关码头乘红十字小轮汉源号赴海筹号巡洋舰面见李鼎新总司令，将炮台移交北军接管，卸下红十字旗，换上海军旗。红十字会完成了自己的使命。

上海二次革命很快失败，陈其美、钮永建等流亡日本。战争的结束，主要是因为敌强我弱，讨袁军无力对抗，难以取胜，而红十字会出于人道进行的“和平运动”，起到“加速”作用，对此媒体给予了高度评价，也受到“外人之赞美”。15 日《新闻报》发表评论，指出：“西人往炮台及经过吴淞者见高悬红十字旗，为自有万国红十字会以来所未有，既达博爱恤兵之宗旨，不伤民命，不损国产，行见红十字会及海陆军之名誉为全球所称颂。”

五、徐州救援

几乎齐头并进，徐州、南京的救援行动也在推进之中。

从7月17日开始至24日，冷遹所部讨袁军与北洋第五师方玉普部及张勋武卫军在徐州附近展开激烈角逐，战事之惨烈，过于他处。

冷遹（1882—1959），字御秋，江苏丹徒人，中华职业教育社、中国民主政团同盟（中国民主同盟前身）、民主建国会（中国民主建国会前身）创始人之一。1905年冷遹毕业于安庆武备学堂，后加入中国同盟会，历任同盟会广西支部副支部长、代理支部长、民军混成帮统，参加过辛亥革命。南京临时政府成立后，孙中山授予其中将军衔和文虎勋章，先后任陆军第一军第三师师长、安徽军政府参谋部长等职。

徐州开战，死伤难免。7月18日，沈敦和副会长电请“徐州、颍州、怀远、徐州各分会及教会医院星夜出

冷遹

发”救护，并致电江苏都督程德全“务祈饬知各军队一律保护优待”。地处战地的徐州分会立即响应，组织救伤医队奔赴战地，无奈势单力薄，无法应付。19日，徐州分会会长玛法典等致电侠义之士万柳夫人吴芝瑛（1907年好友秋瑾殉难，她冒死收尸义葬，被赞为“女中豪杰”），称“战祸急，生命苦，徐州红十字会初立力薄”，请其“设法联络”张竹君女士给予“扶助”。同时，致电中国红十字会总办事处，说：“战事惨苦，死伤枕藉，敝会力薄，乞协助。”也是这一天，江苏都督程德全致电红会总办事处：“徐州以下已经开仗，津浦（铁路）南段负伤兵士甚多，祈多派会员，速赴浦口以北各处，妥为救护。”驻沪讨袁军总司令陈其美也向总办事处求助：“徐州前面利国驿之战甚为剧烈，两方面负伤不少，恳贵会速派员赴战地，曷胜盼感。”求助函电，如雪片纷飞。

徐州救援，刻不容缓。张竹君也是“梅开二度”，立即行动。

张竹君（1878—1964），广东番禺（今广州市）人，妇女解放运动的先驱。1900 年她从博济医院附设南华医学校毕业后，在好友徐佩萱（后来成为革命家黄兴夫

张竹君

人）资助下，在广州荔枝湾畔和漱珠桥旁开办褆福、南福两家医院。时西医尚未普及，人们对西医抱有偏见，张竹君开办西医诊所被引为奇闻。张竹君是当时的“潮人”。她以“奇装异服”的洒脱表达对封建纲常伦理的“离经叛道”。在广州，人们经常可以看到她“头戴礼帽，一身男式西装，乘坐无顶小轿，或滑竿，穿街过市”。这种“出格”之举，惊世骇俗，她被称为“穗城奇女”。更“出奇”的是，张竹君发起成立了一个“演说会”，宣传维新变法思想，批判封建纲常礼教，提倡男女平等，为妇女解放摇旗呐喊，被誉为“女界梁启超”。

1904 年，“穗城奇女”张竹君来到上海，在伍廷芳、李平书及犹太大富商哈同夫人罗迦棱的臂助下，开办医院，兴办女学，从事社会公益事业。1905 年，她与李平书合作，创建中国第一所中西合璧的女子医科学校——女子中西医学院。1909 年李平书创建上海医院，她出任“监院”（院长）。辛亥革命爆发后，她在李平书等人的支持下，于 1911 年 10 月 19 日发起成立中国赤十字会，亲率救护队员开赴武汉，救死扶伤。在救伤过程中，张竹君会长几次遇险，险些送命。在辛亥救护行动整个过程中，中国赤十字会武汉战场救治伤兵 1300 余人，南京战场救治伤兵千余人，“为中外人所赞叹”。张竹君和其会友，如媒体评论说，“热心办事，可为中国四万万人模范”。

李平书

1912年4月27日，中国赤十字会“功成身退”，宣告解散。它存在的时间虽然很短，但其辛亥善举，弥补了中国红十字会救护力量的不足，扩大了救护范围，也赢得了社会各界的交口称赞。作为发起人的张竹君，功绩卓著，不愧为第一位“中国的南丁格尔”（护理教育的先驱，南丁格尔奖为国际护理界最高荣誉）。

面对二次革命烽烟再起，战场死伤累累的消息，张竹君早已寝食难安。1913年7月19日，张竹君连续收到“由南京总司令、驻沪总司令暨吴芝瑛女士转徐州电，敦速派员开赴战地救护伤军”的请求，她深感义不容辞，责无旁贷，迅速调动上海医院的医护力量，组织起一支有 32 人参加的临时救护队，仍以中国赤十字会的名义，20 日连夜率队乘车北上。7 月 21 日《申报》刊登中国赤十字会开赴战地人员名单，包括会长张竹君，医士王文昭，医士温兵肃，女医士吴彝珠，学生吴杰、莫家全、汪邦元、徐鸿熙、居然、张世楷、陈主勘、卓仲通、吕苏、卞章，女学生徐伦、张湘纹、黄璧如，看护生秦馥宝、杨宝生，女看护生陈光珍、蔡熙敏，药剂师邬志贤，干事员宣俊侯、张湘伯、张熊祥、马瑞卿、吴桢、孟宗德，工役小高、朱二、杨妈、亚四。这其中的张湘纹，就是张竹君的亲妹妹。姊妹携手，共赴战地，令人敬佩。

21 日，中国赤十字会救护队抵达徐州后，立即投入救援行动之中。

与此同时，总办事处商请在南京的美国医生宝琅组织救护车、救护队，往来徐州、浦口一带救助，并决定由南京、浦口、滁州、临淮、怀远、颍州至徐州一带“加派掩埋、救护队”。

各支救护队通力合作，在徐州附近的利国驿、柳泉、韩庄等地，救死扶伤，恪尽天职。

徐州之战持续时间短暂，7 月 24 日北军攻占徐州，讨袁军败退南京，战事转移到南京地区。

六、南京行动

南京之战，惨酷异常。从 7 月 15 日到 8 月 11 日不到一个月的时间里，南京经历了 3 次独立起义，讨袁战事复杂多变，救护工作紧张而繁重。特别是 8 月 11 日革命党人何海鸣发动第三次独立起事之后，南京之役进入最为残酷的阶段。

何海鸣（1887—1944），原名时俊，字一雁，笔名衡阳一雁、求幸福斋主，1887 年出生于湖南衡阳，著名报人、文学家。1907 年他任湖北《商务日报》编辑，1910 年任《大江报》主笔，同年参与创办《大江白话报》（后易名为《大江报》），鼓吹革命，1911 年被湖广总督瑞澂逮捕入狱，武昌起义当夜出狱，出任汉口军分政府少将参谋长。不久到了上海，任《民权报》主笔。宋教仁被杀案——二次革命的导火索，也是《民权报》率先揭露袁世凯为幕后主使的惊天大阴谋，轰动一时。当讨袁军受挫，尤其是 1913 年 7 月 28 日黄兴出走，各地相

何海鸣

继取消独立的不利情势下，何海鸣来到南京，继续扛起反袁大旗，得到支持。8 月 8 日，何海鸣来到都督府宣布江苏独立，并任江苏讨袁军临时总司令。因第八师师长陈之骥反对起义，江苏第二次独立宣告失败。但何海鸣于心不甘，经多方组织联络，8 月 11 日再一次发动独立起义。讨袁军与北军张勋、冯国璋部展开激烈交锋，遗尸遍地，血流成河。

此时，红十字会在上海的“和平运动”处于紧要关头，南京分会竭力救护，仍然力不从心，顾此失彼。为此，总办事处特别“请苏州柏乐文、惠庚生教会医生、镇江白廉教会医生组织沿沪宁铁路救护队并苏、镇临时医院”援应。几天后，上海“和平运动”取得进展，救护任务基本完成，王培元队长再次临危受命，扛起南京救护的重任。8 月 17 日，《申报》消息：“下午六时，接沪宁救护专车总管急电，镇江、南京中间有伤兵二百名左右，急请救护队，限八时出发。已由王培元君召集全体，定八时出发。”王培元抵宁后，筹划战时救护：“南京城内、下关由红十字会南京分会、宝琅医生带队拯救；掩埋归同善堂、南京分会主任；镇江以上由红十字沪宁救护专车王培元医生带甲、乙两班救护队往来驰救；上海车站运伤兵则责任江趋丹、邓笠航两君。”分工合作，同心协力，保证救护行动有序进行。

不过，南京鏖战，死亡相继，救护人员身处险境，家属难免牵肠挂肚。8 月 19 日上午 9 时，王培元队长从南京车站致电总办事处，一方面告知“伤兵分运镇江红十字分会，白廉医生救护专车已达南京，红十字队全队往天保城，全体平安，希告各家属”；另一方面向总办事处报告“兹运伤兵十二人，乞接运”。同时通报救护动向：“宁、镇分会医院医队、救护队分道寻觅伤兵，登山涉水，不畏艰险，深可钦佩。”下午 2 时 50 分，火车抵达上海，张勋所部伤兵 12 人，“由红十字会理事长江趋丹君率同救护队迎运至天津路分医院医治”。

王培元

救护队员家属的担心不无道理，南京救护的确险象环生。媒体报道说，8 月 20 日，王培元率救护队开赴战地，“张勋因不知该队之宗旨，故颇有仇视之意”。上午 9 时，希尔登、约翰生在王培元协调下，率领红十字队员 12 名及担架队员行至某镇，“为紫金山之官军在距离二千五百码之内开炮轰击，该队迫不得已，故乃退下，而驻扎该镇之张勋兵士一团亦开枪轰击，故不得不疾走而退”。上午 11 时，红十字会救护火车已过尧化门车站 1 英里向宁城进发，再次受阻。另据报道，“红十字会会员一队在朝阳门外险遭不测，北军攻门败退后，城上望见遗有伤兵多名，红十字会队（员）即携该会大旗一面出城，拟将伤兵舁入。行至城外五十码之处，北军忽开炮击之，不知其意何在？幸所发之炮均无准力，故该队得以保全性命，逃入城中”。这种情况下，救护队员“出生入死”，令人揪心。

南京之战仍在激烈进行中。伤兵救护困难重重，难民救护同样不易。饱受战火炙烤的南京市民，凭一己之力，无法冲出“围城”，为了求生，他们聚集在江边，露宿餐风，朝夕莫保，渴盼红十字会能够帮助他们脱离险境。8 月 21 日，寓居如皋的镇江绅士杨鸿发、李耆卿、焦霭堂、道劭吾等向沈敦和副会长发出乞援急电，说从南京跑出来的人告知，“南京江边难民数万，无路逃生，轮船过境，难民哭跪求救，置之不理，乞速借轮船并电镇（江）赁凑轮船、民船到宁，飞救出险，分送各处暂寄，免填沟壑”。22 日，南京分会也“派员冒险出城，乘江轮”来到上海，向总办事处“报告城内被困人民苦况：西门每日下午开二小时或四小时，居民纷往城外逃难，奔驰江边，无船可趁（乘），欲下乡则交通已阻，群聚江边，哭声震天。城内白米每升贵至三百数十文，中户每日煎粥而食，兵士抢劫虽止，难民因无路可走，兼有出而无入者。金陵医院亦有人满之患，宝琅医生及中西医士十余人，眠食俱废，救护员手茧足裂，频受危险而迄不少衰。伤兵之惨状，非笔墨所能形容。

该分会医院接沈仲礼（副）会长信后，每日清晨救护难民出城一次，惟交通已断，走头（投）无路，上下水轮经过下关亦不停驶”，乞求总办事处派船搭救。如此惨状，令沈敦和副会长叹息不止，决定“租船直放南京”，救护难民出险。

七、希望之舟

救护南京难民出险，刻不容缓。8 月 23 日，中国红十字会沈敦和副会长打算租用英国太古洋行商轮大通号作为红十字救护医船，不过租船费用高，每天银 750 两，经沈敦和反复沟通，最后减价至每天银 500 两，租用 9 天，租费多达银 4500 两。红十字会一时拿不出这么多钱，沈敦和只好硬着头皮请老会长盛宣怀解囊相助。

盛宣怀（1844—1916），字杏荪，又字幼勖，号愚斋、止叟，是中国近代史上一位极具传奇色彩的人物。他的一生中，创造了 11 项“中国第一”：1872 年参与创办中国第一个民用洋务企业——轮船招商局；1894 年创办最大的纺织厂——华盛纺织厂；1880 年创办中国第一个电报局——天津电报局；1886 年创办中国第一个山东内河小火轮公司；1895 年办成中国第一所正规大学——北洋大学堂（天津大学的前身）；1896 年接办汉阳铁厂，逐步将其打造成真正的钢铁联合企业——汉冶萍煤铁厂

盛宣怀

矿公司；1896年督办中国第一条铁路干线——卢汉铁路(卢沟桥至汉口，后称平汉铁路、京汉铁路，1906年全线通车)；1897年创建中国第一家银行——中国通商银行；1897年在南洋公学（上海交大的前身）首开师范班，这是中国第一所正规的高等师范学堂；1902年创办中国勘矿总公司。他被誉为“中国实业之父”“中国商父”。有人说，如果那时有富豪排行榜的话，他一定是中国首富。就是这位“非常之人”，还参与创建红十字会，并担任中国红十字会首任会长。1910年2月27日，清政府发布上谕：“著派盛宣怀充红十字会会长。”盛宣怀成为清廷“钦命”的第一任会长。作为中国红十字会创始人之一的他，可谓实至名归。可是，1911 年 10 月辛亥革命爆发，他被当作“替罪羊”，被清政府罢免包括红十字会会长在内的一切职务，“永不叙用”。成为众矢之的的盛宣怀，不得不走上逃亡之路，从北京经由济南、青岛、大连，出逃日本，直到 1912 年 10 月才回到上海，与红十字会再续前缘。1913 年 7 月 23 日，盛宣怀应沈敦和之请，捐款洋银 500 元，用于二次革命战事救护。现在红十字会又遇到了新的困难，盛宣怀二话不说，将租船费用全部包下，从广仁堂善会划拨，并分两次将银票转交红十字会。

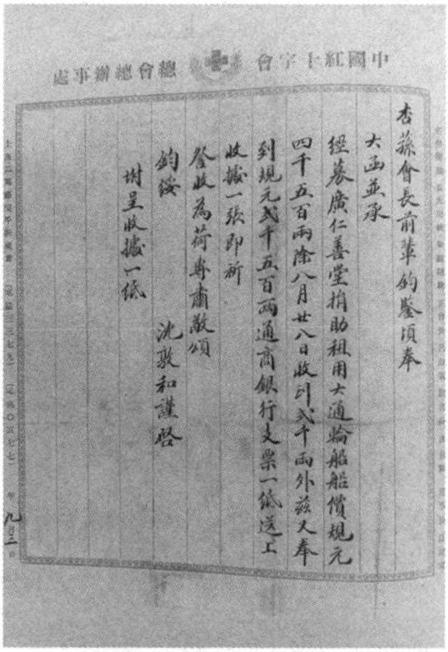
中國紅十字會 總會總辦事處

杏蓀會長前輩鈞鑒頃奉
大函並承
經募廣仁善堂捐助租用大通輪船船價規元
四千五百兩除八月廿八日收到弍千兩外茲又奉
到規元弍千五百兩通商銀行支票一紙送上
收據一張即祈
詧收為荷專肅敬頌
鈞綏　沈敦和謹啓
附呈收據一紙

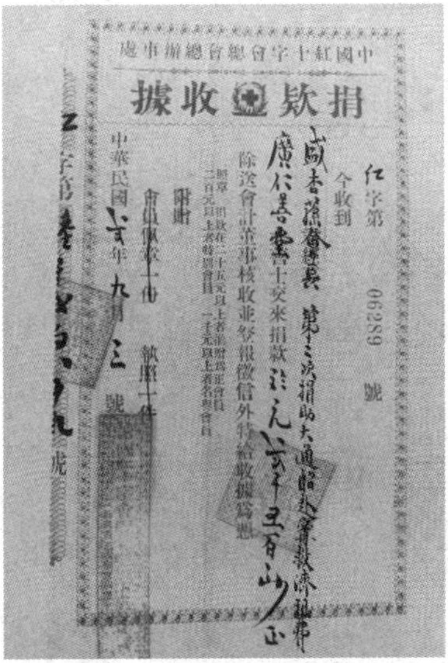
中國紅十字會總會總辦事處

捐款收據

紅字第 06289 號

今收到

來捐款

除送會計董事核收並登報徵信外特給收據爲憑

附贈 會員徽章一件 執照一件

附章 捐款在二十五元以上者准附爲正會員 二百元以上者特別會員 一千元以上者名譽會員

中華民國 年 月 號

盛宣怀捐款收据及沈敦和致盛宣怀谢函

盛宣怀的慷慨支持，解了红十字会的燃眉之急。事不宜迟，8 月 23 日，中国红十字会总办事处向社会公布《中国红十字会救护医船大通草章》，声明：

——本会医船将由沪赴宁。由宁抵沪日期，预先一、二日电海陆军部黎副总统转电各军长核准，并电镇江张镇抚使，船到镇江，派员上船稽查后再行启轮；一面知照上海郑镇守使，候船到沪即派员上船稽查后登岸。

——租船经费，蒙广仁堂善会捐助，事权均归红十字会专主办理。

——救护医船专救受难人民或受伤兵，不载非受难或军界中人。

——难民上船后立刻开饭，每日三餐，伙食茶水，小轮驳船，种种费用，悉由本会核给。

——避难人民愿助捐款者，当时掣给收条，到沪后即登报征信。

——救护医船租船经费由广仁堂善会捐助，伙食赈粮医药种种费用，悉由本各善士捐款项下开支，无论何人，不得向搭客收取丝毫，如有讹索情事，立刻关照队长船主究罚。

——船上自船主及本会救护员，无论何人不得自由行动，须听王（培元）队长主裁。

——难民伤兵上船后，一切招待分派事宜归总干事员邓笠航君专办。

——轮船行动、停止事宜，归王（培元）队长作主，别人无权。

——总干事员有协同王（培元）队长办事责任，关于种种庶务银钱事宜，邓（笠航）君专责。

——船到何处，先发电报或发无线电，知照总办事处及各机关。

——难民已满即开，沿途幸勿耽误，亦勿代人传递信息、载运物件商货。

——救护轮船上除装本会药料赈粮外，概不装货，亦不搭客。

——救护轮船上非本会穿制服之救护员外，凡职员之亲戚朋友恕不搭载。

——救护轮船由沪上驶经过各埠，概不停轮，亦不搭客。

——南京境内停轮后，当设法派小轮民船，插红十字旗救护难民，随机应变，总期达救人之目的。

——第一次由南京下驶之前，当通告下次到宁日期，并请税务司美领事及本会分会等各机关，预备船只趸船或邻近江边房屋，派员备办食物，不令失所，候下次轮到，先行引渡，或候下水之他公司江轮请其搭载，款由本会认缴。

——救护轮船人数满足后，用旗号知照接应员停止上轮。

总而言之，大通号是救伤救难的专用船，严格操作规程，才能达到“救人之目的”。

24日，“中国红十字会救护医船大通今晨由沪赴宁”的广告登上《申报》，声明：“本会现特租赁英商太古行大通轮船，悬红十字旗为救护医船，并派王培元医生率领救护医药各队，准于今晨开驶，约明晨抵宁，专为济渡难民，接运伤兵，以尽天职。”上午8时，王培元队长率救护员列队由天津路红十字医院出发，经大马路向太古码头行进，据报道，“沿途聚观者，途为之塞，拍掌欢送，各西商参观者，咸称美不止”。南京籍绅士哈少甫、蒋星阶、陈彦清、李月生等数十人早早在码头上恭候，沈敦和副会长以及沈鼎臣、江趋丹、吴敬仲等全体职员也前来送行。10 时，大通号鼓轮起航，“停泊浦江之各国兵船见红十字救护船出口，一律升红十字旗致敬”。救护医船随带药料 20 箱，防治疫疾药水 10 箱，饼干 4000 磅，大米 50 石，面包 5000 件，洋 2500 元，担架 40 副，“而临时捐助之食物甚多，一并装运”。

25 日早晨，大通号抵达南京，“值两军开战，弹越船身而过，为状至危”，无法行动。下午 1 时轮船开进下关上游 2 英里新河口，南京红十字分会宝琅医生到船，与王培元队长一同进城接运伤兵难民。“难民陆续乘舢板至大通”，秩序井然。26 日晨，“城内难民七八百人随红十字旗出城，下午由救护队将面包饼干等（运）至下关三汊河新开河口散放食物，该处居民人已饥饿不堪矣”。27 日晨，“难民拥至，万难多载，南京红会救出难民三百数十人，出城过迟，已难装载。驳船之资每次装二十余人给价至四五元、七八元不等，悉由红十字会核发，难民到船，复由会员详询有无亲族在沪，分给凭单，每人一纸，即令分送面包，秩序周至。二十七号下午二点半由宁启程”。

28 日，大通号平安返沪，媒体报道说：“十二点钟，红十字会救护医船（大通）抵沪，停泊法界太古码头。海关瞭望台以及各国兵船一律升红十字旗，沈会长率救护员、妇孺留养院职员，红十字会第二留养院院长哈少甫君，总理事沈鼎臣君，旅沪同乡蒋星阶诸君四出照料。计难民二千三百五十八人，伤兵一百零八人悉送十六铺新舞台南首红十字伤兵病院，无家可归之难民均送爱而近路纱业公所内。”

伤兵、难民妥为安置后，29 日晨，大通号再次起航，次日抵南京下关。据报道：“红十字会所租之大通轮船抵此（南京），居民欲思乘机避难者约数千人，盖日来流弹横飞，死者甚多，加以第一师兵士复从事劫掠奸淫妇女，此种举动虽偶有所闻，然妇女闻之皆惊惶求避，其颠沛流离之状，殊为可惨也。”此情此景，令王培元等动容。王培元再次冒险入城，想尽可能多的“引渡难民出险”，受到百般阻挠。大战还在进行，王培元被困城中，寸步难行，经多方交涉才出城。

9 月 2 日，大通号返抵上海，媒体报道说：“上午十一时，红十字会救护船大通第二次抵埠，泊太古码头。理事长江趋丹，妇孺留养院叶庚三，第二留养院哈少甫、沈鼎臣，红十字第二、第三医院李达夫、邓笠航，全体救护队担架队，红十字第五医院陈杰初、王子香，城内分会救护队，第三留养院清真绅士，江宁公所董事，百余人至码头照料。”因封锁严密，仅救难民 808 人，伤兵伤民53人，没有大通号第一次救回的伤兵难民人数多。为此王培元队长特地向前来迎接的旅沪南京绅士报告："在南京受五次危险，几不能生还，及泣求宁军放行，难民号泣跪求种种苦况，致未能多救难民出城，尽我责任，抱歉之意。"王培元等已经尽了最大的努力，都能理解，以致"全体宁绅及红十字会职员动容流涕"。真的很不容易。

大通号两度赴宁，救护难民出险3000余人，伤兵伤民160余人，受到社会各界的交口称赞。尤其以王培元为首的救护队员，不支薪水而甘冒生命危险，出入于弹片横飞的战地救伤恤难，令人钦佩。但不和谐的声音也时有耳闻，据报道："红十字救护船大通二次往南京救渡难民，所有驳船、车资、伙食、酒钱，本不向乘船者收取分文。近闻宁城无耻之徒，竟将该会所发难民乘船券辗转出售，乘危渔利。"对这种"灭绝人道"的丑行，红十字会当然不会袖手旁观，沈敦和副会长除电请张勋、冯国璋"两军使一体查拿并函知宁分会访缉"外，还登报声明，提醒难民"注意"："红十字会救护医船大通号两次抵宁，由南京分会宝琅医生、马林医生逐户分送乘船券，无论何等船位，概不收取乘船者分文船资。即由南京江干乘船至大通，该款亦由本会救护队发给，业于该券后面详细注明，即伙食、茶房酒资丝毫不令避难人民破费分文。近悉极无人道之人将此券出售得价，闻有受其愚者，特此通告，如有人将此券骗取人钱者，即扭交军警惩儆，除电张（勋）镇抚使、冯（国璋）军统外，特告。”总之，绝不容许不人道的行为污染红十字的纯洁性。

9 月 2 日，南京的炮声终于停了下来，讨袁军以失败而告终，何海鸣逃亡香港。大通号，驶向生命希望的“诺亚方舟”，也算是功德圆满。

八、驰援南下

二次革命救护，是总会和各地分会联手进行的，步调一致，协同“作战”。这其中，天津、南京、沪城分会救护成绩尤为突出。先说天津分会。

天津分会创建于1911年11月，徐华清为首任会长。

徐华清（1861—1924），号静澜，字庚招，广东五华县安流镇楼江村人。1861年出生在五华县一个贫苦人家，以乞讨为生，吃尽苦头。

12岁时，徐华清到汕头打工，后辗转到香港谋生，笃信基督教，在教会资助下先后在香港皇仁书院、香港大学学习医学，因成绩优异，被选送德国学医，1888年获得医学博士学位。他成为中国第一位留德医学博士。

1889年，徐华清回到国内，在天津悬壶济世，医术高明的他，很快名满杏林。慈禧太后患乳疾，受尽折磨，御医束手无策。徐华清奉召进宫，药到病除，被赐予一品花翎顶戴，总理医政。1902年袁世凯在天津创办北洋

五华县安流镇楼江村徐华清故居树德堂

陆军军医学堂（1912 年改名陆军军医学堂），聘请徐华清担任总办（校长）；1904 年徐华清奉命在直隶保定筹办陆军马医学堂并兼任总办。他是中国军医教育的奠基人，培养了大量军医人才，因此被誉为“中国军医之父”。

1911 年 10 月，辛亥革命爆发，沈敦和在长三角地区组织红十字救护队，开展了广泛的人道救援工作。也正是在这场改变中国命运的战争中，身在天津的徐华清走上了红十字的历史舞台。

天津是京畿重地，也是对外开放的港口城市，经济发达，战略地位重要，是红十字文化传播的一方重镇。

1904 年 3 月上海万国红十字会成立后，就曾在天津设立分会，救护日俄战争中东北的落难同胞。辛亥革命爆发后，天津各界就把创建红十字会提上日程。1911 年 11 月 1 日《大公报》就发表了“天津各界同人公启”的《天津中国赤十字会发起广告》，决定创建红十字组织，救助武汉等地的伤兵难民。11 月 4 日，“发起会”在河北第一蒙养院举行，到会者 300 余人，公举白毓昆（字雅雨）为临时会长，决定 10 日召开成立大会。

11 月 10 日，成立大会在法租界新学书院宫保堂内如期召开，“到会之华洋男女志士约千人，为向来会场所未有”，颇为隆重。鉴于徐华清在京津地区崇高的声望，大会公举他担任会长，中国红十字运动的先驱孙淦、北洋女医院院长金韵梅为副会长（孙淦不久因故辞职，孙子文接替副会长）。徐华清当仁不让，成为天津分会首任会长。

天津分会建立后，即立即参与辛亥革命救护工作。1912 年 1 月 4 日，徐华清组织的天津分会医疗队（14 人）南下徐州，开始了救护工作。徐州之战并不是很激烈，伤亡无多，因此，1 月 22 日医队回到天津。但徐州之战并未结束，革命军的北伐之师日益逼近，1 月 26 日接徐州来电求助，徐华清派出第二队救护人员于 27 日早晨“乘坐津浦火车出发徐州”。2 月 9 日又派干事员曾栋臣“携带药料等物赶赴徐州”增援。2 月 11 日北伐军抵

天津新学书院

达，张勋北撤济南，徐州光复。第二天，即2月12日，清帝宣布退位。救护行动的使命完成。

徐华清的人道行动，赢得各界赞誉。1912年9月29日，中国红十字会第一次会员大会在上海召开，各地分会代表及有关方面人士1352人出席。徐华清当选为中国红十字会常议会议员，重任在肩，也意味着他在中国红十字运动史上理当承担更多的责任。

1913年二次革命爆发后，尽管天津不是战地，但徐华清不忍坐视，决定采取救援行动。沈敦和副会长也希望天津分会能够伸出援手，他在来电中称："赣战未息，津浦南段剧战，伤亡甚众，沪地风声亦悉，人乏款绌，贵会如能协助，乞电示。"为此，7月23日，天津分会

天津红会救护队

特“开会核议，业经公决，赶紧编发医队即日南下，以拯伤亡”。同时致电交通部路政司，“敬祈饬下京奉、京汉、津浦路局援照前案，届时照发免票，俾无阻隔，以助慈善救兵之公益”。25 日天津分会向沈敦和副会长通报：“现编成第一队，定于二十七日出发徐州战地。谨闻。”对此，沈敦和表示感谢：“贵医队出发迅速，钦感无量。”

7 月 27 日，徐华清会长亲自挂帅，率“医官二人、看护生十二人、抬驾十二人、庶务会计夫役厨房等约共三十余人”，上午 9 时乘津浦路火车南下徐州，抵达目的地后借徐州师范学堂作为临时医院。

由于战事向南京转移，津浦铁路沿线利国驿、韩庄、

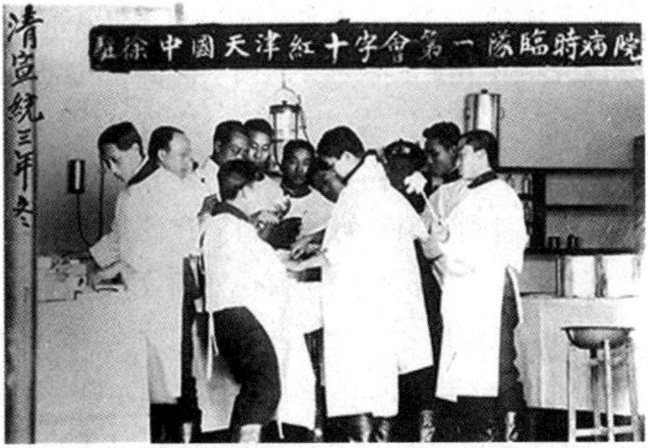

天津分会第一队设在徐州的临时病院

宿州、蚌埠、临淮、滁州、浦口先后成为两军争夺的要地，天津分会因地制宜，在这些地方设立临时医院，并深入险地，救护伤兵病民，历尽艰辛。8 月 17 日，沈敦和副会长致电天津分会，赞誉有加："贵处医队冒暑遄征，热忱堪佩，第一队安抵滁州，疗伤救护，红会增荣。" 8 月 26 日，徐华清回天津又组织"医生四人、看护生八人、担架夫二名，仍由干事长徐华清君带同前往"滁州、浦口。天津分会救护医队长驱南下，战地救护力量大增。

南京是主战场，争战激烈。8 月 29 日，徐华清率领救护医队渡江进入南京城，"收治南北受伤军民千余人"，并设临时医院 3 处，"竭诚救护"。9 月 12 日，徐华清派龙云波到总会总办事处，“添办药材并报告救护情形，该医队借用陆军第一、八两师医队，除陆续治愈出院外，尚有受伤军民约三百人”。战争也已结束，但天津分会并没有回撤，而是继续办理难民救济事宜，直到月底，当准备结束时，再被挽留。江苏督军张勋致电沈敦和副会长：“此次兵兴，死伤枕藉，赖天津红十字分会会同各会掩埋医疗，全救甚众。现闻有即日束装归并巴林医院之说，惟目下战事虽止而满目疮痍，诸待援救。且天津分会夙著声誉，会长徐君又复异常热心，兹值办理义赈及募捐等事诸多借重，公民等为维持地方起见，事关慈善之举，多设一机关，即多一分补救，众擎易举。”务请挽留，“襄办义赈”。沈敦和即致电天津分会，请徐华清“暂缓去宁，以资襄助而竟全功”。有鉴于此，天津分会救护人员继续留在南京办理赈济事务，直到 12 月上旬才在完成使命后陆续回到天津。在这长达近半年的时间中，徐华清和他的队友们，累计收治伤兵 2100 余人，赈济难民 1700 余人，向南京贫儿院捐赠物资，惠及 600 余人，并协助总办事处办理善后救济事宜。他们万苦不辞，不分畛域，奔波南下，令人钦佩，“其义勇可以风矣”，不愧为全国红十字系统学习的楷模。

九、救伤瘗亡

南京是二次革命的主战场，南京分会义不容辞担负起救护职责，这其中于少彰会长呕心沥血，废寝忘食，为伤兵难民撑起一片蓝天。

于少彰即于恩绂，是一位商人，其经营绸缎生意，在南京城内钓鱼台开有“启泰”绸缎商号。虽然他不是富甲一方的大商人，但在南京城内也算小有名气。难得的是，他热心公益，以博爱为心，做了不少善事。1913年10月20日的《新闻报》报道：“于君少彰，致力慈善界二十余年如一日，于各处公益善举，无役不从，热心毅力，为世所钦。”他就是一位不折不扣的慈善家。

1911年10月10日，改变中国命运的辛亥革命爆发，硝烟滚滚，席卷全国。11月，南京战火燃起，死伤累累，于少彰挺身而出，联手宋培之、陈履源诸善士，重建中国红十字会江宁分会，1912年南京临时政府成立后通称南京分会（前身为1904年成立的金陵分会，后活动中断），并在雨花台同善堂设立分会办事处，组织救护医疗队救死扶伤，救护伤员500余人。

血战之余，伏尸遍地，令人不忍目睹。中国红十字会实际“掌门人”沈敦和急电南京都督府、民政部派员掩埋，以防疫情流行。南京分会责无旁贷。12月8日，于少彰、宋培之等受命组织起中国红十字会南京掩埋队，掩埋尸骸。据史书记载，掩埋队在凤台关、一枝园、五龙桥、将军署、后宰门、皇城、紫金山等处“共约葬七百具，均立本会（指中国红十字会——引者）石碑，永留纪念”。中国红十字会南京掩埋队的业绩，当然也是南京分会的业绩。在此过程中，于少彰“躬亲百役，独任筹款，尤为可风”。就是说，所有费用，都由于少彰承担。他的义举，在红十字系统树立了典范。

1913年二次革命爆发后，于少彰会长立即组织救护队，配合总会开展战事救护。史书记载，在这次人道救援行动中，于会长和他的队友们“历尽艰辛危险，拯救军民至三千余人”。

值得一提的是，二次革命救护开支浩繁，各项费用总计不下万元，全部由于少彰“独力担任”，令人感动。《新闻报》评论说，南京之战中，兵士抢掠骚扰，十室九空，百无一免，可是于少彰经营的启泰缎号安然无恙，未遭兵劫，“岂非于君乐善不倦之感召耶?”难能可贵的是，他还为中国红十字会赈济徐州兵灾“特首先创捐一千元，以示一视同仁不分畛域之意”，为此总会总办事处授予其中国红十字会“名誉会员”，并登报鸣谢。因功勋卓著，他获得陆军部颁发的“一等金色奖章”。

南京战场争战激烈，遗尸遍地，目不忍睹。根据分工，救伤主要由总会总办事处负责实施，南京分会协助，而瘗亡（掩埋尸骸）则由南京分会承担。在于少彰会长的带领下，南京分会会员“随阵掩埋”，不遗余力。据统计，在癸丑之役中，南京分会共计掩埋尸骸 7000 余具，积为 3000 余冢，并“就地随时摄影，共立碑一十八座”。

时光易逝，日月轮回。南京红十字分会所立 18 座阵亡军士纪念碑，目前仅灵谷寺内存有 1 座，弥足珍贵。为永存这一“历史的见证”，1987 年 11 月，南京市红十字会整修重立，1999 年 9 月建亭妥为保护，以昭红十字人道精神于永久。碑文称，1913 年袁世凯刺杀宋教仁，实行专制独裁，“引发各地讨袁军兴起。七月黄兴率领江苏讨袁军与图攻南京的袁军张勋部喋血，相持二十余日，史称癸丑战役。南京红十字会遂随阵掩埋，到战后清理郊野，共计掩埋阵亡军民骸骨尸棺七千三百五十具，积三千三百二十七冢，立碑十八座，现仅存此座。一九八七年十一月，南京市红十字会将此碑整修重立。一九九九年九月，中国红十字会、江苏省红十字会和南京市红十字会为保护此碑，并承蒙中山陵园管理局协助，筹

二次革命中南京分会所立纪念碑

资建亭，以昭红十字人道精神于永久”。瞻仰此碑，仿佛回到百年前那不平凡的岁月。

当然，南京分会取得的成绩，与总会及社会各界的支持是分不开的。据 9 月 2 日《申报》报道：“红十字会据南京分会暨医队报告，宁城尸骸遍地，野犬争食，战争剧烈，掩埋为艰，适以酿成疫疠，特由上海制就厚重棺木，第一批五百具克乘江轮运宁，日后陆续装运，并请南京同善堂、红十字分会于少彰、陈履源、宋培之诸君专办掩埋事宜，一切费用由上海红十字会核拨。”9月4日，于少彰、陈履源、宋培之致电沈敦和副会长，告以“南京初二克复，雷查办使初三进城，张镇抚使今午进城，疗伤掩埋进行正亟，勿念”。9月7日、9日，总办事处连续在《申报》刊登《中国红十字会急募南京急赈掩埋善后捐启》，以“南京鏖战，几历二旬，喋血相持，伤亡极众，遂致尸横遍地，血流成河，骨肉迷糊，支骸狼藉。鹰鹯朝集则饱食不飞，犬狼夜嗥则狂啮无厌，惨酷之状，肝肠为摧”，除“赶运棺木二千具、药水石灰酸等，电饬分会亟事掩埋”之外，广募捐款，“务冀薄海内外大慈善家慨解仁囊，同襄义举”。

当然，掩埋同样面临风险，虽然战争已经结束。9月15日，南京分会致电沈敦和副会长，讲述了“遇险”情况，“日前掩埋分两队出发，分东西两头做起，至昨日两队接头，适在天保城大山会齐。忽该处驻守官军为天雾所障，未能看清红十字旗帜，误为白旗，其军官传令起火，幸内有精细之军官先至山顶看清，因急停止，旋嘱本会孙、张两会员卷旗停工，并须同往统领处。孙、张两会员当即进谒统领，而谓亦知红会系善举，但红十字旗系白地，衣服又系白色，恐一时看不清，致生疑误，宜改色易帜为妥”，而“现掩埋未尽，旗帜衣服分会未

1999 年所建护碑亭

便擅改”，如何是好，请总办事处与张勋“都督接洽，速电复祗遵”。沈敦和立即与张勋联系，进行磋商。9 月 19 日，张勋回复：“贵会掩埋队现易黑色制服，已传饬各营知照，不得误会，并随时妥为保护矣。”事情得到及时解决。

总之，在总会总办事处的鼎力支持和各界爱心人士的热心捐助下，在于少彰会长和会员的同心合力下，南京分会的葬亡善举得以顺利实施。

十、鼎力协助

天津、南京分会的二次革命救护卓有成绩，沪城分会的救护业绩也不能小视。

沪城分会（又称上海城内分会，上海市红十字会的前身）诞生于1911年辛亥革命的血雨腥风中，创始人为夏绍庭、殷受田。

夏绍庭（1871—1936），字应堂，祖籍江苏江都，出身于中医世家，是沪上首屈一指的名医，与丁甘仁（1866—1926，字泽周，祖籍江苏武进）齐名，有“北丁（北市丁甘仁）南夏（南市夏应堂）”之誉。夏绍庭不仅医术高明，医德高尚，而且热心于公益事业，组建沪城分会，就是他亲力亲为、不懈努力的结晶。他是中国红十字会第一届正会员，长期担任沪城分会的理事长、会长，直到1936年逝世，达25年之久。毫无疑问，他是沪城分会的灵魂，上海红十字事业的初期发展，夏绍庭功不可设。在他的影响下，其子夏理彬（1905—1973，

夏绍庭肖像

号秉琦）不仅继承了他的医术，而且在他去世后，出任中国红十字会上海市分会理事及副会长，继承乃父的遗志，继续推进上海红十字事业的发展。

殷受田（1881—1932），字锡璋，江苏吴县人，也是中医世家出身。父亲殷萃田，擅长儿科，殷受田得家传，青出于蓝而胜于蓝。他与夏应堂联手，发起成立沪城分会，并长期担任理事、副会长，直至1932年去世，是夏应堂最得力的帮手。

民国成立之初，沪城分会每逢五、十之期，演习担

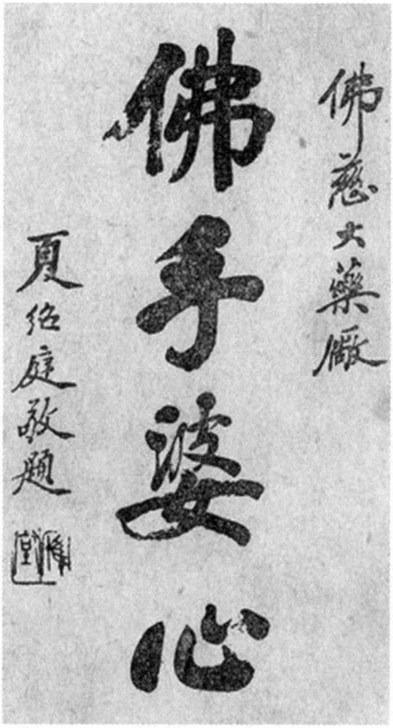

夏绍庭手迹

架队法、初级救伤法，编练临时救护队，“以备不虞”。至 1913 年二次革命沪南开战前夕，沪城分会业已准备就绪，随时可以投入兵灾救护中。沪城分会因与中国红十字会总办事处同处一地，因此总办事处在上海的人道救护都得到了沪城分会的全力支持。二次革命爆发后，7 月 18 日中国红十字会召开常议会全体特别会议，决定由沪城分会组织救护队，“一遇警报，随时出发”。沪城分会表示万苦不辞，鼎力协助。

7月18日，沪南发生战事，夏绍庭当即派出救护队营救受伤兵士，掩埋路遗骸骨，当时“炮声流弹未止”，酷暑烈日之中各队员“皆所不顾”。7月23日夜，沪城分会医队救护员在西门巡警局附近进行救护，当“在战场查得有受伤兵士二三百人”，饥肠辘辘，沪城分会立即“备齐面饼三百块，送至战场受伤军士吃食，实为慈善界之美事也”。7月26日，沪城分会会同总办事处救护队由陆家浜绕苏杭车站乘“红十字小轮与大队医队会合抢救”；十六铺开战后，城内战况激烈，沪城分会敬告各界“请勿进城，凡战线以内，切勿轻率经过”。8月25日沈敦和副会长率救护队，会同沪城分会救护队、华童公学童子队赴上海火车站接运由镇江运来的伤兵150余人，护送至广西路红十字会医院诊治。9月1日，救护南京难民的大通号轮船再次抵沪，沪城分会救护队会同妇孺留养院、第二留养院、第三留养院、红十字第二医院、第三医院、第五医院、江宁公所等百余人到码头照料，此次共计运来伤兵伤民53人。同时，各救护队护送无家可归者至纱业公所第二留养院309人，第三留养院41人，妇孺留养院妇孺271人，沪城分会随总办事处施救、运送伤兵难民“以数百计”。

沪城分会在战地救护的同时也对难民实施救济。沪城分会因交通不便，特将办事处迁往老北门外西城根五金公所内。夏绍庭、殷受田考虑到“避难贫民流离载道，饥饿露宿”，于是从7月28日起筹办急赈，散放面包、大饼等物，“每日须发五千余枚”；由于避战居民流离失所，8月1日沪城分会理事长夏应堂特通告全体职员将各界所赠荷兰水（汽水）、啤酒、饼干、香烟、药丸等一律照市价出售，将所得之款购买面包散给难民，以免难民挨饿。

8月，上海战事稍息，夏绍庭、殷受田想到难民众多，恐有瘟疫流行，决定从17日起借新北门内沉香阁中西医院旧址开设沪城分会医院，夏应堂任院长，殷受田任监院，中医主任为华星垣，驻院医生刘为卓如，西医主任为周光松。沪城分会医院可容百人，每日上午9时至下午3时诊治，只收挂号金铜元2枚，不收任何医药费。感于沪城分会的人道义举，上海各界给予了沪城分会医院极大的关注。当日第二区第一分署署长亲临并派警察照料，社会各界的捐款捐物也源源而来。“有钱者出钱，无钱者出力”，共襄义举，这样的善举不仅保证了救护工作的顺利展开，且“亦可以风世人而绵善泽也”。

8月24日，沪城分会医院“自高昌庙开战时，办理迄今，成绩卓著”。当日午后2时举行正式的“开幕礼”，媒体跟踪报道开幕盛况：“发起人夏应堂、殷受田，总会长（副会长）沈仲礼暨男女来宾中西医士到者

上海沉香阁

数百人。会中备有中西茶点、各种洋酒，以款来宾，并陈列战场救护车及前日在战场救护兵民之各种成绩。”殷受田报告医院办理情形，沈敦和副会长发表了热情洋溢的演说，他说：“中国红十字会自昔年日俄之战开办，迄今已有十年。辛亥武汉起义，会中派医士学生前往救护，活人无算。民国成立后按照万国红十字会章程由本国陆军部管辖，正副会长由陆军部委任。此次淞沪兵兴，本会按照红十字约法无救护之义务，后电禀请示允准。以故自上月十九日高昌庙开战，迄吴淞、镇江、南京之战，会中有五百余人日以救护为事。我中国人近来对于慈善热度日高一日。此次救护队员大半自愿尽义务而来，以故开支甚省且得事半功倍之效。沪城分会医院经夏、殷两君办理以来，今日举行开幕礼，竟有如斯之盛，实中国慈善界之异彩。”沈敦和还特别指出，夏应堂、殷受田两君“不畏枪林弹雨，连日率引同志亲临战场，能有如此热心，他日发达前途，定可预卜。切盼中国同胞增高慈善热度，扩充红十字会”。来宾“鼓掌如雷”，表达了对沪城分会的敬意和美好祝福。

癸丑之役中，中国红十字会沪城分会勇于任事，救护队员救死扶伤，奋不顾身，“为我苦难同胞弥补缺憾，不求名利，不求人和”。沪城分会“办事成绩”突出，不仅得到了总办事处的嘉许，而且中外人士亦“皆赞叹不置”。

十一、分会之功

在“二次革命”的人道救援中，红十字会各分会功不可没。除了天津分会、南京分会、沪城分会之外，其他地方的分会也响应总办事处的号召，组织救护队，奔赴战地，救死扶伤，发挥了不小的作用。

江西是二次革命的爆发地，诞生于辛亥革命中的九江分会、南昌分会和民国建立当年成立的吴城分会，立即行动起为。战事从湖口开始，九江分会组织救护队赶赴战地，设立野战医院救护伤兵。鉴于当地民众“扶老携幼，深藏山中七日不敢越雷池一步，饥饿待毙，惨不忍睹”，九江分会携带食物前往施救，救护出险 300 余人。不久，战场转移到南昌方向，德安、沙河争战剧烈，南昌分会派救护队前往救护。战火蔓延到吴城后，南昌分会、吴城分会合力救护，“设病院，疗治受伤兵民”，直到德安、吴城、南昌相继陷落，江西二次革命失败。虽然二次革命在江西持续的时间不长，但九江分会、南昌分会、吴城分会救护伤兵，不遗余力，“成绩颇著”，而且“不虚美，不浮夸，良足嘉也”，值得肯定。

1913 年 8 月 4 日，熊克武在重庆宣布独立，且熊克武被推为四川讨袁军总司令，起兵讨袁。

熊克武（1885—1970），字锦帆，四川省井研县人，1904 年东渡日本，1905 年加入同盟会，1906 年返川开展反清斗争，先后发动泸州起义、成都起义、广安起义、嘉定起义等，均以失败而告终。辛亥革命中任蜀军北伐

熊克武

总司令，随后熊克武奉孙中山之命率部返川，任蜀军第一师师长，驻重庆。二次革命爆发后，熊克武响应孙中山的号召，起兵讨袁。

四川独立，西南震动。袁世凯震怒，紧急调派云南、贵州、陕西、甘肃、湖北五省军队援川“会剿”。9 月 13 日讨袁失败，熊克武逃亡日本。在此过程中，四川红十字会当然不会袖手旁观。9 月 1 日《申报》报道说：“四川红十字会前岁成立，兹闻渝事发生，大兵东下，不日即有战事。该会中人现已组织救护队，以备战地救护之用，推举启尔德、谢道坚为队长。”战事发生后，救护队随即开赴前线，救伤葬亡，直至硝烟散尽。

1913 年 7 月 18 日，广东宣布独立。虽然在陆荣廷、龙济光部的镇压下讨袁军迅速失败，但广东分会在麦吉甫的领导下，快速作出反应，组织救护队进行救援。红十字会史书说麦吉甫“急公好义，慨出巨资筹划会务，极为完备。此次广东济陆二军争战，立即出队救护，疗伤掩骼，成绩优美，且能兼事赈济，尤为可风。”8 月 15 日《申报》也评论说，“红十字会办事极为出力”，说明广东红十字会的人道行动得到各界关注与认可。

不过，长三角地区争战最为激烈，这也意味着地处长三角战区的安徽、江苏各分会担负着更为艰巨的人道使命。

安徽都督柏文蔚是孙中山发动二次革命的坚定支持

者，自然是袁世凯的眼中钉。1913 年 6 月袁世凯以“不服从中央”为由，下令将其免职。

柏文蔚（1876—1947），字烈武，安徽寿县人，“辛亥革命四杰（孙中山、黄兴、李烈钧、柏文蔚）”之一。柏文蔚 1899 年就读于求是学堂，1905 年加入江苏新军，任第三十三标二营管带并加入同盟会。辛亥武昌起义爆发后任民军第一军军长，参与江浙联军会攻南京。1912 年任安徽都督兼民政长。1913 年二次革命爆发后，当年

柏文蔚

7 月柏文蔚出任安徽讨袁军司令，举起反袁大旗，并在蚌埠成立讨袁军司令部，集中兵力向皖北重镇颍州方向推进，与袁军倪嗣冲部展开激战，不料，8 月 7 日安庆第一师师长胡万泰叛变，倒戈进攻都督府，并与讨袁军战于城郊狮子山。讨袁军失败，柏文蔚率少数随从突围至芜湖，后经上海出走日本长崎。

安徽战事救护，芜湖分会堪称表率。芜湖分会诞生于辛亥革命之中，以崔星门为理事长，设有弋矶山医院，此医院曾在辛亥革命中“疗伤瘗亡，颇著成效”。二次革命发生后，芜湖分会积极应对，8 月 24 日《申报》报道：“芜湖红十字会现正组织医队，一切悉由弋矶医院鲍医长及钟寿芝、欧阳时雍、赵翰卿等医士担任，愿充女看护者甚为踊跃。”

这里提到的钟寿芝医生（1877—1959），1904 年毕业于金陵大学的前身汇文书院，1906 年来弋矶山医院与赫怀仁配合行医，他是芜湖地区第一个从事西医外科的中国人。弋矶山医院首任院长赫怀仁（1868—1913）是美国基督教传教士，1913 年 4 月因病去世后，院长由包让博士接替。

芜湖分会就是依托弋矶山医院开展人道救援。当芜湖、鸠江、裕溪口、西梁山一带发生战事时，芜湖分会立即出动救护队，将伤兵 40 余人送弋矶山医院救治。

大通临时红十字分会也在芜湖分会及弋矶山医院支

前排自左至右：霍斯医生、中国护士、钟寿芝、赫怀仁

持下建立起来了。该分会曾致函总会总办事处，说大通临时红十字分会“前聘芜湖弋矶山西医赵君翰卿担任医务长，其救护、掩埋各队亦组织就绪，日前顺安、荻港之战受伤军士来院就医者络绎不绝，复行电邀安庆同仁医院红十字会医士徐君步瀛等四员来通协助疗治”。总起来看，芜湖分会于“此次战事，出发医队，四出救护，兼事掩埋。复于大通设临时医院，活人亦众，义闻益昭”，受到总办事处的认可。

滁州分会，在徐州发生剧战时，医士师古德、理事长石晓澜率队出发，前往救护伤兵、掩埋尸骸，其中师古德医生“往来宁滁间，备极劳瘁”，令人感佩。

临淮关分会，由医士徐月崖发起成立，“徐君热心

芜湖分会救护队

救济，率队驰赴战地，竭诚救护”。

“前年古镇”正阳关地处要冲，南北两军在此交战多次，死伤甚众。正阳分会以“款绌医缺药乏”向总会求援，“乞速拨款接济”。在总会总办事处的支持下，正阳分会“救护掩埋，罔不称职”。

颍州分会，在战事临近之时就与总会取得联系，称“战机已伏，乞发医药”。战事开始后，该分会组织医队开展救护行动，勇往直前。

寿州分会，也切近战地，在二次革命中组织救护队，救死扶伤，以尽天职。

江苏是二次革命的主战场，总办事处会同南京分会

正阳关

竭力救护。这其中，镇江分会也扮演着重要角色。

镇江分会组建于辛亥革命之中，贴近南京，曾经救治南京伤兵数百人。1913 年二次革命爆发后，镇江成为中国红十字会救护南京之战的基地和伤兵难民的中转站，镇江分会自然任重事繁。本地难民也颇为棘手。8 月 8 日，总办事处就接待焦乐山一行，报告“镇江受难人民十余万”，情况紧急，“请为救援”，因为“镇江炮台，城内上级军官业于八月一日一律反正，其下级队官兵士全体不服，因而作乱，坚闭城门”。城内“居民约十余万，粮道已绝，危急万分，请红十字会设法救护出险”。总办事处特派专员赴镇江调查，并“迭电镇江红会白廉医士暨教会，要求开城移放难民”。当日“夜七时，接白廉医士来电，镇江城门已开，居民正在迁徙”。战祸虽息，但许多难民饥饿难忍，奄奄待毙，镇江分会“赶做面包”，散放救急，同时“向各面粉厂劝募”面粉，赈济饥民。在整个二次革命中，镇江分会白廉医士及吴丽三、任兆霆等“内外经营，躬亲百役，伤兵留院者数百人，无不满意”，可以说是“成绩灿然”。

徐州分会是战事发生后“请愿本会（中国红十字会总会）正式承认者”，虽然刚刚成立，但鉴于徐州迭遭兵燹，居民贫病交加，徐州分会全身心投入，特设医院“以嘉惠之，厥功甚伟”。

吴淞分会曾于8月7日，“抢救轻伤者悉送红十字临时医院，掩埋队查见死尸廿七人”，当日“运棺一百具，石灰一百担，乘淞沪专车赴淞”。

总而言之，战区各分会各尽所能，积极投身二次革命的救护，尽心尽力，共赴国难，奏响一曲人道主义协奏曲。

十二、散放急赈

救护伤兵伤民是红十字会的天职，救济战争中的难民也是题中应有之义。

战争是滋生难民的温床。在战火的炙烤下，民不聊生，他们居无定所，衣食无着，在死亡的边缘挣扎。他们诅咒战争，更渴望得到红十字的人道关怀。

救护难民

难民如潮，中国红十字会自然不能坐视不理。事实上，在救济二次革命难民方面，中国红十字会开展了卓有成效的工作。

在上海，本地难民，淮北难民，沿江江南难民，纷至沓来，加上救护出险的无家可归者，人数众多，救济工作异常繁重。近在咫尺的中国红十字会总办事处不能不采取有效措施加以安抚。

沪南开战时，市民顿失居所，纷纷逃到租界避难，鸠形鹄面，席地而卧。总办事处急派员散放面包、干粮赈饥。比如，8 月 1 日《申报》报道，闸北川虹路公益里等处就有南市避乱难民男女老幼三四千人，他们都是苏北来上海谋生的“客民”，平日里靠小本生意养家糊口，南市开战，他们只能不顾一切四处逃命，“家室荡然，露宿风餐”，实在扎心。雪上加霜，疫病流行，为此红十字会“每日派员前来，按名给发口粮并施痧药”。杨树浦、闸北、英法租界也有难民“扎堆”聚集，食不果腹，红十字会每天送去食物，还有仁丹等药，“以免因饥生病”。红十字会放赈人手不够，商请童子队队长周大纶、副队长张涵元率 20 人帮忙，他们每晚 7 点赴闸北、虹口、英法租界等难民集中的地方“散放面包、饼干、药物”，每日 8000 多名难民得到救济。浦东六里桥一带，也有不少难民，媒体报道说，这里的“被难贫苦人民三四百人，半系本邑高昌庙相近避难而往者，亦有因龙华驻有浙军畏避该处者，扶老携幼，惨不忍睹”，总会总办事处闻讯，派出“救拯队携带面包、饼干等物，逐日赴该处施放”，进行救济。

随着战事的持续，难民日增，红十字会难以招架，不得不把求助的目光投向社会。7 月 31 日、8 月 2 日，总办事处接连在《申报》刊发《急募捐款、饼干、食物》广告，号召社会各界向处于饥饿状态的难民伸出救援之手。广告说：

天不厌乱，战祸猝兴，浔江肇衅，继及皖徐，近且弄兵沪渎，瓜蔓四延，烽火烛天，风云变色。一声炮震，遍野横尸，伤心惨目，有如是耶！而一般受伤军士以及被殃人民，断肢残体，肉薄血飞，呻吟枪弹之林，宛转沟壑之际，其颠连痛苦，尤为目不忍睹，耳不忍闻，矧吾沪贫苦小民，奚啻数万？平日既鲜盖藏，临难更形仓猝（仓促），栖身乏所，果腹无粮，莫不扶老携幼，觅子寻妻，孑立道隅，露宿檐下，愁云匝地，哭声震天。嗟嗟吾民何辜，罹此惨酷，有不为之椎心泣血痛哭流涕者乎？重以溽暑郁蒸，陈尸腐臭，酿成疫疠，固自易易，灾害之来，正未有艾。本会恪守万国约章，实行尊重人道天职，所在匪敢偶懈，业经飞电开战区域分会，组织医队，设立临时医院，一面赶派本部救护、掩埋等队，分头出发，并赈抚沪上被难人民及溃散兵士，一致进行，力尽救济。惟兹事体大，需款浩繁，来日方长，何能支持？务祈薄海内外乐善之士之痌瘝，念切恻隐心殷，缩食节衣，慷慨输助，俾本会得以始终其事，庶大江南北数百万流离失所之同胞出水火而登衽席，咸拜仁人之赐矣。

细品这段文字，人们可以强烈感受到“哭声震天”的难民之无助，他们在死亡线上挣扎着，在垂死的边缘呼号着，目不忍睹，耳不忍闻，亟待救济，而红十字会虽然重任在肩，奈何巧妇难为无米之炊，只能寄希望于“海内外乐善之士”慷慨解囊。

红会的呼吁，得到积极响应，捐款、食物源源而来。在捐款活动中，中国红十字会名誉总裁袁世凯身体力行，特捐银洋 2 万元加以提倡。而红十字会自身急难民之所急，想难民之所想，也为世人做出表率，“中国红十字会医队救护队谨辞筵席”，就是一例。原来，永昌煤号老板詹铭珊深为红十字会同人出入战地，不畏艰难险阻，抢救伤痍的大爱之举所感动，决定摆宴席加以慰劳。对此，红十字会同人表示感激。考虑到“枪弹横飞，殃及无辜，同人对此正深燃萁煮豆之悲，彼结庐战线者，祸起仓猝，挈妻携子，舍命奔逃，虽保余生而服食无托，露宿风餐，嗷嗷待哺。同人睹此，五内为酸，玉食在前，何能下咽?”而且，“红会宗旨，博爱恤兵，瘗死疗伤，实其天职，何功勋之足伐，何劳绩之足旌?”为此“将其厚祝变价助捐，既足表詹君之热忱，又足表同人之心迹，区区苦心，惟我同胞实式鉴之”。这虽是一件小事，亦足以表明红会一切为了难民，为了难民的一切之诚。

难民赈济持续推进，并逐渐拓展到南京、徐州一带。

南京城破之日，张勋纵兵大掠，劫后余生的南京市民，再罹惨祸，“居户店铺，果然十室九空”。据江绍墀（趋丹）报告：“花牌楼某姓男女二十二口被抢七次，只剩铜元三枚，问之，已二日不举火，既无颜乞赈，日来赈米亦乏，将合家自尽，哭声震屋。过某绸庄，店伙三十余人亦患绝粒，惨楚之语，相对流涕，急资助之。共历二十余家，佥谓暴落之户，无颜食赈乞怜，几遍同病相怜。欲逃，为城门所阻，盘费所困；欲留，告贷无门。惟最难堪者，身无衣，睡无被，病无医，食无米，死者无棺殓，比比皆是，不特我辈已也！墀聆之心为之酸，盈盈泪下，泣不成声矣！遇大雨，制服透湿。车夫语我曰：‘尚有最惨之家，先生其往视之?’冒雨入一巨宅（悉隐其姓名），门毁槛折。凡白发者男女各一，询之已六十一二岁，被抢七次。老者遍体鳞伤，呻吟败絮，少女三人，中年幼妇二人，小孩四五人。老妇由内出给破椅看坐，哭语曰：‘我家向称小康，有店二处，初一起至初四，共抢七次。老翁被其刀刺，枪柄乱击，欲其指认藏银处，受伤已重，号救呼痛，合家跪求，无奈告之于阶下沟际，如数盗去，临行复将餐具木器悉行捣毁而去。最忍心之军士欲施无礼于女媳，幸别兵劝阻，未受此辱。

一子重伤赴医院，存亡莫卜，一子出外求乞，请看一盂饘粥，只敷一夜之粮，明日其绝食乎？夜间七八人败絮一条，彼此更尽地狱之苦，当无过此者。’言已，老幼哭失声，斯时铁石人亦为之下泪。”难民悲惨境地，令人痛心疾首。放赈赈济，急不可缓。

9 月 11 日，总办事处派出江趋丹等，将赈粮 200 石，饼干、面包 15000 磅，被褥 20 包送往南京散放。23 日，又派詹润祥将 500 条棉被送往南京，以济燃眉之急，而“号寒”之请纷纷不已，沈敦和特赶制棉衣裤 1000 套，拟 26 日装火车运宁。10 月 7 日，沈敦和再次请詹润祥乘沪宁车将新棉衣 500 套、绸布男女棉衣 1000 件解送南京。

严冬渐逼，寒气袭人。虽然南京的硝烟早已散去，但饱受战火之苦的南京难民仍然忍受着饥寒的煎熬。红会的救济行动仍然不得不继续下去。11 月 5 日，红会又将新制棉衣 1000 套，和从宁波采购的旧棉衣 2200 件，交“江孚”号轮运宁转南京分会于少彰会长散放其中的一半（另一半用以救济徐州难民）。

救济行动仍在持续中。南京人民对红十字会“非常欢迎，颂声载道”，是极其自然的。正是红十字的人道关怀，使劫后余生的宁地难民得以挣脱“死”的困扰而充满“生”的希望。

徐州也是癸丑之役的重灾区，特别在利国驿、柳泉

难民如潮

附近，“纵横数十里之村庄，皆为军队所住，炮火所经之地矣，蹂躏之惨，不言可知”。后战事南移，“各村人民纷纷归来，而已衣物荡尽，一空如洗”，此时既无食，又无衣，村民面目憔悴，村庄气象萧条，此情此景，令人心痛。庄稼收成无望，又遭遇旱灾，真可谓“惨之惨者”。如果不及时赈济，后果堪忧。又，“查铜山地方，本多盗贼，战事起后，匪势更炽，聚集成股，到处骚扰，无论数十家一村，或百数十家一村，土匪一至，全村皆墟，劫资财，烧房屋，杀事主，掳妇女，残酷情状，笔难尽书。耕牛抢劫殆尽，农民无牛可耕，往往以人力代牛，故田多抛荒，民食不足”。有鉴于此，总办事处特派江苏省议员王宝槐驰往徐州调查灾情。

王宝槐，字叔相（1868—1952），江苏淮阴清江浦人。著名爱国人士、水利专家、慈善家。早年参加同盟会，孙中山就任临时大总统期间，他曾任巡行督办。此次受红十字会之托，于 9 月 21 日北上开展灾情调查工作。10 月 6 日，王宝槐回到上海，向总办事处“详述利国驿一带四十里饥民遍地，衣食俱无，情形至为惨苦”。经查，利国驿居民 3000 户，自经兵燹，“无家不破，饥寒交迫，惨苦万状”。面对此情此景，中国红十字会常议员施则敬“特发宏愿，首先筹垫一万元，并由红十字

王宝槐

会捐款项下发（拨）洋一万元及棉衣数千套”，委托王宝槐“为徐州放赈队队长，冯子英为监视员，随带现元二万元，辅以棉衣、棉被、食粮等物”，10 月 22 日前往徐州放赈。放赈过程中，王宝槐发现山东韩庄与徐州利国驿仅一河之隔，“夏秋兵事，全镇为墟，流民数万”。王宝槐“恝焉悯之，特赴该处，约峄县绅士挨户调查，受灾甚重，电请沈仲礼、施子英代鲁民请命”。沈敦和等“以中国红十字会为全球慈善事业，无分畛域，业已复电王君设法散放”。11 月 25 日，《申报》透露：“红十字会徐州放赈主任王叔相、监视员冯子英偕全队散放徐州利国驿、山东韩庄兵灾冬赈，业于前日竣事。计放出铜元三万串，棉衣二千五百八十件，全队人员定于今日返沪。”当他们回到上海时，红十字会同人“全体欢迎，并代灾黎慰谢辛劳”。一个多月的时间，王宝槐一行走村串巷，访贫问苦，散放赈款赈衣，“民赖以苏”，使数以万计的难民重新回到正常的生活轨道，的确令人钦敬。

十三、设平粜局

受战争影响，很多米店关门，而难民云集，故开门的米店供应紧张，米珠薪桂，物价腾涨，这在上海尤为严重。媒体报道说，上海战事初定，南市米店没有开门，穷苦市民和难民眼看揭不开锅，实在饥饿难忍，只好“手持百钱，奔波北市，往返为难，终日劳动，难谋一饱”。有的难民就是手中有钱，也无粮可买，弄得人心惶惶。

面对这种局面，中国红十字会总会总办事处想方设法，从别处购买粮食，“平粜”赈饥。

所谓“平粜”，本来是指官府在荒年缺粮的时候，将仓库所存粮食平价出售，平抑物价。红十字会的“平粜”也是如此，让穷苦难民可以买到平价米粮，维持最起码的生存需要。

8 月 5 日，红十字会第一平粜局在城东龙王庙开局，局长朱鉴生。

上海龙王庙

8月7日，红十字会第二平粜局在沪南码头商船会馆开局，局长唐星垣。

8月9日，红十字会第三平粜局在沪西万生桥西首西方庵开局，局长邵子奋。

短短5天时间，在沈敦和副会长等的多方努力下，中国红十字会一口气开办了3所平粜局，而且，从采办局长到总稽查，到临时会计，“悉尽义务”，完全是志愿服务。

商船会馆

按照规定，平粜局每日早上 8 点开局，下午 5 点停售，每人限购 5 升米粮，每升售价 65 文、60 文不等。

价廉物美，当然深受欢迎。不过，为了防止“粥铺、饭店及有力之人混入贪廉”，红十字会加强监管，一旦发现类似情况，立即“鸣警查究”，所以平粜局“秩序井然，绝无流弊”。

设局平粜，效果显著，10 天之后，就有媒体报道：“红十字会自设平粜局以来，米价逐渐平复，现市价上等白米每石已在八元以内。沈仲礼会长为济贫民起见，从今日起，再减五文，每升重一斤九两，计钱六十文。”

价格走低，难民和平民得到实惠，难怪有评论说，红十字会平粜局“诚平米价、济贫民之善法也”。

当然，对红十字会而言，设平粜局也承受着巨大的经济压力，“红十字平粜局三所近日益形拥挤，每日共需米三百数十石，每石约亏耗一元七八角不等”。本来就是亏本的“买卖”，卖得越多，亏得越多。好在有社会各界的支持，这一善举得以持续进行。

11 月初，眼见形势好转，红十字会也准备收局，不料“日来米价骤涨，贫民日食维艰”，于是沈敦和副会长“力请局长唐星垣、朱鉴生、邵子奋诸君再担任旬日”，咬牙坚持，直到 11 月中旬新谷登场，米价渐平，3 处平粜局才陆续收局。9 月 30 日，沈敦和副会长致电总会及吕海寰会长，报告设局平粜情况，“第一平粜局九月十二号撤局，第二、第三平粜局十五号停粜”，使命完成。

平粜局开办 2 个多月，大大缓解了战祸而引起的“绝粟”恐慌，为上海穷民及难民排解购粮之难。其间红十字会工作人员所付出的辛苦，是常人难以想象的，如《新闻报》报道说，红十字会 3 处平粜局“日来拥挤异常，龙华、漕河泾、浦东穷民来粜者纷至，每日共需米二百数十石。而局长以下诸执事，终日操作，手为之折，而对于贫民和颜悦色，亦足见道德心之发达云”。他们身上所体现的正是红十字无私奉献的精神。

十四、办留养院

难民络绎而来，无依无靠，走投无路，如果不能妥善安置，一旦发生骚乱，后果难以预料。他们是战争的受害者，属于弱势群体。作为从事人道主义工作的社会救助团体，红十字会给予他们人道关怀，义不容辞。

弱势群体中，妇女儿童尤为脆弱，正像媒体报道的那样，上海满大街晃动着难民无助的身影，因为“烽火云霄，生灵涂炭”，背井离乡，“流离转徙，困苦颠连”，实在是别无选择的选择，其中“最堪怜者，青年妇女，黄发儿童，风餐露宿，粟六饥肠，啼哭终宵，酸人心肺，盖以家室荡然，依靠俱无，行见鬻子卖女，演成惨剧，人道之谓何?”给妇女儿童以格外关注，是理所当然的。为此，中国红十字会总办事处决定特设临时妇孺留养院加以收容。可是，要办留养院，首先要解决场地问题。当沈敦和副会长苦苦寻觅之时，京剧表演艺术大家夏月珊伸出了援手，其表示愿意出借上海南市十六铺“新舞台”（1913年新舞台迁至丹桂茶园），而且明确“不收房租”，这使沈敦和感动万分。

夏月珊

夏月珊（1868—1924），原名昌树，艺名小庚弟，安徽怀宁人。1908年，他和弟弟夏月润、京剧艺人潘月樵与上海信成银行协理沈缦云等人联手，集资在上海南市十六铺创建新舞台。这是近代中国第一家新式戏曲演出场所，在中国戏剧史上占据一席之位。在辛亥革命中，夏氏兄弟和潘月樵等人创建“伶界义勇军”，参与攻打江南制造局的战斗。同时还首创募捐义演，支援革命。孙中山亲笔题写“现身说法”匾额相赠，表彰他们的功绩。

有夏月珊、夏月润兄弟等人的无私相助，沈敦和备感信心十足。1913 年 8 月 3 日，他与上海镇守使郑汝成磋商上海善后办法，其中就提出“遭难妇孺幼孩尤为困苦，拟假新舞台开红十字会妇孺寄宿所，每日教以浅近工艺，并略识字母”的设想。

新舞台

经过紧张筹备，8 月 9 日，临时妇孺留养院在新舞台旧址正式开院，院长为沈敦和、张乐君，总理事为叶庚三，副理事为杨菊生，稽查为沈鼎臣、江趋丹，发起人为顾馨一、袁祝三等。同日，公布《中国红十字会临时妇孺留养院简章》18 条，具体内容为：

——本院系因沪地战事之后临时设立，与常设机关有别，故名中国红十字会临时妇孺留养院。

——借设上海南市新舞台旧址。

——本院专收贫苦无依之避难妇孺，如有下开各项情形之一者，概不收留：甲，虽系贫苦并非被难者；乙，有别项隐情者；丙，有毒疾或残废者；丁，小孩年十二岁以上身长逾四英尺半者。

——本院经费由红十字会暨豆米业及各界热心善士募捐集合，其款项出入由总办事处常议会稽核之。

——公举院长二人，总理事一人，副理事一人，稽查员二人，悉尽义务。又男女干事若干人由院长以下督率之。

——留养额数先以二百名为度，如可增添，随时由院长及发起人议决。

——妇孺入院时先由审查员问明年岁、籍贯，妇女有无丈夫翁姑儿女，小孩有无父母，详载审簿，编列号数，交女干事收养。

——本院所备三餐均有定时，晨八时备粥，午十二时备饭，晚六时半备晚饭，或用粥，或用面食。逢阴历初二、初八、十六、二十四酌加荤菜。

——本院所收妇孺，每日给以三餐，概不取资。

——妇孺入院后，先令盥漱沐浴毕，给以公用之衣服，限期更换，以重卫生。

——本院延有女干事数人，教妇孺以浅近字义及寻常手工，每日以二三小时为教课时间。

——妇孺不得任意出院，如有万不得已要事欲告假出院者，须经审查员允准给予假条方可，回院时即凭条销假。

——妇孺入院后有患病者，由女干事查明实在，即请医生诊治，重病送红十字会医院或时疫医院，轻病迁入本院病房以免传染。

——妇孺入院后如有病故者，立时迁入太平间，即予棺殓并拍照后寄存善堂殡舍，待家属认领。

——本院所收捐款均有中国红十字会临时妇孺留养院收据为凭，翌日即登报征信，他日另刊征信录分送。

——以上简章经发起人三分之一之请求即可修改。

——简章有未尽善处可随时修改。

——此简章于开院日实行。

从这个《简章》中，可以看出红十字会对妇孺关怀备至，他们在此衣食无忧，除此之外，留养院还“教以字义、手工、唱歌、运动”，丰富他们的精神生活，关心关爱“诚无微不至”。

8 月 27 日，中国红十字会妇孺留养院举行了正式开幕礼。据报道，当天下午4时，十六铺新舞台热闹非凡，中西男女来宾近千人汇聚一堂，参加开幕仪式，其中“郑镇守使、穆警长、吴知事、陆市总董、海军陆战队李旅长各派代表莅会，并由警区派巡警六名到场照料”。首先由院长沈敦和、张乐君报告开院缘起，及“今日来宾之盛，临时捐款之踊跃，足征吾同胞道德心之发达，爱群之心恳挚”。对此，沈敦和表示诚挚感谢。接着“幼童唱歌毕，请来宾演说；妇女手工，幼童体操后，请来宾参观寄宿所、养病室、浅近识字处、手工处及沐浴室、成衣处，布置井然”。而且，妇孺留养院开院不到半个月，“妇孺竟能识字唱歌、浅近工艺”，令人称叹不止。

妇孺留养院原定收养妇孺200名，而多时超过500人。要养活这么多人，红十字会承受的压力之大，可想而知。

临时妇孺留养院外，中国红十字会又在爱而近路纱业公所特为由大通号救护出险的南京难民开办第二留养院，推举闻兰亭、哈少甫为院长，沈鼎臣为总理事，田资民为理事。报道说，8月28日，大通号首次抵达上海，沈敦和副会长“率救护员、妇孺留养院职员，红十字会第二留养院院长哈少甫君，总理事沈鼎臣君，旅沪同乡蒋星阶诸君四出照料”，妥善安置。难民2358人中，“红十字第二留养院六百数十人，计送妇孺三百十二人交妇孺留养院收养，将产幼妇二人送西门妇孺医院”。

南京难民中，有不少人信奉回教，饮食习惯不同，于是中国红十字会常议员蒋星阶、哈少甫在上海“北门内和尚浜设红十字第三留养所，专安插回教中人”。

9 月 2 日，大通号二次抵达，理事长江趋丹，妇孺留养院叶庚三，第二留养院哈少甫、沈鼎臣，第三留养院清真绅士等百余人至码头照料。这次救护出险难民 808 人，其中护送无家可归至纱业公所第二留养院者 309 人，护送至第三留养院 41 人，护送至妇孺留养院 271 人。人数不断增加，红十字会颇感“压力山大”。

令人难忘的是，留养院工作人员，耐心周到，无怨无悔，“妇孺留养院男干事劝募捐款，防闲匪类，保护孑遗；女干事与避难妇孺共起居饮食，医药卫生如姑嫂姊弟怡如也。第二、三留养院三餐之外，慰问无休时，而纱业公所闻田诸君，广开大厦，担任饭食，照料护持，视难民如戚友。”他们以炽热的爱心驱散笼罩在难民心中浓重的“失乐园”阴霾，使他们找到“回家”的感觉。

战乱平息后，第二、三留养院分别于 9 月 11、12 日闭院，妇孺留养院于 10 月 1 日截止。“保全弱质，完人骨肉”，红十字会这一人道之举，赢得社会各界的普遍赞誉。

十五、资遣难民

各地流落上海避难的难民，“衣食旅费，为日过久，典质俱穷。家乡辽远，举目无亲，弱者转乎沟壑，强者流为盗贼”，以致治安混乱。要维护上海社会的稳定，理应让他们“各归故乡，藉谋生计”，越早越好。中国红十字会出于人道，募集捐款，对流落上海滩的各地难民以及经红十字会治愈的受伤兵民、溃勇败兵予以资遣。

1913 年 7 月 15 日，上海的《申报》就报道，红十字会一方面“扶助伤兵伤民掩埋死者”，另一方面就是“将散兵游勇数百人设法资遣回籍，不准滋扰民间”。10 天后的 7 月 25 日，据沪城分会报告，“有散兵百数十人困于城内沉香阁”，总会总办事处“急捐助川资遣散”。至 10 月中旬，“红十字会上海总、分医院五处，治愈伤兵伤民九百余人，入院后重伤不治者只七人，治愈出院及资遣回籍者八百八十九人”。

散兵游勇的资遣还不是什么大问题，最难的还是众

《〈申报〉上的红十字》书影

多贫苦难民的资遣，这是一项庞杂的系统工程。

资遣是一个持续的过程，不是一天两天所能完事的。

8月30日，《申报》报道，红十字会妇孺留养院8月28日资遣52名妇孺回籍，8月29号资遣48名妇孺回籍，仍在院留养476人，其中包括“极体面之妇孺六十余人，临难奔逃，又被守城兵士搜查，身外几无一物，亦甚可惨。该院总理叶庚三君，女干事江伟豪女士另辟空房优加招待”。

8月31日，《申报》报道，红十字会第二留养院“赶办资遣回籍”，3天来已资遣488人。昨晚又资遣回苏州、镇江、江北者46人，现在该院尚有250人等待资遣。

红十字会资遣难民回籍，承蒙沪宁铁路公司关照，给予车票半价的优惠。沈敦和副会长又函商各公司轮船，船票一律按半价优惠。报道说，红十字会资遣伤兵难民“必经审查员查明实在后给以火车或轮船票，另给零用或下乡费后，再押送至车站或轮船”。尽心尽责。

9月3日，《申报》报道，红十字会医院医愈张勋所部伤兵23人，早上派员护送至镇江营务处；治愈伤民27名，给资回籍。总医院、城内医院医愈兵民36人，根据路程远近，分别买好车票、船票让他们回归故里；红十字会妇孺留养院第二留养所又资遣汉口、九江、镇江难民妇孺168人，除船票外，酌给他们回家所需的车费、饭食费。

9月10日，《申报》报道，红十字会妇孺留养院第二、三留养院留养南京难民约600人，连续两天由轮船派员护送回宁，计278人，每人另给零用钱一元四五角。

9月11日，《申报》报道，中国红十字会理事长江趋丹、救护队队长王培元以及苏荔裳、王子香、李子常、邵子奋、钱玉斋诸君资遣避难来沪的南京难民300人。

9月18日，《申报》报道说，中国红十字会妇孺留养院资遣妇孺58人，又第五医院、第一医院、第三医院送回治愈军民16人，一并护送。不仅乘船免费，红十字会还给每人一些零用钱。

9 月 19 日，《申报》报道说，红十字会“五处医院日有治愈受伤军民，远至徐州、湖南、江西、玉山、保定、河南等人”。沈敦和副会长怜悯他们受苦受难，生活艰辛，不仅提供轮船票火车票，还“厚给资遣费，令其各归故乡，自谋生业”。

到 9 月底，资遣难民取得阶段性成果。沈敦和副会长致电总会及吕海寰会长，报告二次革命救护工作整体情况及难民资遣的最新进展：“第一平粜局九月十二号撤局，第二、第三平粜局十五号停粜，第二留养所十一号闭幕，第三留养院十二号闭幕，妇孺留养院十月一号截止，第三医院九月三十号止，第五医院二十七号止。该第四医院为南市医院，资遣留养院男女小孩一千八百二十八，除船票衣服之外，每人酌给一二元、四五角不等。资遣伤兵七百一十六人，湘、粤、桂、燕等处，除给船票、路费、衣服外，酌给一二元，最多者至八元、十元以外。治愈国军二百十一人，派员护送交该管营长验收。现二处医院只存重伤及残废者七十二人，南京分会医院四处伤兵正多，除衣食住、医药外，内有第一师、三师伤兵三百数十人，伤民一百余人，日内正从事资遣，希察核。”

上海如此，南京也一样。10 月 14 日，《新闻报》就报道说，中国红十字会常议员袁仲慰“于此次战务襄助异常热心”，来南京红十字分医院治愈伤兵 103 人并资助

吕海寰

他们乘江孚号轮船回籍，费用全由袁仲慰承担，“并免饭食”，袁仲慰“诚商轮坐舱中好行其德之士也”，令人敬佩。

中国红十字会资遣伤兵难民的人道之举，也受到西方媒体的关注。12 月 4 日，《字林西报》（North China Daily News，又称《字林报》，前身为《北华捷报》North China Herald，是在中国出版的最有影响的一份英文报纸）就发表评论说，二次革命中，上海“租界难民麇集，关系本埠公共治安者甚大，其结果容有不可思议者。幸由红十字会发其慈善心，陆续资遣回籍，计自七月以来，已达七千余人。其中有溃军伤兵以及各地避难贫民，其原籍地方之远，若东三省、云南不等。其遣散之法，或由沪宁路局准予半价车票，或由招商局蠲免船资，即该局轮船买办亦间有不取饭资者，该会资遣经费藉得稍减”。不过，《字林西报》也清楚，“难民各省皆有，凡非沪宁铁路及招商船所能达到者，该会虽未有他家之补助，亦莫不一一资遣回籍。益以棉衣路费所需极巨，该会经费为之困难，若延长其手续，则非特募捐款，不足以竟事”。为此《字林西报》也呼吁“事关公共利益，凡身受治安之幸福者，当莫不赞助该会办法而慷慨解囊，俾得继续其宏愿，而一祛吾人之障害”。

转眼小半年过去了，到 12 月中旬，资遣难民工作本可以结束，可是难民依然存在，不仅如此，因寒冬来临，难民到红十字会“求请给票回籍者愈众”，如何是好？职责所在，红十字会当然不能视而不见。为此红十字会专门制定《重订资遣被难人民简章》，对资遣难民办法进行调整，明确规定：不管是男是女，只要是“贫苦无力归家者，确因战祸避难来沪者”，经红十字会问清居住地、年龄、籍贯，就“发给火车票或轮船票，俾回原籍”；给票时，“须于回籍人士手腕上加盖紫色本会印记及所至地点之印，以杜顶替”；“火车所遣之地点自上海起至南京止，轮船由上海至汉口，概不再给下乡费及棉衣”；“非沪宁火车及长江轮船所至之处概不资遣”；“沪

《字林西报》馆

宁火车准星期一、四搭车，惟须于星期日、三下午四时至五时至本会报告，经查明实在，始给车票”；“轮船每星期定星期三、星期日两次，届期四时至五时审查给票”；“非本会资遣之日概不给票”；“所领火车票、轮船票当时可用，过期作废”。简言之，资遣范围有所缩小，仅为“沪宁火车及长江轮船所至之处”，也不是每天都办理资遣事宜，而是每星期2次。棉衣、下乡费也不再另外发给。之所以如此，是因为发现“给其棉衣下乡费后，仍逗留上海不去者颇不乏人”，真伪难辨。同时明确资遣截止时间——经红十字会常议会讨论，“定于阳历元旦（即阴历十二月初六日）截止资遣，以后无论何人，概不给发火车、轮船票据”。

1914 年 1 月 1 日，中国红十字会总会总办事处停止资遣因二次革命滞留上海的难民。自 1913 年 7 月至当年年底，红十字会资遣难民以及伤兵溃勇等，共计 10401 人，使他们重回故土，回归到正常的生活轨道。对这一人道义举，“舆论德之”，赢得各界交口称赞。

十六、别样救助

伤兵伤民、散兵游勇、妇孺儿童、穷苦难民，都得到红十字会的人道关怀，可是还有一个特殊的群体——文人，受到战争冲击，他们穷困潦倒而又不愿为五斗米折腰，忍饥挨饿，难怪有人感叹："最痛苦以无告者，其惟我学界诸子乎？"文人墨客"乞怜不肯，呼吁无门，忍痛噤言，坐以待死"惨状，引起红十字会的关注。中国红十字会元老施则敬联手会员于少彰、沈鼎臣、哈少甫、沈少庭、沈惺叔、洪少圃、江趋丹等集资发起成立"征文社"，以不一样的方式——征文，为他们提供救助。这种方式既照顾了文人的面子和自尊心，又能使他们获得实惠，可谓别出心裁，煞费苦心。

施则敬（1855—1924），字临元，号子英，1855 年 11 月 6 日出生于江苏吴江震泽镇，后随父迁居上海，经营商业，为上海丝业董事，上海滩著名慈善家。

施则敬是中国红十字会创始人之一，"中国红十字

施则敬

会一等金质勋章”获得者，在红十字会组织建设方面堪称“元老”级人物，沈敦和倚为“后盾”。有人说“清光绪三十年（1904），施子英五次奏保送部引见候旨，被朝廷选用创办中国红十字会”并给予其“创办中国红十字会的第一人”的评价，固然言过其实，但沈敦和发起成立上海万国红十字会，施则敬鼎力相助、义无反顾参与其中则是毫无疑问的，称其为“创始人之一”，该是恰如其分的。1907 年中国红十字会走上独立自主发展道路后，施则敬继续协助沈敦和建医院、办学堂，为红十字事业奠定“根基”。1911 年辛亥革命中，沈敦和发起成立中国红十字会万国董事会，施则敬被推举为董事。1912年9月29日首届会员大会召开，施则敬被公推为常议会首席常议员。1913年二次革命爆发，徐州利国驿数千户居民惨遭兵燹，施则敬“特发宏愿，首先筹垫一万元，并由红十字会捐款项下发洋一万元及棉衣数千套”，派员前往赈济。现如今，文人落难，他岂能坐视不理？何况，救助文人，也是尊重知识、振兴教育的重要途径，实在是利国利民的“百年大计”。正如他参与发起征文募捐的启事中所说的那样，“战事告终，秩序宁谧，赈抚各局，注意兴学。凡以体恤单寒，培养士气，仁至义尽，多士景从，盖期于教育振兴，文明普及，俾一般学者循蹈于方规圆矩之中。士气既醇，乱阶自弥，维持善后，莫此为良。同人等慨念人文，曾创征文之举，拟补助于万一，弥缺憾于劫余”，这是一项功在当下、利在千秋的事业，值得去做。

9月27日，《申报》刊发“中国红十字会南京征文”的广告，明确“每月征文一次，仅限于南京一隅。凡有佳章，统交南京钓鱼台红十字分会汇收，发给凭照，以备领取酬金”。首次征文的题目有三：“南京被劫记”“赈抚善后策”“中国红十字会创办十年，其成绩以何时最著？近来会事发达，一日千里，试说明其理由。”要求任选两题作答。等次、酬金数目：最优等十名，第一名奖金洋20元，二、三名奖金洋10元，四至十名奖金洋7

元；优等20名，前十名每名奖金洋5元，后十名每名奖金洋3元；中等无定额，每名奖金洋一二元不等。第一次征文于旧历九月十五日（阳历10月14日）启动，二十五日（阳历10月24日）截止，逾期不收。收卷处：南京钓鱼台中国红十字会南京分会。征文强调“非南京人不收”，表明征文活动仅限于南京。

征文活动受到南京文人学士的积极响应。10月19日《申报》就报道：“红十字会南京征文社第一次交卷者达千余卷，佳作如林。”

第一次征文10月24日截止，收到征文1401篇。11月9日，“中国红十字会总会总办事处征文社发起人施子英、冯梦华、盛杏荪、沈仲礼、朱葆三、施省之、蒋星阶、沈惺叔、于少彰、夏辅宜、沈少庭、哈少甫、黄涵之、沈鼎臣、洪少圃、桂仲庚、江趋丹”联名在《申报》发布“南京第一次征文揭晓”通告，说：“本会第一次征文得卷一千四百一卷，业经评定甲乙。计最优等王寄汇君等十名，优等朱敦儒君等廿名，一等林少钦君等一百七十名（应为七十名），中等孙雨生君等六百名，备取六百一名，已缮就全案名单，邮寄南京钓鱼台中国红十字会南京分会，实贴门首，以供众览。并定十五、十六、十七号三天为给奖日期，共计奖洋一千三百七十一元。”从这个“通告”上，一眼就可以看出发起人增加了不少，不仅有中国红十字会前会长盛宣怀、现任副会长沈敦和，还有曾经的安徽巡抚，被称为江南才子的冯煦（字梦华）及上海工商界巨擘，不久出任上海总商会会长的朱佩珍（字葆三）等，都加入进来，为征文活动“站台”。

第一次征文，奖金来源于爱心人士的捐助。11 月 19 日《申报》发表“中国红十字会南京征文社助款志谢”广告，公布捐款名单：“施子英君第一批寿礼七百廿一元，第二批寿礼三百六十八元，夏辅宜君洋一百元，施子英君九八元、（银）五十两，洪少圃君洋十元，哈少甫君交来江宁公所洋一百元，红十字会善捐项下拨助洋

冯煦

朱佩珍

一百三十元，章笃臣君洋十元，毕枕梅君洋十元，余承伯君洋十元，于少彰君洋五十元，冯蒿叟君洋十元，周金箴君、贝润生君合洋廿元，魏梅荪君洋四十元，共计洋一千五百七十九元，银五十两。除汇交南京分会于君少彰给赠酬金外，特登报端，以扬仁风。”其中发起人施则敬赞助最多，计洋 1187 元，占全部捐款的 75% 以上，另外还有 50 两白银。12 月 10 日，沈敦和副会长以中国红十字会总办事处名义特在《申报》发布“谨谢本会常议员施子英先生”广告，“本会常议员施子英君，创造红会十年以来，煞费经营。今岁适逢花甲大庆，理应称觞祝嘏，以庆寿辰，适南京被劫，文人学士被灾尤酷，施君发起南京征文，以惠多士。蒙施君偕弟省之君及诸亲友纷送寿礼移助征文，业得捐款，以资酬赠”，为此“特登报端，以扬仁德，而鸣谢忱。”

征文活动没有结束。11 月 25 日，中国红十字会南京征文社发起人施则敬、盛宣怀、冯煦、沈敦和、朱佩珍等联名于《申报》发布“中国红十字会南京征文社第二次征文题”，题目有三：“止杀篇”“天道福善，祸淫古语，作善降祥，试历举数事以证其说”“拟白话募捐启”。要求：“（一）每卷以能应二题者为合格，多作者

施则敬暮年

尤深企仰；（二）行文以切实而有发挥者为要，若勦取报章或滥用不典之名词，既于文体有乖，恕不录于前列；（三）文字之关于经世者原不在字句工拙，篇幅短长，惟理解差谬，每篇不及五百字者，碍难录取。”相对第一次征文，本次要求更为严格。12 月 10 日截稿，收到征文 2041 篇，较之第一次征文几乎翻倍，热情之高，不难想见。

12 月 27 日，中国红十字会南京征文社在《申报》发布第三次征文，题目三则：“人道说”“红十字会与宗教之关系”“劝人为善文（白话体）”。“限旧历十二月初十（阳历 1914 年 1 月 5 日）截卷，岁内揭晓。”具体要求与第二次相同。征文如期截稿，共收到征文 1887 篇。

1914 年初，第二、三次征文获奖名单陆续揭晓，并张贴在南京分会门前。征文活动圆满结束。据 1914 年 3 月 15 日《申报》发布的“中国红十字会会员集资征文社南京征文收支清单”统计，征文活动共收到捐款洋 2763. 4 元，除 40 元阅卷酬劳外，其他全部作为奖金奖励给参与征文活动的文人学士，总计 2526 人受益。

“征文”开红十字运动史上之先河，并为后世所传承。虽然三次征文仅资助文人 2526 人，很难达到“普惠”目标，人均 1. 09 元的奖励金也不啻为杯水车薪，且仅限于南京一地，但不可否认的是征文活动收到了可观的社会效益，不仅“寒士德之”，受到文人雅士的交口称赞，而且通过这一“知识群体”以及《申报》等当时的“新媒体”的跟踪报道，产生了全国范围的广泛影响，传播了红十字文化，也让红十字更加深入人心。

十七、众擎易举

红十字事业的开展，离不开社会各界的支持。红十字会自身没有经费，其经费主要依赖社会捐助。在二次革命中，中国红十字会各项开支，所费甚巨。收官之际，红十字会算过一笔账，各项救护救助的人数和花费大致如下：

上海一隅设医院五处，吴淞设临时病院一所，疗治受伤军民，前后计九百四十七人，伤重不治者只十一人，平均计算每百人中死一人，耗费一万五千元，平均每人十七元；又救护队救护九百人，耗费约二千五六百元，平均每人三元左右；留养院三处，留养男妇婴孺三千三百十余人，耗费约四千七百元，平均每人约一元有奇；救护难民出险（大通轮船、汉源、江元、致远等小轮五艘，民船、汽车、沪宁免费专车，前会长盛杏荪善士独助大通船费四千五百两），共五千数百人，耗费约万元之谱，平均每人二元；上海江湾、吴淞掩埋尸骸三百七十一具，耗费一千二百数十元（棺木大半系捐助者）；平粜局三处，平粜五十日，采米共五千二百十三石有奇，计价洋二万九千五百三十元有奇，除收入平粜价外，耗费五千二百八十三元；防疫治病药料药水等费约千元；赈济露宿难民（闸北、英界、南市、浦东、六里桥、西乡、大场、镇江、南京、大胜关、新河口），面包、食物、饼干、痧药等费约三千元（面包等物半有善士捐助者）；资遣伤军、难民、溃勇、败兵回籍一万四百人，费五千五百元（有时招商局捐助免票，江永卓达吾君、江宽林晓泉君、江孚袁仲蔚君、江新许楚卿君、江华施子芗君、江裕黄毓斋君，竭诚赞助，时蒙慨免船费，又沪宁铁路惠给难民半价票）；南京分会医院（鼓楼医院、基督医院、金陵医院）宝琅医士，救护疗治受伤兵民一千九百数十人（轻伤入院即去者不计），耗费八千数百元，平均每人约计五元；镇江医院白廉医士主任救护疗治受伤兵民六百十二人，耗费二千数百元，平均每人不足五元；南京分会于少彰君主任救护难民甚伙，掩埋尸骸计七千三百数十具，由于君独立捐垫六千元。

上述之外，再加上其他开销，共支出 13 万余元。

如此巨大的开支，除部分政府补贴外，经费来源的绝大部分只有“取之于民”，靠社会各界爱心人士的支持了。在整个二次革命救援行动中，中国红十字会根据需要，主要借助《申报》，不断发布捐款捐物信息，如 7

月 24 日“急募捐款棺木”，7 月 27 日“中国红十字会急募捐款”广告，8 月 1 日“中国红十字会急募捐款饼干食物”，9 月 7 日“中国红十字会急募南京急赈掩埋善后捐启”，9 月 21 日“中国红十字会乞募棉絮棉被棉衣”，11 月 13 日“红十字会向华侨募捐”，11 月 15 日“中国红十字会敬告海内外慈善大家”，11 月 29 日“请慈善家捐助旧棉衣”，12 月 23 日“谨告海内慈善家本会会员”等等，连篇累牍。

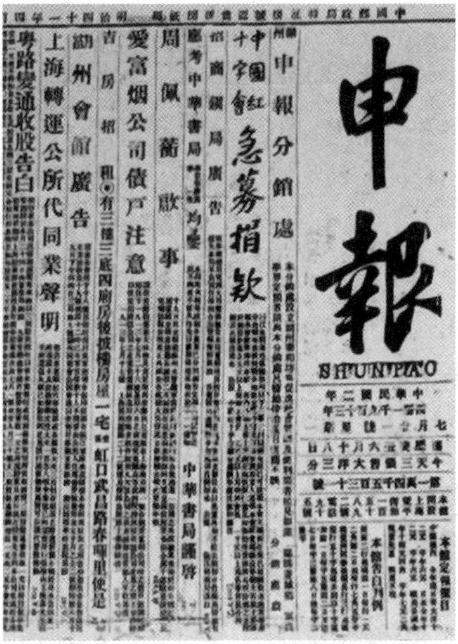
申報

申報分館處

中國紅十字會急募捐款

周佩蘅啟事

愛富烟公司債戶注意

湖州會館廣告

上海轉運公所代同業聲明

募捐广告

红十字会的募捐呼吁，得到了社会各界的积极响应，捐款捐物，源源不断，令人欣慰。当然，红十字会同样借助《申报》，及时发布捐赠信息，做到公开透明，因此“鸣谢”广告也是连篇累牍。

8月6日鸣谢沪宁铁路代理总管莫立士“慨允特备救护队红十字专车驰往战地，往来救护”。8月30日“谨谢纱业公所董事暨丝业诸君”承担南京“难民饭食、菜蔬、茶水、房屋、电灯、电扇种种费用”。9月5日鸣谢“上海建源栈蒋逸波君交来三宝垅商会洋七百六十五元”。9月10日鸣谢“郭子彬君除自捐一千元外，于二日内复募得三千七百数十元。渠侄乐轩君复四出筹募，昨日又交到一千数百元，热心如郭君叔侄，诚不可多得之人也”以及“沪宁铁路赞助红十字救护专车资遣难民半价，火车装运棺木、赈粮、药料，收发电报，概不取资”。9月15日“谨谢桂增元君经募南北银楼公所同业十五家洋一百元”。9月18日“谨谢董茹生君、慎德堂陈合助洋一百元”。9月29日鸣谢许心诚“慨助巨款计洋一千元。9月30日鸣谢程叶女士“将保婴善款六百元移助本会，又募严遗善君洋一百元”。10月3日鸣谢“吉林民政长齐耀琳先生宁助敝会经费洋一千元”。10月4日鸣谢南京分会会长于少彰侄子于近农“自捐二百元，又募于铁君君、于左军君、于勋辅君、魏芝房君各二百元，共计一千元”及“茶叶公所特捐洋四百元”。10月

5 日鸣谢“张德瑗君洋五百元”。10 月 10 日鸣谢“哈尔滨远东报馆王文林君自助演剧助捐”洋 800 余元。10 月 17 日鸣谢沈惺叔、沈少庭、红十字会常议员洪少圃等“闻徐州利国驿周围四十里遭战事之惨剧，特发宏愿，慨捐巨款洋四千一百元，又棉衣裤一千卅件，估值洋九百元，两共合洋五千元”。10 月 22 日中国红十字会谨谢郭亮甫“悯战祸之惨酷，同胞之浩劫，奔走告语，托钵沿门，迭募巨款，苏我灾黎，感同身受。日前又复募隐名氏棉衣二百套折价洋三百三十元”。11 月 2 日鸣谢“来苏州养晦居主棉袄四百九十件，棉裤一百十条”。11 月 5 日谨谢沈吟秋“捐岁米棉衣洋五百元”。如此等等，可谓不绝如缕。

海外游子，心系祖国，对红十字会人道行动，竭尽所能，奉献一片赤诚爱心。8 月 6 日红十字会借《申报》谨谢美国旧金山华侨“电汇洋一千元”。10 月 24 日谨谢日本横滨“中华商务总会吴廷奎君……经募洋三千三十九元。计介绍到特别会员八位，洋一千六百元；正会员五十七位，洋一千四百廿五元；又宝塔捐洋十四元”。11 月 2 日鸣谢“美国节丽春女士经募棉衣裤三百套，又零件九十八件”。11 月 5 日鸣谢“中华商务总会林君竹斋汇来新加坡银四百廿元，合规元三百五十五两九钱五分”。如此等等，不一而足。

值得注意的是，红十字会筹款募捐与发展会员结合，

中國紅十字會名譽總裁袁大總統捐特銀二萬元 會長 沈敦和
中國紅十字會謹謝滬寧鐵路代理總管莫立士君 救護專車
中國紅十字會謹謝三藩市華僑電匯洋一千元 中國紅十字會總辦事處 沈敦和
中國紅十字會臨時平糶局第一局 龍王廟開局
寶鳳祥記銀樓廣告
中華圖書館印刷所開幕廣
新藥戒烟社
徐鴻釐先生所發明
張季直湯蟄仙兩先生提倡
著有戒烟必讀
中外論
論中國西通大鐵道之重

鸣谢广告

会员队伍也因此壮大。依照红十字会的章程，“捐款逾廿五元以上推赠正会员，二百元以上为特别会员，一千元以上为名誉会员”。按照捐款多少，相应取得会员资格，这类事例也有不少，如 11 月 14 日，沈敦和副会长以中国红十字会总办事处名义在《申报》发布鸣谢广告，列举捐赠信息及会员发展情况：“十一月八号至十三号止。萧绍何君介绍朱华川君，沪城分会介绍杜诗庭君、徐伯琴君、朱文甫君，吴城分会郑良琨君介绍段时鉴君、蓝国隆君，又刘子寿君介绍刘和夫君、刘慎五君，又黄炳光君介绍程懋椿君、刘有道君，又廖篪卿君介绍廖墨舫君、谌树声君、雷舜渔君，又黄笑侯君介绍黄韵笙君，又查镜眉君介绍吴洪畴君，又胡养新君介绍邹嫩芝君，以上各捐洋二十五元，均推赠为正会员。”12 月 1 日，沈敦和副会长以中国红十字会总办事处名义在《申报》发布的“志谢”广告中，又列举“十一月廿三号至三十号止。朱立哉君介绍孙阆仙女士捐洋五百元，推赠为特别会员；朱立哉君介绍徐张霞女士捐洋二百元，推赠为特别会员；吕耀庭君介绍徐干青君捐洋二百五十元，推赠为特别会员；徐干青君介绍徐慰霓女士，朱立哉君介绍陈兆丰夫人，各捐助洋五十元，均推赠为正会员；朱立哉君介绍刘太太捐洋一百元，推赠为正会员，又介绍刘太太捐洋三十元，推赠为正会员；朱立哉君介绍徐荣桂女士、徐章淑梅女士、陆芬女士、许明女士、吕贵知君、杨程祖君，洪文廷君介绍谢寄闲君，朱适卿君介绍田绍庵君，沪城分会介绍范瑞祥君、周采臣君、丁子钦君、陈锦华君、杨定甫君、许霞标君，侯慧梧君介绍魏会荀君、张周垣君，叶庚三君介绍黄久宜君，吴铸禹君介绍蔡子瑜君，巴音广生号介绍陈伯飞君，谢孜仁君介绍宣钢君、宣彭君，以上各捐助洋廿五元，均推赠为正会员”。故红十字会人气越聚越多，队伍也就越来越庞大，会费收入成为红十字会一大“财源”，为二次革命救援行动提供了重要保障。

不过，在救援行动中，人们发现有极不和谐的“怪事”，就是有人借红十字会之名进行诈骗。

8月4日，中国红十字会总办事处在《申报》刊登告示，“悬赏缉拿冒收捐款”。内称：“本会向无人在外挨户募捐，顷接应民政长函开，接南通县储知事电，有名沙淦者用红十字名义募捐。又接闸北居民公启，有新闸浜北共和路协兴卫街内诸某假冒红十字名义募捐。除函请行政官缉拿惩儆外，亟应登报悬赏，如能查获实据，鸣捕扭送警局捕房通知本会外，证明实在，赠洋一百元，备款以待。”称对“冒收捐款”的恶劣行为，绝不容忍，一旦发现，坚决打击。

8月7日，杭州人金奎向在上海行医，因生意清淡，忽然异想天开，仿造红十字会图章，托刻字匠朱金生刊印，“意图骗取捐款”，但朱金生了解红十字会成立已久，早有图章，“私刻”涉嫌犯法，于是向红十字会举报，“果属假冒”，遂报警，金奎向被逮捕，当日宣判，拘押两月，以示惩戒。一周后的8月14日，《申报》披露，宁波人俞某假冒红十字会收捐员名义，向三马路刻字店翻刻传单收据，被缉拿究办，“发押捕房两月”，另有刊登“俞少棠者，托东新桥北首敲板作定制假佩章一千枚”，也被重罚。同时中国红十字会再次发布“悬赏百元冒收捐款”通告，谓：“凡我绅商各界店号住宅，如有人托名红十字会募捐者，一面鸣捕拘留，即知照本会立刻派员赴公堂审明实在，酬劳洋壹百元。”总之，对恶意冒用红十字会名义进行诈捐的行径，绝不姑息，严厉打击。

红十字是保护性、标明性标识，绝不允许滥用、冒用，对此政府态度明确，给予支持。8 月 19 日《申报》报道，根据黎元洪副总统的要求，陆军部严行取缔私立红十字会、滥用红十字标识等行为，规定“临时章程，冒用者处以三个月以上六个月以下之监禁”，以捍卫红十字会尊严，维护捐赠人的合法权益。

黎元洪

众擎易举，聚沙成塔，集腋成裘。海内外捐款源源不绝，从1913年7月二次革命爆发至当年11月底，各界善士共捐洋165700余元，使得红十字会“虽日处困难之中，尚无陨越之累”，但救援行动实施顺利。所谓木本泉源，发生有自，中国红十字会之取得二次革命战事救援的卓越成就，如果说“皆赖大善士捐输之力，我同胞协赞之功”，并不为过。

尾　声

睹遍地之尸横，叹疮痍之满目。但于惨云愁雾中，必见有红十字旗飞扬空际。1913 年 11 月 11 日，中国红十字会会长吕海寰致陆军部函，报告二次革命人道行动概况，感慨万千，说：“敝会自本年六月间兵事发生以来，组合医队救护队陆续出发，凡隶于赣、宁、淞沪战线内外，靡役不从，其属于资遣留养平粜诸务亦皆择要措办。同时，如南京、天津、镇江、山东、九江等分会，各省教会各教会医院，又能不分畛域，协力赞助，迨至战局告终，计各医院留养伤病尚不下千数百名，而运往灾区之银洋棉衣食物，迄今未辍。足见比年以来人道主义群知尊重，而友邦博爱，惠我尤多，至于在事诸人，或纯尽义务，或辍业临时赴急，均具热诚。又或独捐巨资，或劝募会款，维持更征实力。海寰迭接各处报告，聆阅之下，欣佩良深。”

的确，在二次革命中，中国红十字会救护、留养、资遣、赈济，应接不暇。尤其沈敦和副会长，总揽全局，日夕奔波，心力交瘁，以致病倒。9 月 2 日《新闻报》报道说，“红十字会副会长沈仲礼君自赣乱发生蔓延淞沪以来，布置调度，寝食俱废，且有时亲历战地，督饬救护队冒险抢救，而一切掩埋、拯济、善后、防疫种种机关以及有战地各省组织分会医队，日夜筹划，精力交瘁，形神俱困。月前患失眠心悸之症，迭请西医诊治，力劝静养，不预外事，闻已入医院养病。”

统筹调度的沈敦和副会长是如此，王培元、江绍墀、施则敬、吴敬仲、王子香、邓笠航等人，无不尽心尽力，废寝忘食。红十字会史书说，在整个二次革命中，中国红十字会“闻警报早经出发，则部署惟恐不先；赴战地收拾伤残，则救护惟恐不勇；葬骸骼消弭疫疠，则掩埋惟恐不周；设医院以疗损伤，则救治惟恐不力”。四个“惟恐”，道出了红十字会人道、博爱、奉献的担当精神，正是这种担当，使“红十字”熠熠生辉，光芒四射。至于无辜被难人民，“则运以火车，济以轮船；居以留养院，保全妇孺，以杜拐卖；散放衣食，以拯饥寒”，堪称人道保障。

中国红十字运动知识丛书（第五辑）

陈海高　池子华　总主编

盐城市盐都区红十字会　红十字运动研究中心　编

战地红十字

——淞沪会战救护的故事

池子华　著

合肥工业大学出版社

图书在版编目(CIP)数据

战地红十字:淞沪会战救护的故事/池子华著;盐城市盐都区红十字会,红十字运动研究中心编. --合肥:合肥工业大学出版社,2025.5. --(中国红十字运动知识丛书). -- ISBN 978-7-5650-7195-9

Ⅰ. K265.506;R82

中国国家版本馆 CIP 数据核字第 2025ZX5341 号

战地红十字

——淞沪会战救护的故事

池子华 著

责任编辑	孙南洋
出版发行	合肥工业大学出版社
地　　址	(230009)合肥市屯溪路 193 号
网　　址	press. hfut. edu. cn
电　　话	人文社科出版中心:0551-62903200 营销与储运管理中心:0551-62903198
开　　本	850 毫米×1168 毫米　1/32
总 印 张	22.25　**总 字 数**　394 千字
版　　次	2025 年 5 月第 1 版
印　　次	2025 年 5 月第 1 次印刷
印　　刷	安徽联众印刷有限公司
书　　号	ISBN 978-7-5650-7195-9
总 定 价	120.00 元(共 5 册)

如果有影响阅读的印装质量问题,请与出版社营销与储运管理中心联系调换。

总　序

中国红十字会诞生于1904年，至今已走过110多年的风雨历程，“是国内历史最悠久的人道组织”（习近平语），被称为“百年老店”。百余年来，中国红十字会秉持人道、博爱、奉献精神，救死扶伤，扶危济困，谱写出一曲曲人道赞歌，在中国近代史和中华人民共和国史上留下了闪光的足迹。正如习近平总书记所说的：“中国红十字会在重大灾害救援、保护生命健康、促进人类和平进步等方面发挥了重要作用。”

可是，对中国红十字会所建立的丰功伟绩，知道的人并不是很多。为弘扬红十字精神，“讲好红十字故事”，中国红十字基金会委托红十字运动研究中心，组织编写了这套“中国红十字运动知识丛书”，通过对重要历史人物、重大历史事件的挖掘，呈现一幅幅丰富饱满、多姿多彩、跌宕起伏的红十字历史画卷。

丛书虽然是“讲故事”，但不是“编”故事，没有

无中生有的猜想，没有胡编乱造的粉饰，没有“标题党”的故弄玄虚，没有添油加醋的天马行空，更没有虚构的文学情节，而是依据历史事实，用通俗易懂、朴实无华的语言，娓娓道来，再配上老照片，图文并茂，客观再现历史的场景。虽然少了点舞文弄墨的精彩，但确是信史。不求梦笔生花，但求“告诉你一个真实的红十字会”！

池子华

2018 年 1 月 9 日

目　录

引　子

1937 年淞沪会战爆发，中日双方展开鏖战，上海这座中国最大的都会，被硝烟炮火所笼罩。

淞沪会战从 8 月 13 日开始至 11 月 13 日结束，历经 3 个月，其间几乎无日不战，虹口、杨树浦、狮子林、川沙口、罗店、北新泾等都是著名战例，搏战激烈，伤亡惨重，被称为抗战时期规模最大、战斗最惨烈的战役之一。

面对血战，中国红十字会不畏牺牲，全力以赴，穿梭于枪林弹雨之中，救死扶伤。在整个会战中，中国红十字会“组织救护队十队，急救队十二队，救护医院二十四所，征集救护汽车九十八辆，另特约公私医院十六所及国际委员会所设之医院，分布淞沪前线及上海租界，协同一致，执行救护、输送、医疗等作业”以及硝烟散尽后难民的持续救助等工作，尽心尽力，建立了不朽的功绩。

一、淞沪会战爆发

1937 年 8 月 13 日，对生活在上海的民众来说，不啻一场噩梦的开始。就在这一天，淞沪会战爆发，上海这座中国最大的大都市，笼罩在炮火硝烟中，遮天蔽日。

自从 1937 年七七事变爆发后，华北重镇北平、天津于 7 月 29 日、30 日相继沦陷，日军把进攻的重点指向了上海。

原来，1931 年九一八事变后，日军长驱直入，不仅迅速占领整个东北，而且挥师南下。上海是中国最大的经济、贸易、金融中心，日本垂涎已久，必欲霸占而后已，以获取更大的侵略利益，1932 年 1 月 28 日遂进攻上海，淞沪抗战爆发，史称一·二八淞沪抗战。在中国军民的顽强抵抗下，日本并没有达到预期的侵略目标，于心不甘。

七七事变后，日本的侵略野心爆棚，企图一举占领上海，进而攻占国民政府首都南京，瓦解国人的抗敌意志，为此调兵遣将，集结重兵，准备发难。而虹桥机场事件正好为其进攻上海提供了口实。

虹桥机场事件

1937 年 8 月 9 日，下午 5 时许，日本驻上海丰田纱厂海军陆战队中尉大山勇夫与一等水兵斋藤要藏，开着军车沿着虹桥路自东向西疾驶而来，直冲虹桥飞机场大门，进行挑衅。机场守兵发出停车警告，但二人置之不理，横冲直撞，守兵严正警告无效，于是开枪射击，日军车急速右转弯驶入碑坊路，在离机场大门以北百余米处被击坏，大山勇夫当场中弹于车内毙命，斋藤要藏弃车而逃，也被当场击毙。

酿成如此严重的事件，日方咎由自取，但驻沪日军把责任推给中方，并以此为借口，蛮横要求中国政府撤除所有防御工事。若果真如此，后果不堪设想。这种无理要求理所当然遭到断然拒绝。日军随即集结海军陆战队及舰艇严阵以待。与此同时，国民政府军事委员会密令京沪警备司令张治中率第 87 师、88 师赴上海杨树浦及虹口以北布防。13 日，日本海军陆战队首先由虹口向天通庵车站至横浜路段开枪挑衅，另一部向宝山路、八字桥、天通庵路进攻，被第 88 师击退。

张治中（1890—1969），原名本尧，字文白，安徽巢县人，黄埔系骨干将领，国民革命军陆军二级上将，1932 年淞沪抗战时任第五军军长的他，曾率军顽强抗击侵华日军。淞沪会战爆发，他再次披甲上阵，当日受命将所部改编为第 9 集团军，发起反击作战。

张治中

日军不断向上海增援，8 月 15 日，日军统帅部下令组建上海派遣军，任命松井石根为司令官，并立即增派第 3 师、第 11 师开赴上海，投入战斗。

淞沪会战日军轰炸上海居民区

中国方面也不例外，调兵遣将，驰援上海。国民政府军事委员会于 8 月 20 日成立第三战区，冯玉祥任司令长官，顾祝同任副司令长官，陈诚任前敌总指挥，同时调整部署：以第 9 集团军（张治中部）组成淞沪围攻区围攻驻沪日军，第 8 集团军（张发奎部）组成杭州湾北岸守备区，第 10 集团军（刘建绪部）组成浙东守备区，第 54 军组成长江南岸守备区，第 111 师组成长江北岸守备区。

冯玉祥

战事愈演愈烈，双方投入的兵力接近百万。如此规模的大会战，不难想见战事之惨烈、伤亡之惨重，这就意味着中国红十字会的战地救护，艰巨而繁重。

二、未雨绸缪

上海是中国红十字会总会（以下简称总会）所在地。按照中国红十字会的章程及 1936 年 6 月 30 日立法院通过的《中华民国红十字会管理条例》，总会理应设在首都南京，但由于种种原因，一直没有“例行故事”。所以，淞沪会战爆发后，滞留上海的中国红十字会总会直接担负起抗战救护的职责。

淞沪会战爆发时，总会没有手忙脚乱，而是从容应对，有条不紊展开救护工作，这主要得益于战前较为充分的准备。

1931 年九一八事变后，中国红十字会除投身华北抗战、淞沪抗战、绥远抗战等局部抗战救护工作的同时，还强化自身建设。1934 年 9 月 24 日至 28 日，中国红十字会在上海召开直辖内政部后第一次会员代表大会。在这次会议上，代表依法选出王培元、杜月笙、刘鸿生等 15 人为理事；劳敬修、汪伯奇、黄涵之等 15 人为监事。

10 月 1 日，中国红十字会第一届理事会、监事会举行联席会议，公推蒋介石为名誉会长，内政部部长黄绍竑、上海市市长吴铁城为名誉副会长（10 月 11 日第二次理监事会增聘颜惠庆、虞洽卿为名誉副会长），王正廷为正会长，史量才、刘鸿生为副会长（1934 年 11 月 13 日史量才被国民党暗杀后改推杜月笙为副会长）。

王正廷

会员大会后，1934 年至 1936 年连续 3 年发起征求会员运动，会员人数增加到 30 余万人。全国分会发展到 464 处，红十字医疗机构 262 处，夯实了抗战救护的基础。

会员人数的扩充固然重要，但仅追求数量上的增多，并不能实现救护效益的最大化，提高会员的素质更为紧要。为此，总会从 1936 年开始，专门举办救护训练班，聘请专家传授“战时外科学”“实地护病学”“毒气学”“担架学”等实用性、“应变”性强的课程，培训战时救护人员。到 1937 年，训练班仍在开办，4 月 22 日《申报》报道：“中国红十字会总会自上年开办救护训练（班）以来，毕业者已有数班。该会为欲完成伟大使命起见，不断推进，决不中止，以期造就多量人材（才），而备非常时期之需要。”不少分会如上海分会、松江分会等，与总会呼应，开班训练战地救护人员，讲授“救护常识”“初步治疗”“防毒法”“担架术”“人工呼吸法”等初级救伤之法。1936 年 11 月 18 日，虞洽卿等发起成立的“上海市救护事业协进会”，在总会支持下先后开办 4 期救护训练班，培训 200 余人。人员的扩充与培训以及基础设施的建设，为抗战救护准备了条件。

1937 年七七事变后，上海风声鹤唳，处于临战状态。中国红十字会未雨绸缪，一方面，继续扩大救护训练，让更多的人掌握救护技能；另一方面，于 7 月 20 日联络上海市商会、地方协会、医师公会、中华医学会、药业公会、医事教育机关及其他与救护有关的团体，在“上海市救护事业协进会”的基础上，改组成立了“中

虞洽卿

国红十字会总会上海市救护委员会”（以下简称“救护委员会”），以“扩大组织，充实力量”。救护委员会内设总务、医务 2 组，下设事务、医院、材料、救护、文书、纪录、会计、庶务、运输、情报、交际、稽查、慰劳、掩埋等 14 课，其组织架构如下：

正主任：颜福庆

副主任：许冠群、俞松筠、翁之龙、郭琦元

总干事：王揆生

总务组组长：杨怀僧

副组长：陈奇恩、任作君

文书课：陆砥平、庄智源、端木馨

记录课：沈金涛、蔡书祥

会计课：（会计师）龚懋德、（会计员）王庭桂、郑燕宝、林国华

庶务课：（主任）陈奇恩（兼），蔡致源、周绥和、吴玉麟、刘缘生

运输课：胡会林、马启错、胡国城、徐绍宇、郭汉兴、韦梓

情报课：俞慎初、潘超群、林树椿、姚谒斌

交际课：任作君（兼）

稽查课：胡会林（兼）

慰劳课：（总务担任）

掩埋课：陈良玉、黄庭瑞（普善山庄代表）

医务组组长：郭琦元

副组长：汤蠡舟、朱恒璧、叶植生、吴利国

事务课：关凝一

医务课：艾世光、王增泉、朱席儒、汤垒、黄钦文、孙本生、王益智、项斯征、周泰惠、吴德瑛、蒋公谷

材料课：江晦鸣、程斌、方人麟、盛启英、张训隐、张其美

救护队课：汪民视、雷树德、李伟业

其中，救护委员会主任委员颜福庆（1882—1970），

是位享有盛名的医学教育家、公共卫生学家，祖籍厦门，1882 年出生于上海。1904 年毕业于上海圣约翰大学医学院。1906 至 1909 年赴美国耶鲁大学医学院深造，获医学博士学位。后赴英国利物浦热带病学院、美国哈佛大学公共卫生学院访学。回国后创办长沙湘雅医学专门学校（湖南医科大学前身）并任首任校长。1915 年组建中华医学会并任首任会长。1926 年任北京协和医学院副院长。1927 年创建第四中山大学医学院（上海医科大学前身）并任首任院长。1928 年创建吴淞卫生公所。1933 年创建澄衷肺病疗养院（上海市肺科医院前身）并任首任院长。不言而喻，他的确是救护委员会主任委员的合适人选。他的哥哥颜惠庆，则是中国红十字会前领导人，从 1924 年任职到 1933 年卸任，担任会长长达十年之久，并将在淞沪会战中再度出场，组建上海国际红十字会，竭力救护伤兵难民，这是后话。兄弟二人，在红十字旗帜下，携手同心，共赴国难，令人敬仰。

在组建救护委员会的同时，中国红十字会又“设办公处于总会内”，以便“在红十字会旗帜下集中力量，统一组织，依照日内瓦条例编练救护人员”。

以上救护资源的大整合，为淞沪会战救护准备了条件。

1937 年 7 月 27 日，总会又在新闸路会所召开全体理事、监事联席会议，决定正式加入“上海市各界抗敌后

颜福庆

援会”“上海慈善团体联合救灾会”（一般简称“慈联会”）等团体，与各团体精诚合作。如此红十字会的救护工作很大一部分融入慈联会等团体的救助行动中，如此可以发挥更大的规模效应，同时，“积极募集经费，举办战地救护训练事宜”。8 月 9 日，救护委员会在大吉路公共体育场举行救护训练班检阅典礼，学员 200 余人接受检阅，检阅项目有担架、防毒、绷带等，“手法纯熟，秩序井然”。

由于战前准备较为充分，所以大战来临，中国红十字会可以从容应对。8 月 13 日当天，救护委员会在中德医院集合救护训练班毕业人员进行初步编队，“编队方法，为第一批就各人住址相近，编入某地防护队，共需六队，每队十人，举队长一人；第二批编入红十字会救护队，约编十队，每队十人；第三批预备队，所有未编入前两批者，悉数编入”。编队已定，立即执行救护任务。

三、救护队与急救队

从8月13日至20日，在短短的1周时间内，中国红十字会成立救护队6队，人数按照《中央救护大纲》要求进行调整，每队队员56人，择其“干练者”，由总会救护委员会委任队长。与此同时，各业救护团体纷纷请求参加救护，除煤业公会单独组织一队救护队队员有百余人外，其余经总会审查编为急救队6队，每队16人，因其“多数无医师，即队员亦鲜有受过训练者，此项队伍，不能称为救护队，仅可称为急救队”，对其进行整合，“以期统一事权，藉取分工合作之效”。救护、急救队分布江湾、大场、闸北、浦东一带，互相策应。8月25日后，战线逐渐扩大至吴淞、罗店等处，原编救护队、急救队不敷调遣，又续编救护队4队、急救队6队，先后派往前线。

其实，救护队、急救队人员并不是一成不变的，驻地也会因战地转移而屡有变更，以至于上海周围“九十余公里外均有我队员分布其间”。尽管各队队员有增有减，驻地也时有变换，但队员们“不畏艰险，奔走于枪林弹雨之中，不惜任何牺牲，均能密切合作”，难能可贵。根据救护委员会报告，各救护队、急救队组织情形简介如下。

第一救护队：8 月 13 日成立，陈荣章为队长，队员 60 余人，分为 3 支队，设绷带所于大场、罗店、嘉定三处。后与第三急救队合并，由雷树德、陈荣章二队长率领，出发苏州、昆山。

中国红十字会第一救护队部分队员

第二救护队：8 月 13 日成立，龚继长为队长，有队员 50 人。设临时医院于真如东南医学院（安徽医科大学的前身）。后因龚队长另有任务，由田仓本继任队长，改赴罗店、大场、顾家镇、杨行、南翔等处工作。

第三救护队：8 月 13 日成立，有队员 34 人，王金魁

东南医学院

任队长，出发大场、顾家镇、南翔等处工作。

第四救护队：8 月 16 日成立，俞卓初为队长，有队员 28 人，担任市内伤兵难民救护工作，后因前方战事紧急，前往大场、真如、杨行一带协助救护。

第五救护队：8 月 12 日成立，队员初为 70 余人，后重新编制减缩为 53 人，其中大都为救护委员会训练班学员。李伟业为队长，先在大场、闸北、顾家宅一带从事救护工作，后刘士林接任队长，担任转运伤兵至杭州、嘉兴、苏州、湖州等处之任务。

第六救护队：8 月 17 日成立，韩一雷任队长，设总队部于浦东周浦。开始工作时，队员仅 40 余人，后增至 70 余人，成立 3 个支队。第一支队在沿浦春江码头、塘桥、三林一带；第二支队在南汇、望海楼、小洼港、老港一带；第三支队在大团、新开河、万祥外、三灶、泥城一带驻扎。

第七救护队：8月26日成立，由上海市铁业公会所组织，经中国红十字会核准，编入红十字会序列，叶露为队长，有队员48人，分2个支队在南市流动救护，以救济难民为重，并在大佛厂街设门诊部，疗治贫苦难民。

第八救护队：8月23日成立，由国医战地救护队与上海市中医药界救护队联合组织，有队员53人，经中国红十字会核准成立，徐伟为队长，在闸北、虹口、江湾、大场、杨行、刘行一带救护伤兵。

第九救护队：8月28日成立，由浦东川沙地方青年与红十字会训练班学员合组而成，有队员74人，瞿绍伟为队长，设队部于川沙，以伤兵伤民为主要救护对象。

第十救护队：8月21日成立，队员76人，由浦东保卫团及救火会人员合组而成，经红十字会核准后编入救护队，蒋方九医师为队长，总队部设于浦东太古华通堆栈内，下设10个支队，分驻四乡，协同策应。

急救队有12支，分别为：

第一急救队：8月12日成立，张丹卿为队长，队员16人，驻扎顾家宅宝兴纱厂开展救护事宜。

第二急救队：8月16日成立，由上海市公仁社救亡委员会救护组所组织，经红十字会核准编列急救队后，谢葆生为队长，共有队员 64 人，“均多奋发青年，怀志救国者”。

第三急救队：8 月 15 日成立，有队员 16 人，为上海市民立女中东亚体专审美女中女生。雷树德为队长，驻扎八字桥、大场，所救伤兵，大多经过包扎后，分送后方医院疗治。

第四急救队：8 月 23 日成立，由原组织人蔡香荪担任名誉队长，谈益民为副队长，负责实际领导工作，队员 17 人多为“江湾智识青年”，后因调谈益民赴苏州协助郭琦元组织苏州办事处，第四急救队于 10 月 5 日归并到第二救护队。

蔡香荪

蔡香荪担任“名誉队长”，这在救护队、急救队中绝无仅有。

蔡香荪（1888—1943），字耀璋，上海江湾镇人，当地名医。早年加入同盟会，投身于反清革命活动。1932年淞沪抗战爆发后，其组织救护队，全力救治十九路军伤兵，掩埋阵亡尸骸，并设收容所，救济难民。这令十九路军总指挥蒋光鼐、军长蔡廷锴十分感佩，特制金丝锦匾相赠，以金线精绣“急公好义”四个字，以示褒奖。

“急公好义”匾额

淞沪会战爆发，建立卓越功绩的蔡香荪“重出江湖”，组织当地青年参加战地救护。以蔡香荪的威望，请他担任名誉队长，更能激发队员的积极性和凝聚力。

第五急救队：上海酱业青年服务团在八一三战事发生后，组织20余人出发战地从事救护工作，因力量薄弱，乃请求参加红十字会序列，经核准后编为第五急救队，褚一峰为队长，9 月 10 日正式成立，设队部于南阳桥方浜路寿祥里 40 号，“每晚出发工作，地点无定”。

第六急救队：9 月 11 日成立，费光华为队长，后由八一三救亡协会改编，加入红十字会序列，由何惠钧任队长，有队员 31 人，一切给养均自行筹给，汽油、车辆、药品由红十字会补助。队部设牯岭路高民里，每晚出发战地工作。

第七急救队：由海员公会所组织，9 月 11 日呈请编列红十字会急救队，有队员 19 人，汪政卿为队长，每晚“出发前方工作”，且一切给养自行负担。

第八急救队：有担架队员 16 人，刘星耀为队长，9 月 8 日开始工作。

第九急救队：由镇丹金溧扬五县旅沪同乡会，集合救护人员 40 人，经红十字会核准后，于 10 月 18 日成立，陈培德为队长。出发真如、嘉定、真北路一带，实施救护工作。

第十急救队：由沪西救火会救火人员与童子军联合组成，经红十字会审核准许后于 9 月 17 日正式成立，由救火会郑连坤任队长，计有队员 16 人。“一切给养费用，纯由该郑队长负担”。

第十一急救队：上海市商会童子军第五十团自八一三战事发生后，即率童子军 40 人协助红十字会运送伤兵。10月中旬，该团部改组加入红十字会序列，蒋传源为队长，后驰赴太仓、真如、周家桥一带，专任救护工作。

第十二急救队：为上海职业青年战时服务团所组织，经红十字会核准后，列入第十二急救队，有队员16人，李从善任队长，后由冯少山接任队长。

以上就是救护队、急救队组织情况。他们出入枪林弹雨之中，是淞沪会战救护的主力军。

四、救护医院的开办

救护队、急救队从战场上救回伤兵，分送各救护医院救治。医院无疑寄托着抗日伤兵生的希望。

当淞沪军情日趋急迫，战事爆发危在旦夕之际，总会就着手组织救护医院，以便及时收治伤兵。淞沪会战战端既开，第一至第七及第二十救护医院次第开办，随后第八至第十三及第十八救护医院相继成立，到 8 月底，已有 15 处救护医院投入救护。9 月以后，战线扩大，战事趋烈，伤兵日增，已有救护医院不敷收容，又相继开办 9 所医院，其中有总会直接办理负担全部经费者，有与其他机关或团体联合开办由总会承担部分经费者，有经费独立而医院本身隶属于总会者，基本情况择要简述如下。

第一救护医院：八一三战事爆发，第一救护医院就在胶州路 397 号贫儿教养院开办，有病室 2 个，设床位 100 张。上海大世界惨剧（8 月 14 日国军飞机投弹误炸事件，伤亡2000余人）发生后，为救被难同胞，特在延平路申园体育馆开设第三病室，设床位150张。

大世界惨剧

第三救护医院：8月14日震旦大学医学院（今上海交通大学医学院）召集毕业同学、在校师生暨法医研究所同人组建，经救护委员会核准定名为第三救护医院，以震旦大学为临时院址，推选孙逵方医师任院长，床位200张，并商请广慈医院（今上海交通大学医学院附属瑞金医院）为该院第一特约医院，设床位50张，医师除原有驻院医师外，并由五、六年级学生分别担任。护理方面，由天主教修女30余人及圣心医院、公济医院男女护士10余人担任。“所有办事人员，均勉尽义务，为国宣劳，一概不支薪给。”10月1日孙逵方院长因公离沪，吴雪瑞医师继任院长，增设床位 100 张，又商请安当医院为该院第二特约医院，另设床位 20 张，共计床位 370 张。

第五救护医院：由中西疗养院所组织，院址设于蒲石路（今长乐路）536 号中西疗养院，有床位 249 张，8 月 14 日起开始收容伤兵，1938 年 5 月 31 日奉命结束。

第六救护医院：设于上海中山医院（今复旦大学附属中山医院），有床位 222 张，8 月 16 日开始收容伤兵。为便利输送伤兵，8 月 22 日起该院奉命附设伤兵包扎所于门诊处，每夜限收伤兵 150 名，次日须将轻伤重伤分别输送。伤重者经诊治与包扎后，送入租界内救护委员会指定救护医院；伤势较轻者包扎后用救护车、火车或船舶转往后方医院。

让人好奇的是，这个第六救护医院依托的中山医院，大有来头。媒体报道说，1931 年，孙科、孔祥熙、宋子文、颜福庆等众多名流联合发起建立一所公立医院，为纪念孙中山，命名为“中山医院”，所有建设经费，全部来自慈善募捐。1937 年淞沪会战前夕，上海中山医院建成开业，这是当时中国人管理的第一所大型综合性医院，隶属于国立上海医学院。发起人名单中，中国红十字会名誉副会长虞洽卿，副会长刘鸿生，颜惠庆、颜福庆兄弟赫然在列，还有即将出任中国红十字会救护总队总队长的林可胜博士等，可谓与中国红十字会“有缘”。

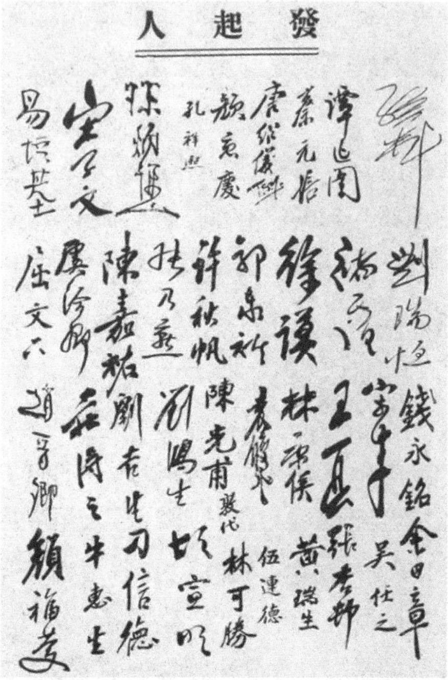

中山医院发起人名单

第七救护医院：由中国红十字会第三医院改组而成，以四川路一号物品交易所为院址，有床位 215 张。该院自 8 月 15 日开办，至 10 月 17 日结束。

第八救护医院：由友声旅行团秉承救护委员会意旨，于南洋路（现南阳路）183 号创办成立，8 月 20 日开办，有床位 285 张。医院特聘顾耕梅、方嘉成、吴士俭三医师为正副院长，高恩养、俞达夫、叶植生为医务主任。

第八救护医院全体女救护员

1938 年 1 月 31 日结束。

第十二救护医院：民立疗养院高济民院长组织设立，以慕尔鸣路（今茂名北路）光夏中学为院址，高济民为院长，赵启华为医务主任，8 月 25 日正式成立，11 月 27 日结束，有床位 130 张。

第十三救护医院：设于新闸路培明女子中学，8 月 26 日开始收治伤兵，除组织董事会外，并推定同济大学校长翁之龙为院长，秘书蒋益生为副院长，金问淇医师为医务长，曾耀仲、阮尚丞二医师分任内外科主任，有床位 224 张。

第十四救护医院：由中华妇女互助会主办，院址设在福煦路（今延安中路）中德医院内，有床位103张，9月7日开始收容伤兵，11月20日结束。

第十七救护医院：设在古拔路（今富民路）、蒲石路（今长乐路）交叉路口的业广公司，设床位436张，9月20日起开始收容伤兵，上海沦陷后由上海国际红十字会接办残废伤兵医院。

第二十救护医院：原为私立平民疗养院，8月15日改组成立第二十救护医院，有床位117张，12月10日奉命办理结束。

第二十三救护医院：9月12日创办，药理学家、上海医学院教务主任朱恒璧医师为院长，以汉口路131号四行大厦为院址，邀请张伯钧、吴兴业二医师为副院长，任廷桂医师为医务主任，“负责筹备”，16日开始收治伤兵，有床位540张，“规模较宏”。

第二十四救护医院：为国民战时互助会主办，9月29日成立，1938年1月14日奉命结束，有床位140张。

救护医院之外，还有“特约医院”参与红十字会救护工作。

当战事初起之时，救护医院来不及全部开办，为收容伤兵，总会与上海原有医院洽商兼收伤兵，由红十字会按收容伤兵人数给予津贴（每名每日药品伙食费5角）。与红十字会合作的“特约医院”，有人和医院、大德医院、大华医院、太和医院、中德医院、生生医院、

朱恒璧

永川医院、同德医院、同德产科医院、东南医院、红十字会第一医院、红十字会第三医院、惠旅医院、劳工医院、宝隆医院、铁路医院，共16家，有床位千余张，对于收治伤兵，不无助力。随着救护医院的次第开办，床位日增，为便于管理，自9月10日起，除少数几个特约外，其余一律结束，将所收伤兵转送各救护医院治疗。

在这16家“特约医院”中，宝隆医院（前身即同济医院，现同济大学附属医院）的名字令人瞩目，它也是这16家医院中“特约”时间最长的一家，长达241天。

宝隆医院的创始人就是同济大学创始人——德国医

宝隆医院

生宝隆博士，人称“大宝医生”。宝隆博士与中国红十字会非常有缘。

埃里希·宝隆（Paulun Erich，1862—1909），1862年生于德国东北部小镇帕泽瓦克。1882年高中毕业后，因家境贫寒无钱上大学而选择了参军，希望将来能成为一名军医，救死扶伤。1882年他如愿进入皇家弗里德里希·威廉外科医学院学习，1887年获得医学博士学位。第二年，他担任海军助理医生，1893年起先后在皇家海军狼号、伊尔梯斯号炮舰上任上尉军医。伊尔梯斯号长期在东亚水域活动，上海逗留期间，他结识了在沪开诊所的德国医生卡尔·策德里乌斯。上海虽然是国际化大都会，十里洋场，繁花似锦，但另一面的贫病交加也触目惊心。“医者仁心”，目睹这一惨状，“他确定了一个想法，要尽可能利用他所有的力量和知识去改善中国的医疗卫生状况”，他决心在上海建立一所医院，为大众服务。

宝隆

1895 年宝隆来到上海，先在策德里乌斯的诊所里当助手。1899 年宝隆以德医公会的名义开始筹建一所诊治中国病人的医院。筹建工作得到德国驻沪总领事克纳佩、上海实业界人士虞洽卿、叶澄衷等人的支持。1900 年仅有 20 张床位的医院开张，因由中德双方共同出资，本着同舟共济、和衷共济旨趣，故取名同济医院——同济大学的前身。宝隆出任首任院长。

1904 年 2 月，为独占东三省，扩大对华侵略权益，日本与俄国剑拔弩张，不惜一战。硝烟滚滚，炮声隆隆，东北同胞走死逃亡，惨遭浩劫。为了救助东北难民，3 月 10 日，在沈敦和、李提摩太、施则敬的奔走下，在钦差大臣吕海寰、盛宣怀、吴重熹的支持下，中英法德美共同发起，组建起上海万国红十字会，中国红十字会由此诞生。宝隆参与了上海万国红十字会的发起，并被公推为“总董”之一。上海万国红十字会在它存在的三年多时间里，救助了 46.7 万余人，建立了不朽功绩。作为创会“总董”和“办事董事”，宝隆功不可没，他获得中国红十字会一等金质勋章。而他创办的同济德文医学堂，也成为中国红十字会医护人才的培养基地。

1909 年 3 月 5 日，宝隆在上海病逝，年仅 47 岁。斯人已去，最初的同济医院，为纪念他的创始人，改名为宝隆医院，继续为红十字人道事业发光发热。

救护医院、特约医院以及一些私立医院的助力，为中国红十字会淞沪会战救护提供了坚强的后盾。

五、战事救护的展开

有备无患。由于战前做了较为充分的准备，故而淞沪会战开始后，中国红十字会能够根据战事的进程，不断优化救护机能，为抗敌将士勇往直前提供坚强的医疗保障。

1937 年 8 月 13 日，淞沪会战从虹口八字桥开始。

八字桥，原名宝安桥，位于今虹口区水电路、柳营路交界处，因有两条河浜在这里交汇，河浜上的两座桥分别通柳营路和同心路，呈八字状，故名八字桥。就是这座桥，曾经是 1932 年淞沪抗战激烈交战的地方，现在又在这里打响了淞沪会战的第一枪。

战斗打响，虹口、闸北、江湾、杨树浦一带迅速成为两军对垒交锋的前沿阵地，战事胶着。中国红十字会救护队“全体出动”。人们看到，开战的当天，上海“所有救护团体”，热情高涨，“全体出发至战地服务，各战地服务队，亦分别出发，帮助防军建筑防御工事，

八字桥守桥士兵

手口同用，救亡歌声，高彻云霄。各同乡会，分持白旗，至租界内各地，招待流离失所之难民，各方情形，至为热烈”。这对红十字会的救援行动也是一种激励，彰显出人道、爱国的力量。

“红十字”是保护性标志，生死攸关，国人热情再高也不能滥用，为此中国红十字会在 8 月 15 日《申报》发布“紧要启事”，强调红十字标志的严肃性，“本会旗帜臂章，均盖有总会关防，及所属各机关印章，外间如有发现冒充或声明作废之旗帜臂章，皆须严厉取缔。至个人或与本会无关之团体，欲借领旗章另作他用，一则格于国际章约，断难通融，二则整个军事救护，蒙其不利，未便发给，请勿徒劳往返，诸君爱国爱本会，谅能鉴此苦衷也”，一旦“查获伪造滥用等情，当由军法从事，决不宽贷（待）”。维护红十字标志的圣洁，是中国红十字会和社会各界义不容辞的职责。

战事既然已经展开，红十字会肩负救护使命，当然渴盼各界民众鼎力相助，共赴国难。“紧要启事”也呼吁“此次战事蔓延南北，本会办理救护，负担甚重，应需经济药品，急待各界捐输”，除需要大量现金购买医用专门器械及保障救护人员生活外，还需要急救包、棉花、纱布、伤兵衣服、布匹、被服、医用药品、运输汽车、毛毯、电筒、行军床、铺盖袋等，“请求各界迅速援助”。

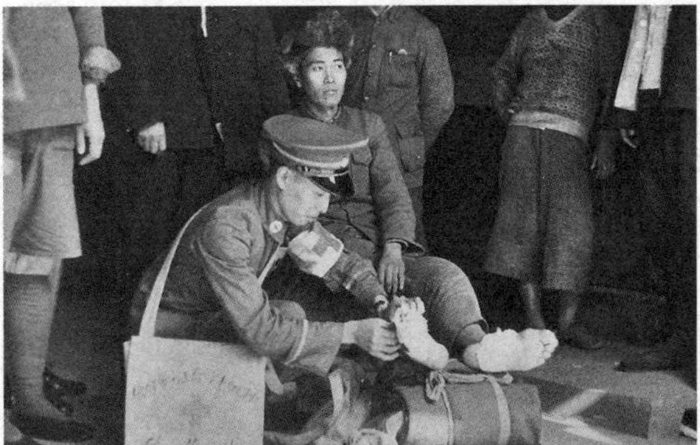

救护伤兵

战火延烧，救护人员“连日救护伤兵，彻夜工作”，紧张繁忙的景象如在眼前。不仅如此，他们随时可能陷入危险境地，用“出生入死”来形容，恰如其分。8 月 17 日《申报》报道：“各救护队员莫不奋勇，躬冒弹雨救伤，以致大场急救队之担架员全部为敌人炮火所歼灭，而为壮烈之牺牲。”为了救护伤兵，担架队员献出了自己年轻的生命，令人惋惜之余，也为他们奋不顾身的牺牲精神而感动。就在这一天，他们救下伤兵 200 余人。

伤者需要救治，死者更要及时掩埋，以使卫国志士“入土为安”。中国红十字会委托普善山庄担此重任。

普善山庄正式创办于 1913 年。上海商人王骏生、李谷卿等鉴于上海“路有冻死骨”，既不卫生也妨碍市容，出于人道，捐资在闸北创办了普善山庄，以掩埋尸体。“施棺掩埋”这一善举得到广泛的社会支持，上海闻人王一亭、虞洽卿、杜月笙、黄金荣、王晓籁等也臂助加盟，成为董事，普善山庄迅速发展壮大，成为影响广泛的慈善团体。1932 年淞沪抗战时普善山庄不遗余力，此时更是全力以赴，担起人道使命，尽管山庄不久被日军炮火所毁，但一往无前，继续前行。

作为慈善组织，普善山庄跟中国红十字会一样，需要社会各界的爱心支持。8 月 24 日，普善山庄就在《申报》发布“普善山庄急募棺木经费殓埋伤亡兵民”告示：“自淞沪战事爆发以来，本山庄掩埋工作，益形繁忙，并由中国红十字会委办掩埋事宜，所有各处伤兵医院、难民收容所死亡兵民，均由本山庄备棺收殓。”加上工部局各捕房、卫生处收埋验尸所、各医院无主尸体者，也为数不少，山庄所储棺木业已告罄，虽然日夜赶制，但依然不够，更急切的是开支巨大，呼吁各界善士“本胞与之仁怀，发爱国之热诚，或惠助棺木，或慷慨输将，功德无量”。

普善山庄工作人员搬运棺材

以白十字为服务标志的普善山庄，在这场两军对决的大会战中，感到力不从心，这也说明了战争之惨烈。9月初，上海著名慈善组织同仁辅元堂伸出援手，协助掩埋。

红十字会也是如此。8 月 30 日《申报》发布“中国

《图画日报》中的同仁辅元堂

红十字会总会敬募救护经费”呼吁：“此次战事发生，本会对于救护受伤兵民极尽艰险，服务人员虽遭日军轰炸枪杀，并不因此稍馁，现以战线扩展，本会已在京沪沿线各地分驻救护医队，设立伤兵医院，以资呼应，而利救济，惟此后负担日益加重，应需经费，急如星火，敬请各界慷慨捐输，无论多寡，均所欢迎。”字里行间，让人感受到“急如星火”的紧迫。当然，社会各界有钱出钱，有力出力，无不同仇敌忾，给包括中国红十字会在内的各救护团体以最大的支持，为反法西斯战争尽绵薄之力。

六、“罗店四烈士”

淞沪会战仍在进行中。罗店这个小镇竟成为双方争战的焦点。

罗店镇位于长江口南岸，虽然小，不起眼，但地势险要，为兵家必争之地，因而中日双方均投入重兵，展开拉锯战，战况惨烈，尸积如山，血流成河，仅2平方公里的弹丸之地成为名副其实的“血肉磨坊”。罗店原有“三湾九街十八弄”棋盘方格闹市区，经过日机轰炸和纵火烧杀，化成一片瓦砾场，罗店医院也被摧毁。枪林弹雨中，中国红十字会第一救护队苏克己医师和他的队友奋不顾身，救治伤兵，不分昼夜。

8月23日，罗店眼看不保，第一救护队准备随军队西撤，此时忽然传来战斗机飞行员苑金函在空战中不幸机坠人伤于罗店近郊的消息。

原来，霍克战斗机飞行员苑金函当日驾机执行轰炸浏河日军阵地任务，但大批日机赶来，苑金函击落一架

日军轰炸机群

日机后，被两架日机围攻，所在座机中弹，苑金函负伤，不得不在农田中迫降。飞机降落的瞬间，他被抛出数米，昏迷不醒。幸亏附近两个农民及时发现，将他救起。苏克己医师闻讯，随即赶来救治。正当苏克己准备将苑金函送往后方医院时，不料一群日军杀来，苏克己等立即将苑金函藏匿猪圈内才得以幸免，而苏克己被残忍杀害，救护队员谢惠贤（女）、刘中武、陈秀芳（女）同时遇害。中国红十字会史书记载："苏君及队员等，因是被俘矣。据目击者言，苏氏被俘后，大节不屈，意（义）气凛然，曾以药囊击群冠。敌大忿，立枪杀之，并肢解其体为六段，血肉狼藉，惨不忍睹。队员谢惠贤、刘中武亦以不屈遭枪杀，陈秀芳伤腹部，旋亦死。"这是第一救护队"工作历史最惨痛之一页"。

被藏匿猪圈的苑金函目睹孙克己等人惨死之状，悲

中美空军混合联队指挥官：左起班乃德上校、苑金函少校、透讷少校

痛万分。在两位农民帮助下，他被送到后方救治，康复后继续搏击长空，击落日机多架，后来成为飞虎队第三大队中方大队长。

“罗店四烈士”悲壮殉国，他们的事迹载入红十字会史册，值得后人永远铭记。

苏克己（1900—1937），字理安，1900 年出生于江苏武进（现常州）的一个中医世家，1925 年以优异成绩毕业于上海南洋医科大学，先后任职于上海大场惠济医院、江西九江红十字医院、福建泉州平民医院、上海中国红十字会罗店医院。他为人忠厚，医术精湛，深受患者敬重。

1937 年 8 月 13 日淞沪会战爆发，硝烟滚滚中，时任

苏克己

罗店医院院长兼外科主任的苏克己挺身而出。1932 年他曾参加淞沪抗战救护，有丰富的战地救护经验，因而被中国红十字会委任为第一救护队副队长。苏克己医师义不容辞，他以罗店医院为依托，带领救护队员，奔赴前线，救死扶伤，死而后已。

报道称，苏克己殉难时，其妻子朱宝琴正在上海市区的家中待产，因悲伤过度，于苏克己殉难后的第 38 天早产生下遗腹女，取名苏洁（上海同济大学副教授退休）。

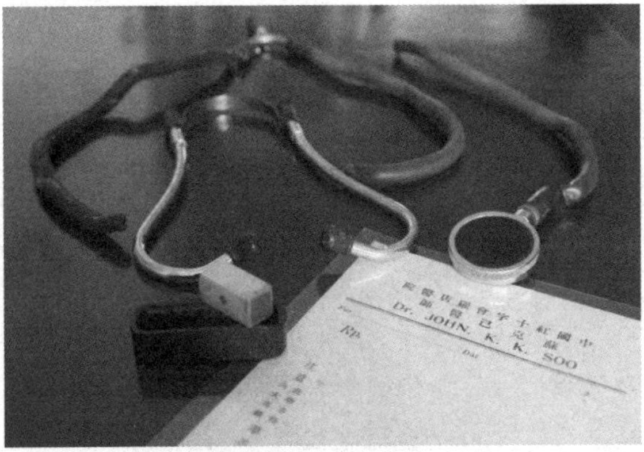

苏克己生前使用过的听诊器、处方笺、印章

刘中武（1910—1937），真名刘锡康，出生于山东省郯城县十里乡刘港口村。家中清贫，而自幼聪敏，1929年考入曲阜山东省立第二师范学校。他积极从事爱国学生运动，不久即参加中国共产党。毕业后回郯城任教，并以职业为掩护，开展党的地下工作。

1935 年暑假，刘锡康“冒名顶替”，借用同乡刘中武的高中毕业证书赴上海，考入中国医学院学习，1936年转至上海新中国医学院就读。在上海从事党的地下工作两年多里，刘锡康都是以刘中武的名字出现的。淞沪会战打响后，刘锡康给山东老家的父母和妻子写了一封简短家信后，毅然参加中国红十字会第一救护队，投身战地救护工作，牺牲时年仅 27 岁，留下刚满 2 岁的女儿刘景茹和妻子张雪荣。

刘中武

有媒体据报道，1937 年 11 月，刘中武家人曾接到上海新中国医学院一份简短的校方通知，说是“刘中武同学参加红十字救护队，下落不明”。家人多方打听，音讯全无，直到 1984 年纪念抗战胜利 40 周年之际，上海市宝山县人民政府决定重建“罗店红十字纪念碑”，远在山东老家的刘中武烈士遗孀张雪荣、女儿刘景茹才获悉自己的亲人早在 37 年前就已经牺牲在上海淞沪会战的战场上。1987 年 3 月 24 日，在刘中武烈士牺牲 50 年后，民政部向刘中武烈士的家属补发了“革命烈士证明书”。

护士陈秀芳，履历不详，有媒体报道：“据调查，陈秀芳小姐是八里桥人，家中父母俱健在，中学毕业后，曾学习看护，这次抗敌之战起，就奋身加入救护队服务，每天出入前方火线与后方病院，既勇敢又努力，为一极可敬的女斗士。这次同去的五名队员，除一人当时身死外，还有三人至今下落不明。”

陈秀芳

1937 年 9 月出版的《中国红十字会月刊》（第 27 期）《敌人残忍毒辣屠杀我救护队员》一文记录了陈秀芳的遇难情况：敌人偷袭罗店，我军奋起围剿，上海救护队陈秀芳小姐和队员5人前去救护，被敌人所掳，身受3枪。24日夜间，敌人被剿后稍退，我方另一救护队始发现受伤的陈小姐，这时她已经一日夜未吃任何东西，流血也没停止过，奄奄一息，于24日夜12时被送至中德医院，到凌晨2时即含恨而逝。8月27日《新闻报》也确认“伤重之女护士陈秀芳，虽经救出送中德医院，不治而死，其他全队人员，皆不知下落”。

护士谢惠贤，履历不详，但从她的留影中，可以看出她是那么可爱的小姑娘、白衣天使，竟被日军残忍杀

谢惠贤

害。而风华正茂如谢惠贤者，她们的美好人生因日本侵华战争戛然而止，不知有多少！

罗店争夺战，死伤及“失踪颇多”，但没有阻止红十字会救护队员前行的脚步，救护队员称，“决不因同伴受挫而自馁，将更努力工作”。

七、正义的呼声

苏克己等“临难不苟，慷慨殉职”，令人唏嘘。本来他们有足够的时间安全转移，但以苏克己为首的4位医护人员，胸怀救死扶伤的人道主义精神，在情况万分危急之下，把生的希望留给了伤员，自己却牺牲在敌人的屠刀之下。

红十字会是中立性、国际性人道救护团体，根据《日内瓦公约》的规定，在为战争受难者提供救援服务时，红十字会人员、设施、车辆等，在任何情况下，都应得到充分的尊重和保护。但日军置国际公法于不顾，不仅肆意屠杀平民百姓，连红十字也不放过，残忍杀害红十字会会员的恶劣行径令人发指，也是对《日内瓦公约》的肆意践踏。事件发生后，各界人士强烈谴责日军枪杀红十字会工作人员，残暴践踏国际公法的行为；中国红十字会特别电请驻美大使兼会长王正廷提请红十字国际委员会、国际红十字协会（现红十字会与红新月会国际联合会)，对日军残杀红十字会救护人员予以严厉遣责；中国红十字会上海分会、中华医学会、南洋同学联合会，在上海西藏路一品香饭店礼堂联合召开追悼会，缅怀红十字会工作人员宁死不屈的精神；宋美龄女士在中央广播电台以“日军残杀我红十字会苏克己医师”为题，用英语广播，昭告世界，赞颂死难英烈之悲壮，抨击侵略日军之残忍。

宋美龄

正义的呼声“引起国际之感奋”，人们呼唤正义，渴望和平，希冀凝聚人道力量，捍卫红十字的尊严。

苏克己为人道事业献出宝贵生命，“充分发挥本会

（红十字会）服务国家社会之精神，更足为抗战史中可泣可歌者”。他的英雄壮举，激励着红十字救护队员前赴后继，恪尽人道天职。

斯人已去，但历史不会忘却，红十字人不会忘却。抗战胜利后，中国红十字会立即着手在苏克己等四烈士殉难处建立纪念碑，1946 年 8 月 13 日“抗日殉难烈士纪念碑”落成，碑高 5.65 米，碑顶上有红十字会会徽，塔体呈上小下大方柱形，上方镶嵌烈士瓷像，下方镌刻碑文（1981 年、1984 年、2000 年、2014 年纪念碑重建或修缮）。

位于陈伯吹中学的罗店红十字纪念碑

1946年10月12日下午3时，中国红十字会隆重举行纪念碑揭幕仪式，上海市政府、医师公会等机关团体，上海各界代表及空军伞兵代表等数百人参加致祭。蒋梦麟会长与杜月笙、刘鸿生副会长合撰祭文，向人们诉说四烈士悲壮的英雄事迹：

日寇嚣张，卢沟桥难作，八一三沪战继起，军民一致，敌忾同仇，全面抗战军兴。烽烟弥漫万里，八年浴血，丑类卒告降伏。而本会于抗战之役始终活跃枪林弹雨之中，贡献最丰，牺牲亦重，尤以本会第一救护队苏副队长克己，队员谢惠贤、刘中武、陈秀芳临难不苟，慷慨殉职，情形最为惨烈。既充分发挥本会服务国家社会之精神，更足为抗战史中可泣可歌者。苏克己，医师，江苏武进人，南洋医大卒业，任本会罗店医院院长。八一三沪战爆发，为本会第一救护队副队长。八月二十三日，罗店部队遭敌空袭，屋宇尽毁，全队方议西撤。适我空军斗士苑君对敌空战，机毁人伤，降于近郊。苏副队长闻讯，急率队员驰往救护。讵手术未终，寇兵遽至。苑君蒙苏君等掩护，匿猪圈中得不死。而苏君及队员等，因是被俘矣。据目击者言，苏氏被俘后，大节不屈，意（义）气凛然，曾以药囊击群冠。敌大忿，立枪杀之，并支（肢）解其体为六段，血肉狼藉，惨不忍睹。队员谢惠贤、刘中武亦以不屈遭枪杀，陈秀芳伤腹部，旋亦死。时中华民国廿六年八月廿三日也。蒋主席夫人宋美龄女士于中央广播电台以日军残杀红十字会苏克己医师为题作英语播讲昭告世界，其死难之悲壮，敌寇之残酷，引起国际之感奋，自勿待言。以上壮烈事迹已由本会报请国史馆、国际红十字会分别载入史籍。爰特镌碑留念，以彰忠贞云尔。

诔曰：

炎炎华夏，浩浩相尘。八年抗战，泣鬼惊神。

壮哉诸子，罔顾艰辛。枪林弹雨，重义轻身。

恤伤遇难，慷慨成仁。沸腾热血，惨烈绝伦。

以寒敌胆，以式国人。河山不改，姓字常新。

巍峨耸立的纪念碑，寄托着人们无限的哀思和对先烈们献身人道事业的敬仰。

2020 年 9 月 3 日，四烈士被列入国家第三批著名抗日英烈、英雄群体名录。

八、秘书长的心愿

战线在延长，战争规模也在不断扩大，伤亡人数与日俱增。相应地，中国红十字会的救护策略也在动态调整中。9月7日《申报》发表中国红十字会秘书长庞京周的文章《抗战中救护事业底一个横断面》，对淞沪会战救护情况作出说明，有心结，也有心愿。

庞京周（1897—1966），1897年出生于江苏吴江同里镇大户人家，优越的家庭环境使他自幼受到良好的教育。可是在他5岁时，父亲不幸患上恶性痢疾撒手人寰，这使他备受打击，由此立下学医的志向。10年后，他进入上海同济医工专门学校学习医学，1921年毕业后在沪自行开办诊所，悬壶济世，“经常为没钱的穷人治病”，后留学德国取得医学博士学位，担任过同德医学院院长、上海医师公会副主席，可谓声名鹊起。

庞京周原本热心人道救助事业，1932年1月28日淞沪抗战爆发后他就建立临时伤兵医院进行救护。1936年

庞京周

秋，刚从欧美考察医学教育的庞京周归国不久，听到振奋人心的消息，绥远省主席兼第三十五军军长傅作义在百灵庙抗击来犯日军，大获全胜。为支持绥远抗战，11月18日，上海市商会、上海市地方协会与中国红十字会三团体联合发起的“绥远剿匪慰劳救护委员会”宣告成立，庞京周出任常务委员。11月23日他以中国红十字会总会副总干事身份乘机飞到绥远劳军，并“督当地分会加速进行救护事宜”。26日飞机途经洛阳，“见蒋委员长陈述公意”，表明各界支持抗战的决心。12月1日，总会特派庞京周赴南京，与中央防疗处、卫生署“接洽药品材料等物”，紧接着其转赴北平，“组织训练救护队”，以充实前方救护力量。到北平后他先行成立“中国红十字会总会救护委员会华北临时分会”，组队驰赴前线救护伤员，庞京周也再度飞往绥远布置一切。12 月 17 日《申报》评论说庞京周“自绥战发生后，迭次往返赶办救护事宜”，从“迭次”的用词中我们不难感受到他忙碌奔波的工作状态。

傅作义

1937 年初，曹云祥秘书长辞职。2 月 1 日，庞京周临危受命，正式出任中国红十字会秘书长，肩负起更大的责任。

出任秘书长后，庞京周鉴于时局紧张，一方面开展救护培训为应对大战做好准备，另一方面，联手军医署、卫生署，加上红十字会，构建起“三合一”的救护体系。6 月 21 日，他还前往庐山晋见蒋介石，报告红十字会工作，提出征求民间医师入会、健全总会及分会组织以利救护等建议，得到肯定。

1937 年 7 月 7 日卢沟桥事变，日本发动全面侵华战争，全民族抗战由此开始。几天后，庞京周再上庐山向蒋介石报告救护准备情况。7 月 17 日《申报》报道“总会秘书长庞京周，适于九日因公赴庐，因中途消息日趋紧张，当即于沿途各埠，随时电华北救护委员会指示一切”；又“因南京电促，复匆匆于十五日下山，遄程东下，昨晨过宁，竟日与卫生、军医两署会商救护事业各要案”。他“奔走京沪庐山间”，马不停蹄。

8 月 13 日，淞沪会战爆发，庞京周秘书长指挥调度，组织救护，不分昼夜。在他撰写的《抗战与救护工作》一书中，我们看到，关于“救护工作的调度”有如下描述：“前线某处有伤兵，某时有伤兵，某院有空床，某院已额满，某路可通行，某处可输送，某院有伤兵可出院，某院可转院，某处可设队所，某处可设医院，情势变迁以后，某队可移设某处，某院可如何改组，某处应增设队院，某时应分送某处，凡此种种，主持其事的人，都应该随时调查设计，接洽联络，调节布置。”这正是他当时工作情况的写照，压力之大与头绪之多绝非和平时的常态可比！因劳累过度，他胃溃疡出血也无暇顾及，仅服药止痛而已。如此这般将近一个月，红十字会付出了巨大的努力，却招致怀疑、责难，这使庞京周心中颇感委屈，于是发表《抗战中救护事业底一个横断面》这篇文章，也算是对淞沪会战初期红十字会战地救护的一个小结。

庞京周在文章中说，七七事变爆发后，“京周奔走京沪庐山间，曾对救护事业，做过几次的演讲，发表过三四篇的文字，并且播过一二次的音，有所报告，有所论列”，可是，言者谆谆，听者藐藐。虹桥机场事件发生后，红十字会“曾经用巨幅广告，征求人才物品，以为准备”，令人意想不到的是，“所得捐款，未足一千，投效的人，绝无专才”，这“不能不使京周痛心”。淞沪会战爆发后，“上海炮火喧天了，许多热心爱国的人士，方始在仓皇间，来扶助职司救护了无实力的红会，以应付当前这样的难关”，对红十字会充满期待。当然红十字会同人责无旁贷，埋头苦干，但因为工作紧张，无暇宣传，同时军部有令，对于华洋杂处的上海社会，不能透露和军情有关的消息，所以红十字会工作情形“对社会绝少报告”。由于不便发声，许多人对红十字会救护情况不太了解，因而引起误解，“竟因红会工作的秘而不宣，对红会加以莫大的怀疑，就是协作团体，也不免渐加责难”。希望各界对红十字会多一些理解，多一些支持，“俾便集思广益，共策进行”。

庞京周接着对各地红十字会抗战救护准备、华北的战区救护情况做了说明，对淞沪区救护进展进行总结。他说：

在八一三沪战快爆发前，由上海市红十字会分会、地方协会、市党部、社会局、卫生局等，和其他医药团体，赶组上海市救护委员会，会同中国红十字会总会布置一切，经费由抗敌后援会拨助……救护课从战事开始前夕起，至八月二十八日止，随局势需要，陆续募集热心人士，编组救护队十队，急救队五队，奔波闸北、江湾、顾家宅、真茹、大场、南翔、吴淞、虹口、罗店、嘉定、杨行、浏河、浦东、白龙港、烂泥渡、南市、龙华等处，不舍昼夜，冒险抢救，护送受伤军民，分投特区所设各救护医院，特约医院，或昆山野战医院（按该院初设真茹，后移并昆山，嗣真茹院址即被炸），常熟、苏州救护医院，无锡红会临时医院救治，并清理战场，巩固军心计，拨派普善山庄掩埋队数队，从事掩埋工作。救护队每队有五十三人，车五辆。急救队有十五至二十人，车三辆，在十八日至三十一日间，因日军不顾人道，弁绝公法，对救护人员亦存敌视，任意轰炸枪杀，致遭残杀医师、护士各二人，担架队长一人，伤队长副队长各一人，队员七人，掩埋队队员、队工各一人，失踪队员二人，伙夫一人，但各队员仍都再接再厉，奋不顾身，往往迳赴火线戮（勠）力救护。二十九日起，会中不得已改令一律昼伏夜出，迅捷施救……被救兵民总共六千七百人，在十九天内，合每人平均救出二十二个半人，每天每人救出一个多人，各队服务精神之强毅，深为各军事长官和军区当轴嘉许。

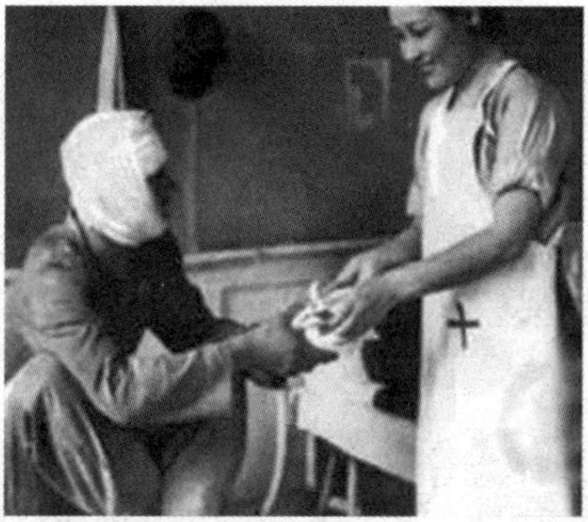

救护伤兵

不过，因战区扩大，人员、车辆和财力吃紧，或各队驻所迭遭轰炸，人员迭遭伤害，不时失却联络，特别是车辆供不应求，经竭力疏通后方交通，设法租用他种车辆和河道，水陆同时帮运，并将伤兵运往他处医治，以后护送工作或较为便利。

至于医院课，截至 8 月底，陆续组设救护医院及特约医院各 16 所，救护医院有床位 3429 张，特约医院有床位 883 张，共收伤兵 4350 人，伤民 988 人。最近另拟在便于运输处添设一院，另组一医药救济团，以供各院额满时临时治疗之用。并因伤兵中发现有伤寒病人，特拟专设一病兵医院，以便防治。医院床位，随时适应需要，陆续添设，但仍感到过于拥挤，待后方交通稍畅再向后方医院输送。后方伤兵医院和野战医院委员会，原拟就真如、昆山、无锡、嘉兴，设立 4 所，后真如被炸，并入昆山，嘉兴另有相当设备，未往设置，无锡经国立上海医学院第一救护队向总会具领药械，前往组织，业已成立。最近因上海护委会重定救护范围，改以昆山、松江为界，无锡医院拨归红十字总会管辖，同时另行拨给药品，拟与武进县府、医界合组一伤兵医院，担任救护。

救护伤兵

此外，总会最近除将日军非法残杀救护人员情形，报请王正廷会长，向红十字国际委员会交涉予以处置外，因季节原因，前线官兵易患疟疾，特按期运送大批金鸡纳霜加以预防，同时考虑在适当地点设一后方医院，以利救济。苏州、松江、常熟并已发给药品，帮助各分会和各救护委员会设置救护医院，海门、当涂都曾准备寄助药品，苏州护委会所组救护队并已出发工作。

最后，庞京周提出 7 点希望，供“各界和医界爱国诸公鉴夺”：

一是这次淞沪会战救护，“把几天的预备工作，应付这般大的战局，运输工具并且这般缺乏，根本不能相称，自然不容易办得满意”。

二是在长期抗战历程中，上海根本不是后方，上海救护医院所以能这样风起云涌，是因为上海医界的人才和器械较多，办理比较容易一些，但是长期抗战下去，“伤兵是否可以永远移樽就教，到上海来求医，还是或许要由医师们屈驾赴后方处理，这是京周所要请我医界同人详加考虑的”。

三是在长期抗战中办救护医院，应有一定的水准。按照规定，要旨是在能撙节物力准备持久，在水准下，社会人士固然应当加以制裁，但必欲办到水准之上，似亦毋须提倡。“京周以为大家为国家服务，应先存一无我之念，他日即不希望论功行赏，那末（么）现在殊可不必争奇斗异，假如他处医生用客观眼光，目我上海的医生为海派，怕也不是诸公所乐闻的啦。”

四是在特区里办医院，和在战线上救护伤兵，是截然不同的两桩事情，希望办医院的，能体认到从前线救回一个伤兵，是很不容易的，对入院伤兵的留院施治，幸勿加以选择，不论轻伤重伤，苟可留治，务必一视同仁地留下施治。

五是因为社会上一些人不知尊重红会，往往把红会旗帜做不正当的用途，所以特区当局对伤兵的出入，时时发生很大的周折。现在红会对旗帜、袖章的使用，已有严密的规定，并已分别知照军事和特区当局，希望社会人士，对红会旗帜、袖章，也严密监视，帮同杜绝蒙混，以利工作。

六是沪战救护工作为财力所限，对于热心投效的青年，尤其是对于受过救护训练的学员，未能尽量罗致，深表歉意，但是所以未能通函录用的原因，不少是因为诸位住址改变，或是原通讯处已陷入战区的，此点应请多多谅解。大家勿因失望而发生反感，是所至祷。

七是现在有许多人士很想到救护医院里去慰劳伤兵，红会各救护医院和特约医院，鉴于上海华洋杂处，同时必须遵守军警命令，因此不得不谢绝慰劳。开罪之处，知所不免，并祈各界多多见谅。

庞京周秘书长的倾诉，的确让人感到红十字会有苦衷，有无奈，有辛酸，也有期盼。而这只是开始，不言而喻，红十字会还将迎来更加严峻的考验。

九、汤蠡舟的担当

淞沪会战越来越激烈、残酷。红十字会在艰难推进战事救护的同时，根据战场需要，优化救护之策，乃顺其自然之事。重伤医院之设就是如此。

10 月 17 日，《申报》刊登“中华民国红十字会总会敬谢”广告：“第十一救护医院系上海机制国货工厂联合会、上海南京路商界联合会合组之共同救护委员会所主办，参加本会合作开办以来，成绩卓著。现将该院移驻松江，改名为中国红十字会总会驻松第一重伤医院，乃请原任院长汤蠡舟医师及全体工作人员继续任事，现已布置就绪，正式开幕。所有前第十一救护医院器械药品及余款一万五千元，并承全数概捐本会指充本会驻松第一重伤医院之用，具见热心善举，无任钦佩，用特登报致谢，以扬仁风。”

从广告可以看出，救护医院不是固定不变的，因为战场局势风云变幻；专设重伤医院，也折射出淞沪会战的惨烈。而总会驻松第一重伤医院的灵魂人物——汤蠡舟院长，始终坚守在抗战救护第一线，后任中国红十字会救护总队第三大队大队长，中国红十字会救护总队副总队长、总队长，为抗战救护事业作出了杰出贡献。

汤蠡舟

汤蠡舟（1896—1957），上海浦东人，毕业于日本千叶医科大学。1925 年回国后，没有回到自己的家乡上海，而是直接去了广州参加北伐，担任国民革命军第一医院的医务主任。1926 年受到留日回国的郭琦元先生的邀请，在上海一起创办了东南医科大学（1930 年易名为东南医学院），担任医务长。

汤蠡舟参与创建东南医科大学是源于其满腔爱国之情，想为中国的医疗事业贡献自己的一份力量。东南医科大学校长郭琦元委以重任，让其担任医务长，的确使他如鱼得水，尽情释放才华。

东南医学院首任院长郭琦元

1932年日军侵略上海，发动"一·二八"事变，战火纷飞，伤亡惨重，看到昔日繁荣安宁的上海变成了炮火轰鸣的战场，他再也坐不住了，决心投身救护队伍中去，从此与红十字会结下了不解之缘。面对日军凶残的攻击，红十字会迅速应对，连夜组织救护队对受伤军民进行救援，冒着枪林弹雨抢救伤兵难民。由于日军的攻势甚猛，救护队员在救援行动中受伤的不在少数。当时汤蠡舟担任救护队第七支队队长，支队前往战地展开救援行动，在江湾一带救得伤兵13人、难民120余人、伤民62人。同年3月，第七支队后移至苏州，收治伤兵，由于伤兵过多，红十字会决定在苏州设立第七队后方伤兵医院，由汤蠡舟出任院长。10月，汤蠡舟兼任红十字会救护总队部业务处长兼材料审检会委员。

此后，汤蠡舟积极参与各项救护行动。随着日军不断发起进攻，1936年6月，中国红十字会成立救护委员会，汤蠡舟是执行委员之一。11月，虞洽卿、江问渔、黄炎培、钱新之等发起组建上海救护事业协进会，汤蠡舟为训练推进委员会的委员之一。为普及、宣传战地救护知识，汤蠡舟于1936年编写出版了《救护与防毒》一书，以通俗易懂的语言介绍其所积累的有关救护和防毒的知识与技能，在救护人员和普通民众之间流传。

1937年淞沪会战爆发后，汤蠡舟迅速加入前线的救援中去。

汤蠡舟在伤兵医院前留影

遗憾的是，汤蠡舟工作单位即东南医学院再次被毁。

原来，1932 年淞沪抗战中，东南医学院曾被日军摧毁。战后重建，经过几年的惨淡经营，终于在淞沪会战爆发前恢复旧观。淞沪会战开战后，东南医学院立即

“腾出校舍为红十字会设立伤兵医院，本院医生，在四五六三级者，并即出动服役，为伤兵治疗”。可是，日军“蓄意毁坏我文化机关，并违反国际公法，轰炸伤兵医院”。1937 年 8 月 18 日，东南医学院再次毁于战火。中国红十字会史书披露，“第二救护队设于上海真如东南医院内，遭敌机轰炸，该院实习馆、大礼堂、图书室被炸全毁，该队队长龚继长医师炸伤头部，队员葛林宗、谷逸民医师轻伤，担架队长张松林炸死，卫生器材全失”，造成巨大损失。郭琦元、汤蠡舟颇感痛心。

偌大的上海已经无法安放一张平静的书桌，汤蠡舟义无反顾，全身心投入淞沪会战救护之中。

“中国红十字会总会驻松第一重伤医院”，从这个医院的名字就可以想象，它以收治危重伤兵为主，汤蠡舟深感责任重大，不敢有丝毫懈怠。他的侄子汤维德清楚地记得：“1937 年，他与胞兄维平随四叔父（汤蠡舟）入红十字会第一重伤医院，任前方将士伤残救护医疗工作。叔父蠡舟任院长，院设松江县省立中学校内。敌人狂轰滥炸，每当深夜，伤患抵院，其呼疼号哭之声惨不忍睹。常见叔父于灯光灰暗中，低徊病榻，不觉其臭，也不嫌其脏，只听其细声轻询各患伤势，重者即手术治疗，轻者经抚慰包扎后，次日晨即行转送后方养息。”汤蠡舟就这样坚守在淞沪会战救护的第一线，直到上海沦陷，他带领同人后撤。“由松江而震泽、景德镇、武汉、长沙、衡阳、宜昌，直到重庆、贵阳。叔父大人无时无地不以救护伤残和贫病民众为己任，置己身家庭于度外。”汤维德回忆说。

医者仁心。汤蠡舟临危受命，担任重伤医院院长，尽心尽力于战事救护，正是中国红十字会淞沪会战救护的一个侧影。

十、最大的伤兵医院

“中国红十字会总会驻松第一重伤医院”创设后，紧接着，按照蒋介石夫人宋美龄的设想，非常时期，中国红十字会最好能够利用上海的人力、物力、财力，在南京“设立打破世界纪录能容五千床位之大规模重伤医院”——中国红十字会首都医院，为淞沪会战及持久抗战救护做准备。

国民政府首都在南京。为什么要在首都而不是在上海创建规模最大的伤兵医院？原因其实很简单，南京、上海距离本来就不算远，而淞沪会战正酣，上海医疗资源虽然充沛，但在硝烟滚滚、隆隆炮声中实在不利于伤兵的康复，如果首都南京有这样的伤兵医院，不仅可以减轻上海伤兵救治的压力，而且转运到南京的伤兵可以得到更好的治疗和休养。

按说“凡属全国性质之民众团体，其总会必须设在首都”，这是国民政府的规定，中国红十字会理应照办，

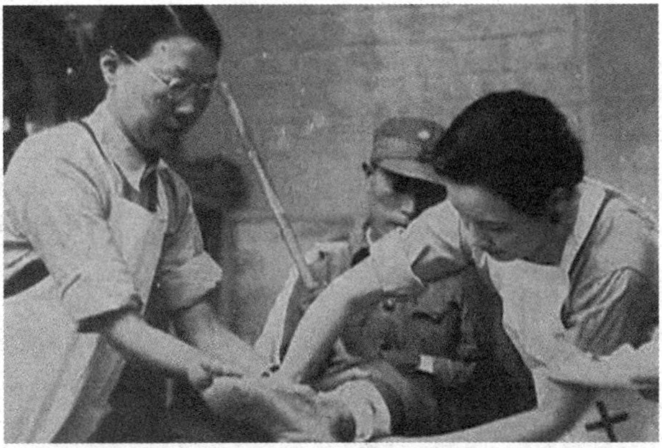

宋美龄（右一）救护伤兵

在南京设立总会，这样才便于医院的建设。但总会搬家肯定来不及，且淞沪会战救护热火朝天，也根本顾不上，如何是好？总会研究决定，10 月初将在南京设立中国红十字会首都办事处，办事处主任由总会秘书长庞京周担任，并负责伤兵医院的筹建，国民政府给予财力上的支持。

10 月 4 日，中国红十字会首都办事处在南京中央大学（现东南大学）图书馆开始办公。当日中央社南京电说："中国红十字会总会秘书长庞京周，目前由沪来京，接洽救护伤兵事宜，极为顺利。闻该会已在京筹设能容五千床位之大规模伤兵医院一所，俟部署就绪，即可开始收容。并据庞氏语记者，自全面抗战发动后，该会即策动全国各地分会，本慈善立场，协助政府办理救护事宜，现在冀晋方面已派遣手术组三队，前往服务。淞沪方面，亦在京沪、沪杭两路沿线设院收治伤兵，成效均甚卓著，将来尚拟逐渐扩充，以应需要。至药材之接济，与医务人员之调鉴，本会均有切实办法，惟此次战区甚广，本会所负责任甚重，深盼海内外社会人士多予赞助，俾宏救济。”

中央大学大礼堂

当时被誉为“民国最高学府”的中央大学，在经历日军飞机多次轰炸后，为了赓续中国教育的血脉，已于9月下旬在罗家伦校长的率领下，西迁重庆。整个校园处于空置状态，经校方同意，庞京周秘书长利用学校资源——大礼堂、图书馆、科学馆、体育馆及各学院办公楼、教室、学生宿舍，抽调上海医护人员，不几天就把首都医院建立起来，实际上整个中央大学化身为淞沪战场的后方医院，有5000床位，的确称得上“抗战初期我国最大”的伤兵医院，随后又“在和平门外市立孤儿院院址设立和平分院、下关车站设伤兵接应所”。总会还设有首都遗族女校重伤医院及留京第一、第二手术队等，以收容伤兵，分担救护压力，提高救护工作效率。

首都医院于10月6日（一说9日）开始收治伤兵，由国民政府卫生署署长刘瑞恒任名誉院长，总会秘书长庞京周兼任院长，陈崇寿为副院长。考虑到庞京周秘书长公务繁忙，无法兼顾，总会请中国红十字会常务理事林康侯兼任院长。

由于首都医院几天内建成，准备不够充分，人员、物资都需要不断补充。如何解决？只能靠征募、征求了，为此中国红十字会在10月中下旬连续在上海《申报》等多家媒体上发布“中国红十字会征募医院器物启事”“中国红十字会征求医务人员启事”“中国红十字会续征首都伤兵医院护士启事”“中国红十字会续征医院护士”等广告。如在10月18日《申报》刊登的“中国红十字会征募医院器物启事”中说：“本会近在首都设立大规模伤兵医院一所，病床额达五千二百具，急需下列器物供用：热水瓶、搪瓷器具、毛巾、棉被、枕头、白布，当地无从购办，本会在沪所定物品，复交货需时迫不及待，以是亟盼各界不拘多少，慨予捐助。”在10月20日

《申报》刊登的“中国红十字会征求医务人员启事”中说：“本会首都伤兵医院急需征聘下列四项医务人员：一、外科助理医师五人，资格：正式医学校毕业，并曾在各大医院外科病室服务一年以上者，月给津贴八十元；二、五年级医学生五十人，月给津贴三十五元至四十元；三、有经验之男护士二十人，女护士五十人，月给津贴二十五元至三十五元；四、护士长助理员二人，月给津贴七十五元至八十元。凡愿就征者，携带证明文件，亲至上海新闸路八五六号本会与汪民视医师接洽。”从“急需”“迫不及待”的描述中，可以想象首都医院对医护人员、医疗器械、日常用品等需求的急切。

淞沪会战，将士不畏强敌，浴血沙场。国家兴亡匹夫有责，社会各界也积极行动起来，支持抗战。爱国热情高涨，红十字会有需求，社会各界都会伸出援手。10月29日《新闻报》披露，中国红十字会总会秘书长兼首都办事处主任庞京周于10月28日由上海回到南京，“带来大批医药用品、棉服等共计三大卡车”。这些物资，承载着上海各界人士的爱心。庞京周发表谈话说：“现首都医院已收容伤兵一千零五十九名，和平分院收容一百七十名，现又承中央大学当局将各部建筑物、各科学馆、生物馆、实验学校等室开启应用，使吾人预定设置五千床位之理想得以实现，实深感荷。”表达了红十字会对国人爱国之情的深深谢意。

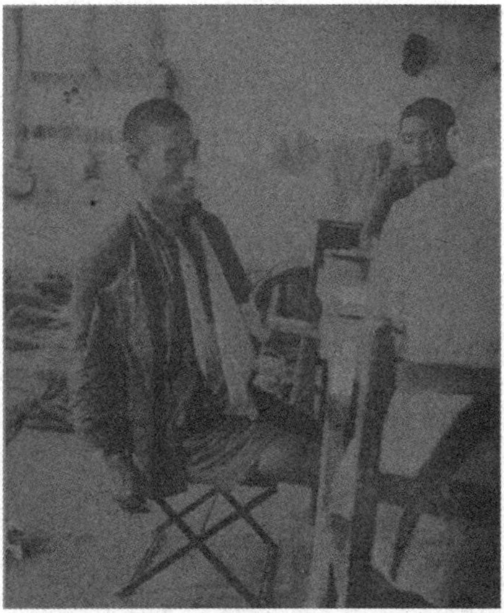

在首都医院接受救治的伤兵

首都医院设有初诊室、手术室、传染病室、爱克司光室、骨科病室、重伤兵室及轻伤室等病室，并在下关车站设立伤兵接应所，从淞沪前线运抵南京的受伤将士，先由该所进行初步诊治，后根据伤情分送首都医院各病室继续治疗，直至痊愈出院。

医院事务方面，设有统计股、会计股、庶务股、材料股及伤兵管理处、伤兵教育处等。有报道说，首都医院及其和平门分院，开办不到 1 个月，就已收治伤兵 2800 余人，而且伤兵仍源源不断从淞沪战场运达。医院虽然已有医师 90 余人，护士 180 余人，工役、担架夫等

400 余人，但还是感觉“工作至为紧张”。

遗憾的是，不久之后，淞沪会战失利，上海沦陷，首都南京危在旦夕，11 月 16 日，首都医院“奉令赶办结束”，将受伤将士转移到安徽、江西“各地军医院，分散收容”，而首都医院全体医护人员除遣散一部分外，其余 200 余人分 3 批撤退武汉，“听候调用”。首都医院就这样结束了它短暂的辉煌。

十一、一匹“黑马”

在淞沪会战的救护现场，有一匹“黑马”杀出，格外引人注目。这匹“黑马”就是煤业救护队。

淞沪会战爆发后，上海各界民众纷纷成立抗日救亡协会和各种战时服务团，大家“有钱出钱，有力出力”，全力以赴支援抗战。红十字会史书记载：“在各个抗日团体和战时服务团中，红十字会上海煤业救护队是规模最大、力量最强、最先行动的队伍之一。”

实际上，上海煤业界参与红十字会抗战救护，早在1932年“一·二八”事变后淞沪抗战时就已显示出巨大的能量。媒体报道说，煤业公会“捐助红十字会卡车十余辆，连日该会开往大场救出伤兵难民等，皆由该会卡车发运”。同时，“推谢宝兴、王文正二君担任车务，专供红十字会救护之用。凡红会分配救护车辆，均由二君担任，每日自午前五时至午后八时，无片刻之休息”。出车、出人、出力，煤业界的参与，为中国红十字会战

煤业救护队开赴前线

事救护提供了强有力的保障。

尤其令人难忘的是，煤业巨商——敦大成煤号老板郁复之子郁鸿章还献出了宝贵的生命。媒体报道称："鸿章现年二十二岁，尚未结婚，一度肄业于复旦大学，且极富于爱国心。自九一八沈案发生，鸿章即深恨日人暴行，屡欲投袂从军，均为家庭所阻，然其报国之心，固未尝一刻忘怀也。此次本埠战事又告爆发，鸿章乃与煤业同人，立时组织上海煤队（业）公会救护队，并亲自加入第一特别队，每日赴前线工作。"2 月 29 日上午，郁鸿章赴前线救护伤兵，在邢家桥附近"被日本伏兵由楼上枪击贯穿郁鸿章胸部。当即驰回送宝隆医院检查，肝肺等部均受伤，至午后三时逝世"。郁鸿章家境"富有，竟肯如此牺牲，尤属难能可贵”。

淞沪抗战后，日本并未停止侵华步伐，对上海更是虎视眈眈。因此，淞沪会战爆发之前，上海煤业界就开始了抗战救护的准备。1936 年，鉴于“风雨欲来风满楼”的战争局势，煤业公会会同市商会敦促市政当局组织市民军事训练，以作应敌准备。市长吴铁城支持分期分批开展由各行各业参加的军事训练——公民训练，当年举办 3 期，第一期 4500 余人，8 月 2 日毕业。第二期 7878 人，11 月 8 日毕业，均在龙华飞机场举行隆重的毕业典礼。第三期 12 月开始，未举行毕业典礼。煤业界由煤业公会上层爱国人士潘以三、魏志大、田萼芳、陈渭滨、叶晋荣、罗德传等人发动，所属企业职工参加了全部 3 期训练，每期 100 多人。他们受到军事训练的同时，也掌握了战地救护的基本技能。

卢沟桥事变后，煤业同业公会“着手训练救护队，并请红十字会派员指导”，为此在 1937 年 7 月 28 日《申报》发出通告，号召业界同人积极报名参加。煤业救护队在红十字会教员陈珩、朱运骏指导下，开展应急救护培训，为淞沪会战救护做足了准备。

8 月 9 日，虹桥机场事件发生，大战一触即发，大量难民涌入租界。为救济难民，煤业公会成立“救护委员会”，潘以三、魏志大、鲍哲芗、陈渭滨、王文正任委员，下设上海煤业救护队，田萼芳、罗希三、罗德传、金振华任正副大队长。大队之下共辖 15 个中队和分队。上海煤业救护队由此诞生。

救护伤兵难民

8 月 13 日淞沪会战爆发后，“拥有 500 多名队员和 50 多辆汽车”的规模巨大的煤业救护队，迅速组织起来，分赴八字桥、宝山、罗店、江湾、大场等地救护伤兵难民，昼夜奔忙，“把伤兵送到医院后，往往连吃饭喝水都顾不上，又奔赴前线了”。

为救护伤兵和车辆出入租界的方便，8 月 16 日起，煤业救护队并入中国红十字会上海市救护委员会交通股，改称上海红十字会煤业救护队，挂红十字旗帜，佩戴红十字臂章。红十字会方面则负担汽油及汽车修理费用。

在淞沪会战期间，上海红十字会煤业救护队主要在3处活动：第一处以天津路浙江路口的煤业公会本部为总指挥所，全面调度车辆人员。第二处是在南市福佑路“煤炭公所”大院内，设难民收容所和伤兵医务站。这两处的救护队员主要是煤业职员和参加过公民训练的人员。第三处以辣斐德路迈尔西爱路（今复兴中路茂名南路）口华北煤栈为据点，广泛联络各煤号派车派人，参加的救护队员以救国会会员为主体，开赴前线救护伤兵。随着战事的持续和战线的延伸，煤业救护队足迹遍及嘉定、太仓、南翔、昆山等地。队员们不顾个人安危，穿梭于枪林弹雨之中，尽心尽力抢救伤兵。姜怀先在《一个驾驶员的经历》回忆录中“现身说法”，再现了淞沪战场上上海红十字会煤业救护队员战事救护的情景：

我是个运煤的汽车司机，每天同煤炭和汽车打交道，我的足迹遍及车站、码头、煤栈、发电厂，以及上海市区大街小巷。为了抗击日本侵略者，我把新婚不久的妻子送到浙江余姚乡下，与我年迈的父母作伴。我开着我的“司蒂培克”三吨汽车严阵以待，听候召唤。8月13日下午3点钟，我参加了上海煤业救护队，奔赴闸北抗敌前线。从此，我开的“司蒂培克”卡车装运的不再是煤炭，而是上海民众送给抗战军队的慰问信、慰劳品——罐头、雨衣、电话机、自行车……每天从八仙桥青年会、新闸路中国红十字会、天津路煤业公会等后方抗敌团体，把物品源源不断地输送到前线。在海格路红十字医院（现华山路华山医院）、中山公园华华中学第十九救护医院、福佑路煤炭公所难民收容所、大华路（现南汇路）伤兵救护运输站、松江火车站……人们昼夜不停、通宵达旦忙碌着。一切为了前线，一切为了民族生存，前方和后方汇集成一道抗日的巨流。

在一个雨后的夜晚，我开着“司蒂培克”从昆山月城湾归有光祠出发，沿着泥泞的道路缓慢地朝罗店方向行驶。我已记不清这是罗店拉锯战第几个夜晚。白天日军侵占了罗店镇，夜晚前线部队打反击又夺了回来。午夜时分，我的车到达前沿附近一个破庙里，救护队员们抬着担架，架着伤兵登上用竹叶棚伪装的卡车车厢，迅速打开急救包作了简单的包扎，拧开水壶盖给伤兵润湿了干裂的嘴唇。所有这一切，都在无声中进行着。伤兵们的痛楚是可想而知的，但没有一个人哼出声来。天亮之前，我的“司蒂培克”安全回到了设在昆山的后方医院。

在3个月的淞沪抗战中，与我共同战斗的有大队长田萼芳、罗希三、罗德传，年轻的中队长、分队长忻元锡、周中奎，地下党员乐时鸣、王公道，救护队员郭步洲、顾吉祥、洪德生，驾驶员王炳奎、孙章海、张云发、朱晋迁和他的哥哥朱家福等近百人。

在战场上，白天不能开车。但遇紧急情况，如救重伤员、急需药品、送伤兵赶火车等，我就头顶着日本飞机照样开车。敌机来了，如是侦察机，我开我的车。如是轰炸机，就和它斗智。我没有文化，不懂得用几何学原理来计算时间、速度和里程的时差，但我在战争中学会了一个简单的公式：敌机在我前方扔炸弹，我就急刹车停顿；敌机飞到头顶上，我就加速前进。我多次同敌机捉迷藏，都冲过了敌人的一道道空中封锁线。

姜怀先的个人经历，呈现了上海红十字会煤业救护队战时救护的生动场景，读后使人犹如身临其境，难以忘怀。

煤业救护队队员

淞沪会战的 3 个月中，煤业救护队出生入死救护伤兵难民，建立了卓越的功绩。在中国红十字会救护队、急救队救回伤兵的统计中，煤业救护队总计救回伤兵 14000 名，位列榜首。

在硝烟弥漫的战场上穿梭，危险无时不在，尤其是日机的恶意“跟随轰炸”，给煤业救护队的伤兵救护造成严重干扰。在 9 月 4 日的救护行动中，煤业救护队的队员史济贵被炸伤腰部。相反，遇到日本伤兵，煤业救

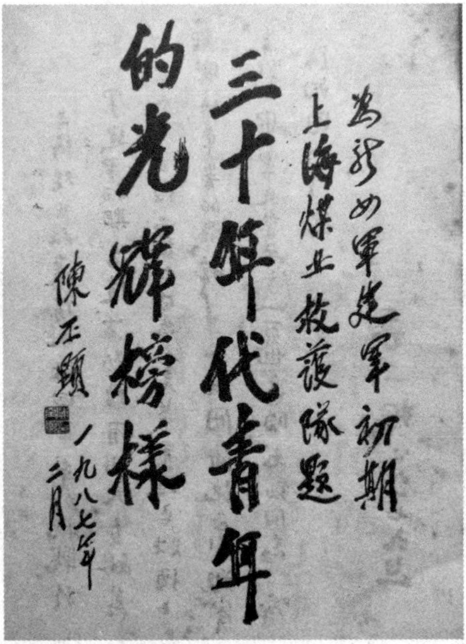

陈丕显题字

护队秉持人道精神，给予救助。9 月 28 日《民报》就报道了这样一个事例：“前晚该煤业救护队队长罗希三，率领队员，奋勇赴前方救护，至罗店忽发现日军五六十人，均已重伤死亡，其中二日兵，因轻伤未死，该队遂即将二日兵，救护至昆山医院，该院对于二日兵非常优待，正在留院医治。”日军践踏国际公法，屡屡残暴枪击红十字会救护人员、轰炸救护车辆，而上海红十字会煤业救护队员对日本伤兵一视同仁，给予人道救助，用行动捍卫了《日内瓦公约》的尊严。

上海沦陷后，上海红十字会煤业救护队随军救护，1938 年春，百余名队员在江西南昌集体加入新四军，堪称壮举，他们被誉为“三十年代青年的光辉榜样”，在中国红十字运动史上书写了永不磨灭的辉煌篇章。

十二、伤兵的“分发”

淞沪会战仍在进行中。中国军队勇往直前，宁死不屈，拼死抗敌，可歌可泣。但由于武器装备落后，中国官兵伤亡惨重，每天都有数百名，多时近千名伤员被红十字会救护队员救回，而上海各救护医院床位最多时也就 5000 多张，实在没有办法全部收治，只能不停地转运到后方医院。从 8 月 22 日起，中国红十字会就在第六救护医院内设立伤兵分发站 1 所，从前线救回的伤兵根据伤势轻重分别处理，重伤员送入医院，轻伤员暂留分发站，等候火车、船只转送后方。9 月 20 日，第六救护医院结束，伤兵分发站转移到枫林桥外交大楼，这里更加宽敞，能容下伤兵千名。枫林桥伤兵分发站内设站长 1 人，医师 2 人，护士 10 余人，主要负责伤兵换药包扎等事宜。

第六救护医院附设伤兵分发站自 8 月 20 日至 9 月 20 日共收容分发伤兵 2267 名，外交大楼分发站自 9 月 21

外交大楼伤兵分发站

日起至11月8日止共收容分发伤兵17940人。这些伤员被及时转运到江浙等地的后方医院，包括首都医院，得到良好的救治。

在淞沪会战救护中，昆山伤兵分发站的工作同样不能忽视。

在淞沪会战打响后不久，救护委员会就在昆山设立第一伤兵医院，姚瑟若担任院长。遗憾的是，这所医院部分被日机炸毁，出于安全考虑，10月21日救护委员会将伤兵转移到苏州诊治，同时将第一救护队由嘉定调往昆山，接办伤兵医院复建事宜。第一救护队队长雷树德率队员缜密观察之后，觉得该地不宜设立伤兵医院，应该参照枫林桥外交大楼伤兵分发站办法较妥，“伤兵到站后立即换药给食，其重伤者设法用军政部卫生船舶运往后方医院，轻伤者则由军委会野战救护处分送苏州等地。”这就是昆山伤兵分发站的由来。

救护伤员

昆山为伤兵集散地之一，距离战地稍远，拥有车辆优势、先期驻昆的上海红十字煤业救护队当仁不让，担起由前线运送伤兵到昆山中转的重任。煤业救护队队员徐汇鑫在《一个伤员的回忆》的文章中，念念不忘那段激情澎湃的日子。他回忆说：

9月，战线扩大西移，前方与市区交通日臻困难，遂将伤兵改送昆山伤兵转运医院。“煤救”（上海红十字煤业救护队的简称）队部前方指挥所亦移驻昆山月城湾。白天运输，救护车辆和人员易遭敌机轰炸扫射，我们就改变为每天傍晚从驻地出发，天黑到达前方抢运伤员回昆山。是时伤兵多，运途长，车辆中每每挤足伤兵，队员无立足之地，回程往往站在汽车车门外的踏脚板上，同时负责瞭望有无敌机。昆山驻地为一大祠堂，我们向居民借门板席地而睡，又无蚊帐，常为蚊蝇困扰，但队员却始终情绪高昂。

伤兵虽然负伤被伤痛所折磨，但保持着高昂的战斗意志和爱国情怀，这给徐汇鑫留下深刻印象。他回忆说：

当时国民党在前线的下层士兵，抗战意识高昂，作战顽强，伤兵表现甚佳，这是我们事先所没有预料到的，使我们深受感动。一天，我们在杨行附近的一个庙里，见到几十个广西籍伤兵挤在一起，有的受伤已两天，甚至多至三四天的。只经过前沿卫生兵的简单包扎，迄未换过药水，创口已经化脓，有的甚至有蛆子蠕动。我们表示慰问和敬意，递给他们水壶、面包，他们即便身受伤痛，又无周到治疗，对我们前去救护连称感谢。所给食物，则予互让。另一次，下午5点到罗店救运伤兵，为驻于该地之88师某旅廖旅长所悉，他立即派副官邀我们去他的住所，在一家地主的四合院天井里接见我们。当他了解我们是义务救护组织，表示钦佩慰问，令副官招待我们便饭。当时有一队友拿出小本子请廖旅长题词留念，他毫不犹豫地写了表示抗战到底决心的“杀敌致果”四字。他的题词使我们救护队员深受鼓舞。

虽然救护转运工作紧张繁忙，但忙里偷闲，苦中求乐，别有一番情趣。徐汇鑫回忆说：

在昆山时的队员生活，虽属紧张艰苦，但情绪乐观，苦中求乐，并不觉得枯燥无味，反而使我们为抗日救国而聚集在一起的年青（轻）人，经受了最初的集体生活的锻炼。今天回味起来，自另有一番乐趣。队员们的活动大致有：学习驾驶摩托车；组织读报；游亭林公园，讲述顾亭林的“天下兴亡、匹夫有责”历史知识；品尝鸭子面，改善生活等，总之在昆山时间虽不到两个月，生活工作也极紧张艰苦，但大家爱国抗战意志坚强，吃苦耐劳精神也很可嘉，真有以苦为乐，从苦为荣之慨。

昆山亭林公园

徐汇鑫的回忆，正是对烽火硝烟中救护队员工作生活的描绘，真实而富有人情味。

不过，昆山伤兵分发站舟车每每不够支用，转送时时面临困难，而前线伤兵源源不断送来，分发站“人满为患”，只好借兴学路某住宅为临时收容处，不幸的是又遭日机轰炸，造成多名伤兵死亡。不得已将民立女中童军营帐12顶架设在青阳港畔进行伪装，以避免再次遭袭。第一救护队“全部人员在此种状况之下继续努力工作，其勇敢毅力实属难能可贵”，即便前方战士“奉令西移而敌人踪迹亦逐渐迫近，该队人员仍镇静处理，将轻伤者分别用舟车运苏（苏州），能步行者则步行至苏，而重伤者搬运至帐内或河畔遮蔽处候船运送”，直到11月13日完成分发任务后才奉命撤退，途中一部分队员路遇敌机轰炸，9名队员失散，生死未卜。昆山伤兵分发站10月26日开办，11月13日结束，在短短不足20天的时间里，分发伤兵多达3200余名，工作紧张情形，不难想象。

十三、童子军的风采

在中国红十字会淞沪会战救护中，上海市商会社会童子军团，冲锋陷阵，引人注目。

“童子军”不是军队中的“娃娃兵”，而是一种新型教育模式，1907 年始创于英国。它通过游戏、野外活动、社会服务等方式培养青少年团结协作、积极向上的品格，深受欢迎，因而很快风靡全球。5 年后，在中国部分地区“复制”了这种教育模式。1912 年 2 月 25 日，严家麟在美国基督教圣公会创办的武昌文华书院率先组织童子军第一团，拉开中国童子军运动的序幕，2 月 25 日这一天也就成为中国的童子军节。之后，童子军运动逐渐在全国推广开来。其中，上海童子军最为活跃。1913 年上海成立了“中华童子军会”，至 1916 年，仅 3 年就组织了 11 队共 490 名团员的童子军队伍。

童子军一般为 12 岁至 18 岁的在校学生，但上海市商会社会童子军很特别，其成员都是参加工作的职业青年，年龄自然比在校初、高中生偏大。

原来，1927 年国民党发动“四一二”政变，大肆屠杀共产党员，一时间天昏地暗，血腥弥漫。一群在上海市总商会开办的商业夜校补习的热血青年，为了能够在白色恐怖中自强自立，便决定依照学校童子军的组织形式，于这年秋天组建了“上海总商会夜校童子军”，参加者有 24 人，叶春年为团长。11 月 1 日，“上海总商会夜校童子军”正式定名为“上海市商会社会童子军团”(简称商会童子军)。1928 年南京国民政府成立“中国童子军总会”，统一编组全国童子军团，上海市商会社会童子军团被编为“中国童子军第五十团”（简称“五十团”)。

童子军热心社会服务，举凡灾害救济、战地救护、访贫问苦，无不积极投入，因而与人道救助团体的红十字会保持着密切联系。1932 年 1 月 28 日，日军大举进攻上海，商会童子军立即向中国红十字会报到，加入淞沪抗战的救护行列中。他们四人为一组，随同卡车出入战地，抢救伤兵难民，受到十九路军将士的称赞。遗憾的是，商会童子军也付出了沉重的代价。1932 年 3 月 17 日《新闻报》刊登“函请红会优恤失踪童军”的新闻报道：“市商会童子军团自日兵犯境后，即加入中国红十字会，担任救护工作，该团团员罗云祥、应文达、鲍正（振）武、毛征祥四人，以奉该会派遣在虹口区救护战区难民，竟于一月三十一日失踪。事后向后方设法营救并托红十字会向日方各拘留处查询并唱名指放，仍无影踪，想历时已久，恐无生望。该团以罗文祥等四人既为国家社会服务而牺牲，死亦得其所，惟此四人身后萧条，老母幼弟，均无以为生。该团昨已呈请市商会转函中国红十字会，请援照服务员因公殒命例，优予抚恤，以资激劝。闻市商会方面，拟俟时局稍定，再予代为表扬云。”

事实上，四人确被日军残忍杀害，并毁尸灭迹。据报道，罗云祥，牺牲时21岁，广东汕头人，上海良晨好友社印刷所排印部主任，四人小组组长；应文达，牺牲时21岁，浙江奉化人，英商亚细亚火油公司职员；毛征祥，牺牲时19岁，上海人，毛志祥牙医诊所助诊；鲍振武，牺牲时18岁，浙江鄞县人，营业税征收处文书股股员。为表彰“忠烈”，1932年12月11日，上海市商会、上海各童子军团、中国红十字会等团体代表在上海市商会举行追悼大会，同时，十九路军军长蔡廷锴亲笔题字“为国牺牲”的四烈士纪念塔也于上海市商会大厅前落成。一年后，由中国红十字会出资，在江湾上海公墓为四烈士建立“衣冠墓”，以弘扬四烈士无私奉献的人道主义精神。

5年之后，商会童子军在淞沪会战的战场上，再次展现他们英勇的风姿。

淞沪会战爆发后，商会童子军团团部从北苏州河路

四烈士衣冠墓

迁到宁波路钱江小学，成立指挥部，与中国红十字会取得联系后，被分配到红十字会运输股、临时急救医院及难民收容所等处担任驾驶、战地救护、护送转运等工作。“我们虽然不是在前方直接参加战斗，但是在战地贯通市区的交通线上，团员们却随同救护运输队一起来回奔驰，川流不息地抢救受伤将士，分送各急救医院治疗。途中不时遭到敌机追踪扫射，大家都能奋不顾身完成任务，深受本市各界舆论的赞扬”，商会童子军程钦梁回忆说。在整个淞沪会战期间，有 260 余位商会童子军投身战地救护之中，参与服务的单位就有新闻路中国红十字会总会、红十字会大华路运输股、外交大楼红十字会伤兵转运站、松江第一重伤医院、真如东南医学院、第五后方医院、第十一伤兵医院、第十八伤兵医院、难民收容所等，历尽艰辛。

淞沪会战中的童子军

对于淞沪会战中商会童子军救护情形，参与其中的魏志刚久久不能忘怀。他回忆说：

1937 年，当时我还是一个 17 岁的上海中华书局编辑所的练习生，并在市商会夜校读书，和几个同学一同参加了市商会社会童子军团为第七届团员，每天清晨接受严格课程训练及急救、护理等方面的知识。

“八一三”事发，我参加了在团部举行的战地服务的宣誓，被分派在中国红十字会前方运输队，到月浦、杨行、罗店、蕴藻浜一带前线抢救伤兵，运送到租界各临时医院，进行急救治疗。我们童军负责押车、联系医院、协助抬运伤兵上下车，沿途还要照料车上的重伤员，对流血过度的要随车护送到上海，及时包扎，有的还要抱在怀里，减少车辆震动引起的疼痛。常常车到上海，自己也成了一个满身血污的人了。我们每天在日落以后出发，司机也是从各方面抽调来的，彻夜来往在通往前线的公路上。天亮以后，敌机要出动，我们就无法出车了。一个晚上一般可跑二次就天亮了。顺利的话，也有跑三四次的。司机和押运人员都自愿甘冒危险，爱国抗敌。干了一晚，心里就感到无比痛快。疲劳和辛苦都不在话下，每天回来以后，我们就洗个澡，洗净衣服，吃过早饭就睡觉。醒来饭后，把前晚的情况向负责人作了汇报，了解一下各医院的病员收容情况，接着就等候派车，另一天的紧张工作又开始了。

战地救护，危险无处不在。魏志刚回忆说：

有一次，我们出发的时间提前了一些，太阳虽已下山，但是大路上的一切还是看得很清楚的。车子开出市区，在通往前线的路上疾驶，突然间天空出现了一黑点，是敌机！这时公路上前后均无遮掩，救护车完全暴露在敌机眼皮底下，不顾我们车上挂着红十字旗帜，紧跟着一次次俯冲扫射，子弹打在车后的尘土里。这时司机和我当机立断，决定跳车。两人迅速打开车门，同时跳出车厢，滚入田埂，让车子自己前驶一段路，正好敌机再一次俯冲，子弹射中车厢，着火燃烧，掠过一阵刺耳的呼哨声，自近而远。我和司机都幸免于难，但二人都受伤不轻，鼻青脸肿，眼镜也摔破了。在这前后三个多月中，不知道遇了多少次这类险境。

尽管险象环生，但丝毫不能动摇商会童子军勇往直前的决心。

在淞沪会战的最后阶段，谢晋元副团长率“八百壮士”誓死守卫四行仓库时，女童子军杨惠敏冒着敌人的炮火游过苏州河献旗，使八百壮士备受鼓舞，坚定了抗敌意志和必胜信心，被传为佳话，她的壮举也在国人心目中竖起一座丰碑。

事实上，四行仓库楼顶上飘扬的国旗为商会童子军所献。商会童子军团团长叶春年、指挥王应麒透露：1937 年 10 月 27 日晨，四行仓库西北两面被日军包围，“四行孤军”为“发扬中华国魂，谢晋元团长于 10 月 28 日打电话给商会后援会，要求送一面大国旗去，准备悬挂在仓库大楼顶上。市商会秘书长严谔声即通知叶春年团长办理。叶连夜率团员叶德鑫、张文彬、胡惠祥、罗

童子军杨惠敏

文光、王国祥、何明九等，携带大国旗、旗杆、旗绳以及两卡车衣服、食品至苏州河南边，冒着危险巧妙避开敌军火力，越过大桥，送进仓库。翌晨，一面象征中国领土、主权和中华民族国魂的国旗，高高飘扬在四行仓库的大楼顶上，人心士气为之一振。为避免引起日寇对市商会和社会童子军团的注意，这一行动虽有《立根》记者同行，但未予公开报道。当时沪上各报只报道了女童子军杨惠敏的献旗经过。由于她送去的是一面小国旗，因为不适用，才由我团组织了这次献旗行动的”。

不久之后，上海沦陷，商会童子军在红十字旗帜下，转移大后方，随军救护，直到抗战胜利，其间罗文光、彰麟才、郑志强等 18 人受伤，何国寿、杜象贤、苍成全献出宝贵的生命。他们用行动诠释了“抗战到底，服务到底”的铮铮誓言，可歌可泣。

十四、蒋传源“探路”

进入10月份，淞沪会战进入最后阶段，上海岌岌可危，势将不守，尽管中国军队付出惨重代价誓死抵抗。一旦上海沦陷，伤兵如何能够及时转移出城，救护委员会不能不做出最坏的打算，不能不预先规划“向后转”的路线图。中国红十字会第十一急救队队长、商会童子军团第五十团教练蒋传源接受任务，担任后撤路线的“探路”先锋。

关于蒋传源的身世，《在爱国主义旗帜下团结奋进——上海市商会童子军团与绿营联谊社简史》这本书中，收录了他的回忆录，但他没有叙述自己的身世和成长经历，也找不到他参加救护活动的照片。不过，可以肯定的是，他是商会童子军团第三届的团员，团务活动的积极分子。

原来，1937年8月13日淞沪会战爆发的当晚，在宁波路钱江小学天井里，100多位身穿淡黄卡其色童子军

《在爱国主义旗帜下团结奋进——上海市商会童子军团与绿营联谊社简史》

制服的职业青年——上海市商会社会童子军战时服务队，在团长叶春年、指挥王应麒带领下，举起右手，庄严宣誓：“余誓以至诚，志愿参加抗战服务，不受酬，不居功，抗战到底，服务到底，任何牺牲，在所不惜……”宣誓者中，就有蒋传源。

宣誓过后，蒋传源立即带领三小队去红十字会报到，随后被派往大华路（今南汇路）伤兵救护运输站工作。“在那里每天下午有上海各界救护队来站报到，由我队办理登记车辆、人数、去向并派员押运，傍晚时分出发上前方救护伤员，到午夜返站汇报接运伤兵或难民的人数，送往哪个医院或临时接收站以及沿途情况，由我负责登记汇总后报送救护委员会。”“随着战线延伸和战斗激烈，伤兵不断增加，工作十分紧张，我队要联系好各伤兵医院容纳人数，及时调节分配，缩短救护车辆往返时间，减少伤兵在途死亡人数。团员们个个充满热情，每天忙到深夜，甚至通宵不眠，坚持岗位，紧张战斗，主动帮助抬担架、上前线抢救伤员。有的伤员不肯放下手中武器，但武器是不准进入租界的，因此还要做好劝说工作，把武器交给部队。救护队晚间行车，为防空袭不能开灯，我们就下车打着手电筒引路。”

从前线救回的伤兵

由于蒋传源他们在工作中能深入前线，不怕牺牲，成绩卓著，救护委员会决定组织一支童子军急救队，定名为第十一急救队，由蒋传源兼任队长。红十字会史书说："上海市商会童子军第五十团，自八一三战事发生后，即率童军四十人，热烈参加本课工作，协助运送伤兵，日夜宣劳，至为兴奋。经过几度为日机轰炸，并枪伤队员郑志强、徐健来、陈香荪等，幸未致命，经医疗治，旋即告痊。至十月中，该团部改组一队加入本会，列为第十一急救队，并委蒋传源为队长。驰赴太仓、真如、周家桥一带，专任救护工作。至十月底止，前后仅十余日，计救回伤兵达四百十一人。"

战线西移，日军迫近租界，运送伤兵的通道被切断，救护车只能从沪西绕道沪南枫林桥进入法租界，转送到各伤兵医院。由于法租界军警检查甚严，救护车队受阻，非常不便，因此在枫林桥南堍的外交大楼设立伤兵分发站，由童子军团负责管理。11 月间，日军攻占上海，租界沦为"孤岛"，滞留在租界各医院的伤兵有4000 多人，其中包括坚守四行仓库的"八百壮士"谢晋元部队，万一日军进占租界，他们均将遭受杀害。为此，救护委员会交给蒋传源一个特别的任务，即前往"探路"，以便把伤兵转运到后方。

接受任务后，蒋传源立即带上张文彬、张文焕、杜柏青三位团员，由杜柏青担任司机，开上中国红十字会

刘鸿生捐献的别克轿车

副会长刘鸿生捐献的别克牌轿车，从上海出发了。

他们从当时唯一与上海通航的港口——浙江海门上岸后，经黄岩、临海到达宁波。不久，宁波、温州相继恢复与上海通航，救护委员会增派煤业救护队的中共地下党员乐时鸣前来汇合，共同“探路”。为了疏通运送伤兵的渠道，蒋传源与乐时鸣一同赶到杭州，找到国民党军医署，取得署长签发的手令，确定在宁波设转运站，上海运来伤兵先在宁波落脚，然后送永康、金华再转运后方。“探路”工作完成，救护委员会分批疏散伤兵。据报告，上海沦陷前后疏散安置的伤兵：杭州 5750 名，宁波 5607 名，温州 291 名，嘉兴 659 名，吴兴 321 名以及松江 264 名，苏州 405 名，无锡 67 名，香港 91 名，其他 1603 名，伤愈归队 895 名，残废院 158 名，综计 16111 名。“留沪伤兵悉皆顺利遣归内地，未入敌手，至可庆幸。”这与蒋传源、乐时鸣等“开路先锋”的努力分不开的。

十五、救护队中的姊妹花

在中国红十字会淞沪会战救护中，有两个小姑娘在血与火的洗礼中成长起来，她们就是姐姐梁洁莲，妹妹梁钧铤。

姐妹俩出生于一个工人家庭里，家境贫寒，生活艰辛，因此，1927 年 9 岁的姐姐、7 岁的妹妹不得不进入南洋兄弟烟草公司所属烟厂当童工，吃尽了苦头。

1936 年，姐妹俩好奇地参加“三八节”集会示威游行，第一次听到“阿比西尼亚”（现在的埃塞俄比亚）对侵略者奉行不抵抗主义，结果全国人民做了亡国奴，从而开始懂得只有团结抗日才能救中国。于是，姐妹俩参加了救国会，成为爱国青年。11 月 23 日，南京国民政府以“危害民国”罪将救国会的沈钧儒、章乃器、邹韬奋、史良、李公朴、王造时、沙千里等 7 名抗日民主人士逮捕。“七君子事件”激起全国人民的公愤。中国共产党和国内外进步人士开展了广泛营救运动，姐妹俩也参加了声势浩大的营救“七君子”的罢工活动。1937年全面抗战爆发后，在全国人民的压力下，南京国民政府宣布释放“七君子”。

七君子出狱时合影（左起：王造时、史良、章乃器、沈钧儒、沙千里、李公朴、邹韬奋）

不幸的是淞沪会战爆发，姐妹俩赖以糊口的烟厂关闭了。无家可归、流离失所的姐妹俩，为了活命，不得不到上海市慈善团体联合救灾会（简称慈联会）设立的“卿云”难民收容所栖身。山河破碎的残酷现实，激发了姐妹俩的爱国热情。她们要抗争，为全民族抗战尽一份力。经收容所管理人员孟燕堂的介绍，姐妹俩加入了中国红十字会，并被分派到第十九救护医院当助理护士，从此姐妹俩开启了服务中国红十字会抗战救护事业的人道之旅。

在第十九救护医院，姐妹俩尽心尽力，精心护理受伤官兵，为他们不畏强敌、敢于牺牲的精神所感动。的确，他们是为国杀敌的英雄，是护国卫士，是顶天立地的好汉。对他们，姐妹俩充满敬意。

也是在第十九救护医院，姐妹俩听到中国共产党主张抗日救国，八路军英勇杀敌但又缺医少药等情况，故萌生了去延安为八路军服务的念头。

梁洁莲珍藏的第十九救护医院证章

正在这个时候，孟燕堂告诉姐妹俩，他认识的一位中共地下党员胡立教向各界进步人士募捐到一批医药器材，组织了一个医疗小组，准备北上为八路军服务。姐妹俩，还有朱文奎事务员、施奇事务员、谢丽华助产士、马仁源医生及其爱人戴婉芝护士都报了名。

11 月 13 日，上海被日军占领，淞沪会战结束，而救护工作仍在进行之中。蒋传源、乐时鸣“探路”工作完成，姐妹俩于是和同事们一起后撤，担负起转运伤兵的重任。

转运伤兵是淞沪会战救护的自然延续，好在蒋传源、乐时鸣已在宁波设立了伤兵“中转站”。于是姐妹俩和同事们于 1938 年 1 月辗转抵达宁波与他们会合。姐妹俩所在的医疗小组被编入中国红十字会交通股第一组，上海红十字煤业救护队编入第二组，两组分工合作，共同完成淞沪前线伤兵转运任务。

“中转站”，顾名思义，不是目的地。从前线运来的伤兵到“中转站”后进行简单治疗、护理，然后转运到浙江、安徽、江西、湖南一带的后方医院继续治疗。但战局变幻莫测，不久宁波港口关闭，上海来船改停温州。为便于转运，红十字会又把“中转站”先后设在丽水、永康，姐妹俩也随之“中转”。男队员长途跋涉，护送伤兵到后方医院；姐妹俩和其他女队员负责清洗被褥，换药消毒，打针护理，照料饮食等。大家日夜操劳，疲惫不堪，“但只要看到用生命和鲜血保卫祖国的抗日伤兵，大家就怀着崇敬的心情，精神振奋地投入救护工作”。姐妹俩说：“我们俩当时年纪轻，力气大，不怕苦，经常同男队员一起背、抬伤兵。有时候还帮助驾驶员工作，梁钧铤双手可拎两桶10加仑汽油，走上一段山间坡道；梁洁莲分工安排好伤兵的伙食，以发挥自己善于动脑筋的特长。”大家亲热地称呼姐妹俩为“大梁、小梁”。

接运伤兵的后续工作并不安全。“我们在宁波、丽水、永康经常遇到日机狂轰滥炸。防空警报一解除，我们就立刻头戴钢盔到现场救护。在永康，为避免空袭，我们将汽车放到郊外树林中，队员们日夜轮班守护。”姐妹俩说。

姐妹俩和其他女队员一样，从上海动身时身穿旗袍，担任救护工作多有不便，到浙江后改穿制服。“镜子一照，头发太长。于是，我们姐妹俩索性剃个男士短发。开始为伤兵打针时，他们误认我们是小伙子，引得大家捧腹大笑。”姐妹俩愉快地回忆说。

接运伤兵工作持续半年，到1938年6月，这一艰巨的任务画上了句号，这也意味着淞沪会战伤兵救护工作圆满完成。后姐妹俩到了皖南新四军总部，7月底，姐妹俩和郭步洲、谢丽华、马仁源、戴婉芝等13人被安排到长沙中国红十字会救护总队部战时卫生人员训练所参加救护培训。

经过淞沪会战救护的磨炼和考验，姐妹俩思想逐渐成熟。1938年8月，经叶进明介绍，姐妹俩光荣加入中国共产党。9月底，姐妹俩一同被编入中国红十字会救

内政部衛生署
戰時衛生人員訓練班
證書
茲有學員梁潔蓮
性别女
年齡二〇
籍貫廣東順德
在本班訓練四星期期
滿考試及格准給此證
主任
中華民國

救护总队总队长兼卫训所主任林可胜签发的梁洁莲结业证书

护总队第六十一医防队，开赴晋东南，为八路军服务，为抗战救护事业服务，姐妹俩踏上新的征途。

十六、上海国际红十字会的成立

战争会造成重大生命财产损失，也会导致众多普通百姓流离失所。淞沪会战在中国最大的都市展开，难民如潮，引起严重恐慌。淞沪会战结束之后，难民的救助依然是一个巨大的难题。不言而喻，救助难民是淞沪会战救护的应有之义。

面对风起云涌的难民潮，社会各界纷纷行动起来，伸出援救之手。中国红十字会责无旁贷，在救护伤兵伤民的同时，也竭尽所能，给予难民人道关怀。

淞沪会战持续时间长，战事惨烈，加上日军飞机的狂轰滥炸，硝烟滚滚，血肉横飞，繁花似锦的上海，转瞬成为人间地狱！“呜呼！战时民众苦，飞机掷炸弹，人民遭涂炭，只炸得，妻孥散，父母不周全，衣物与财产，俱都被摧残，尸骨已载道，目睹好心酸，战区难民扶老携幼逃难真可惨。”为了活命，他们纷纷涌入租界。有媒体报道称：“在炮火下避至租界者，总数在二十万人

淞沪会战中的难民

以上。”不仅如此，上海周边的难民也纷纷流入上海租界或在租界边缘徘徊，最多时可达“七十万人左右”。一时间，“上海几乎成为难民世界”。

被炮火撵出家园的难民，生活悲惨，挣扎在死亡的边缘。

难民遭浩劫，家破又人亡。
剩兹伶仃身，无归路彷徨。
间关走沪渎，到处受惊惶。
街头行踟蹰，饥寒苦难当。

一曲《救济难民歌》，就唱出了难民悲惨的生活境遇，他们渴望得到社会各界的帮助和红十字会的人道关怀。上海国际红十字会应运而生。

1937年9月18日，在中国红十字会前会长颜惠庆的奔走联络下，中外名流在国际饭店举行会议，决定发起成立上海国际红十字会，全方位救助难民。

颜惠庆（1877—1950），字骏人，上海人。著名政治家、外交家。早年毕业于上海同文馆，1895年赴美留学。1900年毕业于弗吉尼亚大学，回国后出任圣约翰大学英文教授，兼职商务印书馆编辑，1908年随伍廷芳出使美国，任驻美使馆参赞。次年回国，任外交部股长，1910年兼清华大学总办。1912年任外交部次长。1913年任驻德国、丹麦、瑞典三国公使。1919年任中国出席巴黎和会代表团顾问。1920年回国，先后出任外交总长、内务总长、国务总理等职。1926年以国务总理代行总统职务，不久辞官移居天津，任天津大陆银行董事长、自来水公司董事长等职。南京政府成立后，先后任驻英大使、驻苏大使，出席国际联盟大会首席代表。抗日战争爆发后，在上海从事慈善及教育事业，并于1924至1934年担任中国红十字会会长。1931至1935年出任中国华洋义赈救灾总会会长。他在政界、外交、红十字、慈善诸多领域的号召力、影响力，使他成为上海国际红十字会的当然发起人。

9月18日国际饭店举行的会议，事实上是一个筹备会，会议商定成立一个执行委员会加以推进，并推举颜

颜惠庆

惠庆、白赛德（Major A. Bassett）、邓纳（J. Donne）、饶家驹、颜福庆、施思明、钟思、田伯烈（H. J. Timperley）等16人为执行委员会委员。9月24日，执行委员会举行会议，成立5个分委员会：会章起草由颜惠庆主持，难民救济问题由饶家驹神父主持，防疫事宜由劳白生医师主持，救济伤兵事务由颜福庆院长主持，医务用品由施思明博士主持。

10月2日，中国红十字会上海国际委员会在国际饭店召开会议，执行委员会正式通过由颜惠庆起草的会章草案，并推定颜惠庆为国际委员会主席。10月16日，中国红十字会上海国际委员会正式成立，简称“上海国际红十字会”（Shanghai International Red Cross，缩写为S. I. R. C.），设会址于国际饭店内，直属中国红十字会。换句话说，上海国际红十字会是中国红十字会指导下的由中外人士共同发起、从事伤兵难民救济的国际性慈善组织。它的成立，为淞沪会战伤兵，尤其是无家可归的难民，带来生的希望。

十七、筹款募捐救助难民

难民蜂拥，有数十万之多，开支浩繁，不难想象。筹款募捐，成为摆在上海国际红十字会面前的巨大难题。

淞沪会战中的难民

救助难民，政府当然不能袖手旁观。1937 年 10 月 29 日《新闻报》报道："中国红十字会国际委员会为各国领事及中外慈善界人士所组织，以筹募捐款、救护伤兵难民为务，经呈请孔（孔祥熙）财长由政府拨款倡导，当允拨给救国公债八十万元，现币二十万元，共计一百万元。"政府的表率值得肯定，但无法从根本上解决问题。因此，上海国际红十字会成立后，先后在 11 月 1 日出版的《中国红十字会月刊》、12 月 13 日的《新闻报》、12 月 16 日的《时报号外》等报刊，发布募捐启事，为伤兵难民请命："淞沪战祸爆发以来，战区数百万居民，均已流离失所，纷纷扶老携幼，向租界避难；率多流浪街头，无衣缺食，露宿风餐，困顿情形，殊堪怜惜!"目前"救济、救护费用日达五万元左右，日后战区扩大，更将随而加增!"最起码"募集国币一千万元，方足以应六个月内之需要"，除由国民政府拨助 100 万元外，其余 900 万元，全靠社会各界赞助，希望各界爱心人士踊跃捐款，共克时艰。

上海国际红十字会的呼吁，得到热烈响应，爱心人士纷纷伸出援手。不过，要实现千万元的筹款目标，必须广开筹资渠道。为此，上海国际红十字会无论在国内，还是在国外，均采取了多样化的募捐方式，其中以下方式就很有特色：

一是举办"红十字募捐周"。

12 月 1 日至 8 日，上海国际红十字会举行募捐周，呼吁各界人士踊跃捐输，共襄善举。

12 月 1 日，募捐周第一天，上午 9 时，上海国际红十字会派出“护士五百名，衣白色救护服装，手持捐筒，在南京路等处，向往来中外人士劝募，并有中英文说明书请求赞助”。阵容庞大，颇为壮观，且效果良好，媒体报道说，“捐款者十分踊跃”。中午，国际友谊社在国际饭店举行聚餐大会，“招待中外慈善家，表示谢意”。颜惠庆、颜福庆、饶家驹等中外来宾百余人出席，“颇极一时之盛”。上海国际红十字会派 4 位女士“到场发售红十字纪念徽章，所得捐款，完全为救济难民之用”。下午 5 时，上海国际红十字会在静安寺路 387 号美国妇女俱乐部举行募捐周开幕典礼，颜惠庆亲自主持，各界人士济济一堂，表示热情参与。

12 月 2 日，募捐周第二天，由青心、中西、培成、穆尔堂及工部局女校等共同组织的街头募捐队，分赴公共租界、法租界等人流密集区域劝募，“各队员均穿白色看护制服，沿街募捐，态度和蔼，各界亦以灾黎待救，莫不踊跃捐输”。劝募成绩可观，当天募款万余元。接下来的几天，“劝募队仍继续出发，赴各街头募捐”。还在大上海剧院举行中西音乐大会，所售票款均作难民救济费用。募捐周期间，筹集善款 7 万多元，虽然没有达到既定的 10 万元募款目标，但在动荡的时局中，能取得

如此成绩，已属不易。

二是发起“一角救难运动”。

短期的“募捐运动周”结束不久，1938 年 1 月 7 日，上海国际红十字会在国际饭店举行会议，决定创立“一角救难运动”（或者叫“三元救命会”），以为长久之计。颜惠庆、施肇基、贝克等 10 余人“首先加入，并组织委员会。不论何人，只须月纳三元，即可为该会会员”。办事处设于河南路 505 号华洋义赈会 4 楼，由干事骆传华具体负责。会费规定为月捐 3 元（难民每月最低生活标准）。月捐 3 元，等于日捐 1 角，故称“一角救难运动”。这项运动得到大众的广泛支持，共计收到会费 592300 元，对解决难民衣食之需，不无小补。

三是海外劝募。

上海国际红十字会由中外人士共同发起，具有国际性，而且如颜惠庆、施肇基，都曾出任驻外大使，这种人脉关系，使上海国际红十字会海外募捐成为可能。

原驻美大使施肇基

上海国际红十字会成立后，主席颜惠庆、宣传征募主任施肇基、总干事贝克等，即电请中国红十字会会长、驻美大使王正廷：“通知美国各慈善机关、华侨团体，将捐款汇寄该会，以便集中分配，调剂各地救济费用。此外，驻英、法等国大使处，亦有相同之电发出。”各友邦也“纷纷汇寄捐款，协助救济”。如美国总统罗斯福，特别致函美国红十字会，请“向全国人民捐募百万美金，以为救济中国战区难民之需”。对此，“我国朝野对美国人民此种同情之援助，及罗斯福提倡之美意，深为感激”。行政院长兼财长孔祥熙致电罗斯福，“表示诚恳之谢意”。据统计，截至 1938 年 11 月 10 日，救济中国战时难民团体中国教会赈济委员会、美合众国中国灾赈会、中华人民赈救联会等，共募集美金 775598 元，“其中以上海所收到之美国捐款为最巨”，计美金 57164 元、国币 484410 元。再如英国，在英国红十字会、英国教会联合会等团体的呼吁下，英国华灾救济会等团体捐助上海国际红十字会达法币 32 万余元。此外，澳大利亚、加拿大、意大利、法国、荷兰等国红十字会或政府、民间团体也都有赞助。

在海外劝募中，特别值得一提的是饶家驹的美国之行。

饶家驹（1878—1946），法国天主教神父。1913 年来华传教，曾在圣心堂管理外侨教徒，并担任法国驻沪陆海军与公共租界“万国商团”随军神父、上海天主教所办各外侨子弟学校童子军指导员。因做实验被炸去右臂，人称“独臂神父”。他热心慈善事业，并于 1926 年出任华洋义赈会会长。作为上海国际红十字会执委会副主席，饶家驹负责难民救济问题，“奔走救济工作，厥功甚伟，为中外所同钦”。为筹集难民救济经费，1938年4月，当上海国际红十字会商请他可否前往美国募捐时，饶家驹表示万苦不辞。

饶家驹神父

5月2日，饶家驹搭乘加拿大皇后号轮赴美。按照计划，饶家驹将拜访罗斯福总统及美国红十字会各高级职员，“请求美国人民慷慨捐助”。25日，饶家驹抵达美国首都华盛顿，据美联社电，“饶神父此行，目的在往各处演说，俾美国民众了解中国方面救济问题之严重，希望筹捐款项”。26日，作为上海红十字会国际委员会代表，饶家驹在法国大使圣冈旦陪同下前往白宫，“晋谒罗斯福总统”。罗斯福总统对于中国难民之痛苦及上海国际红十字会救难工作表示赞赏，并愿意发动民众解囊相助。

旅美期间，饶家驹为中国难民筹款募捐，奔走呼吁，声嘶力竭，尤其是“一碗饭”运动，轰轰烈烈。6 月 17 日，在中国难民救济会会长小西奥多·罗斯福的支持下，饶家驹在纽约唐人街组织了一场“救中国之夜”的大型募捐晚会，“由此在美国全国范围内发起了一系列被称为‘一碗饭’晚会的宣传活动”，即举办简单招待餐会，邀请各界人士参加，自由捐款，数额不定，“介于买一碗米饭与买一顿正餐的费用之间”。据报道，这场运动规模浩大，筹集善款达美金百万元之多。使命完成，7 月饶家驹由温哥华乘亚洲皇后号轮返回，8 月 1 日晨抵达上海。

经过多方努力，海内外各界人士的爱心涌动，至 1939 年 3 月 31 日，上海国际红十字会“计收中外捐款及国民政府协款共三百一十二万九千九百二十六元七角四分”，保障了伤兵难民救助工作的有序开展。

十八、伤兵难民的医疗救助

上海国际红十字会既然“由中外慈善界同人及各国领事所组织，以救护伤兵、收容中外难民为职务”，不言而喻，伤兵难民的医疗救助为其重要职责，毕竟上海国际红十字会诞生于淞沪会战的隆隆炮声中，中日双方交战正酣。

伤兵救护由上海国际红十字会下设的伤兵委员会负责。鉴于战地救护由中国红十字会救护队、急救队担任，上海国际红十字会则是偏重于医疗服务。但其本身没有伤兵医院，而是以合作的方式，设立医院5处，对伤兵实施医疗救助。其中第一至第四伤兵医院均由私人开设，上海国际红十字会给予资助，每1伤兵每日津贴5角，至1938年10月共计拨助款171616.97元。而第五伤兵医院则由上海新药业公会承办，“所有医药给养”，均由新药业公会“自理”，并函请上海国际红十字会“派员指导”，得到上海国际红十字会允准而“列入第五伤兵医院”。据报道，该院于1937年12月21日“正式宣告结束”，虽然只存在了一个多月的时间，但收治伤兵170余人，“办理成绩，极为优良，深得社会各界之称许”。

特别值得一提的是，除这5所伤兵医院外，上海国际红十字会还专门开办“残废伤兵医院”。

残废伤兵医院服务指导委员会全体服务人员留影

残废伤兵医院“本来是上海商界组织的第十七救护医院，后来为了经费的关系，改为中国红十字会上海国际委员会残废伤兵医院”。1938年1月10日开办，2月1日迁至蒲石路、古拔路口原第十七救护医院，美籍外科医师单惠泉（Thornton Stearns）任院长，虞心炎任副院长。医院宗旨是使这些伤残士兵经过专门技能的学习，能够有一技之长，自食其力，残而不废，对未来的生活充满信心。的确，伤兵们生活起居得到精心照料，有一种“宾至如归”之感。一位名叫苏迅的记者，专门到残废伤兵医院进行采访，对残废伤兵的生活状况做了一番描述：

伤兵们虽都是残废，有的确已装上假腿，扶着木杖，在行动着，散步着。有许多却还不能行动，终天躺在病房里。据他们告诉作者，生活和军队中一样有纪律，早晨五点半钟起身，六时早餐，餐后上课或工作，但没有固定。下午三时到五时上课，功课分歌唱、国文、新文字。作者去的时候，正是庄瑶卿女士在教唱义勇军歌。庄女士一口北平话，声音很雄壮。国文课本用陶行知多少通，已上到第三册。礼拜一上午八时，举行纪念周，病重不能起床的，教师便到病房中教课。晚上九时入睡。出入要领通行证。卫生方面，相当注意，半个月换一次被褥。并由流通图书室、京戏，调剂他们的精神。因为生活有规律，伤兵们都感到满意。

透过这段记述，可以了解残废伤兵日常生活的一个侧面。

残废伤兵医院从 1 月 10 日开办至 10 月 31 日正式宣告“完满结束”，10 个月内，共收治残废伤兵 403 名。

伤兵医疗救助的同时，对难民的医疗救助同样体现了上海国际红十字会的人道情怀。

数十万难民中，有不少受伤者或是罹患各种疾病者，

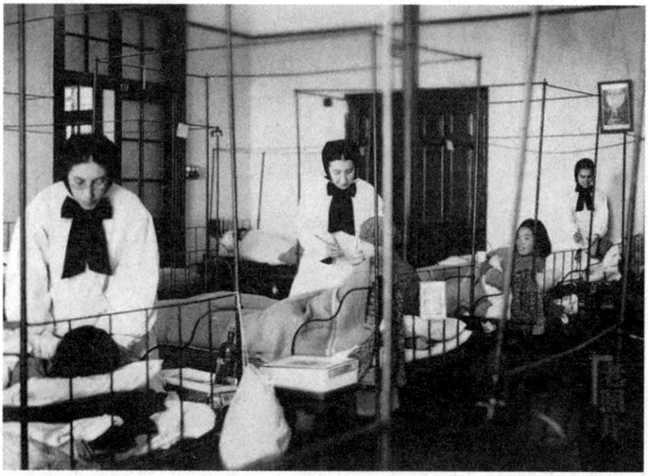

难民医院

需要及时救治。为此，上海国际红十字会专门设立医药委员会，由施恩明医师负责，整合各方资源，根据难民需要，陆续设立普通医院、传染病院、儿童医院、妇女及产科医院等各类医院共计 25 家。

各类医院为难民提供周到的医疗服务，而上海国际红十字会则给予各类难民医疗机构以经费支持。据记载，上海国际红十字会除创办第一、第二等难民医院外，主要采取合作的方式，与“广仁、同仁、宝隆、仁济、公济、时疫等医院；中华麻疯（风）、难民肺病等疗养院特约治疗难民，分别门诊、住院，按月给与（予）相当津贴；而其它善团所办难民医院，如救世军交通大学医院、广东难民医院、上海工人医院、难童医院等，亦均受该会之补助。总计全埠二十四处，至本年（1938 年）一月底止，共拨助国币五万七千三百余元”，从而为难民生命与健康构建起安全保障体系。

十九、南市难民区——难民救助的典范

淞沪会战中，难民蜂拥，数量庞大，难民救助无疑是一个巨大的系统工程。难民收容、管理、供养、安置等，无不牵一发而动全身。为此，上海国际红十字会殚精竭虑，专设难民委员会，由饶家驹神父主持难民救济工作。

1937 年 10 月 4 日，难民委员会举行首次会议。当时难民人数约 10 万人，其中公共租界有 62425 人，法租界有 29568 人，其余流落街头。

面对如此庞大的难民群体，上海国际红十字会想尽一切办法进行救助。其中，南市难民区的设立，就是一大创举，在世界范围内，也可以称得上难民救助的典范。

南市是难民最为集中的区域，但难民的安全毫无保障。上海国际红十字会成立后，出于人道，向中日双方提出："将毗连租界的南市北段划为难民收容区。

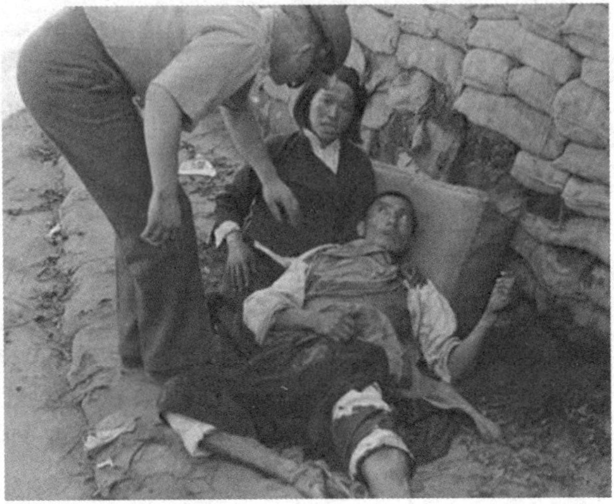

流落街头的难民

在这区域以内，双方军队避免作战。”这一动议，经过饶家驹神父的不懈努力，最终得以“落地”。11 月 4 日上海市政府批准设南市难民区，6 日，日本方面也表示认可。南市难民区最后确定的范围为旧城厢北部约三分之一区域，南至方浜路，东、西、北至民国路，呈半圆形，东西间距约 1.5 公里，南北间距约 0.5 公里。对于该区域的权属，南市难民区管理委员会发表声明，称：“难民区设立之提议，纯出于人道动机，决不损害中国主权。”

11 月 9 日，南市难民区正式运行，由南市难民区监察委员会管理。监察委员会由饶家驹、工部局董事麦克诺登、法租界公董局董事巴布德、法租界公用事业司库贾斯帕、柏韵士、安献金、普兰特等 7 人组成。救助事务为上海各有关慈善团体协同参与，如卫生工作，由中国济生会、中国红十字会担任；医药治疗，由中国红十字会及中华医学会主持办理；掩埋尸体，由普善山庄负责；难童收养，由中华慈幼协会办理；区内秩序，由上海国际红十字会派外籍警察维持；还设草绳工场和板刷作坊，等等。难民区的经费主要靠捐助，这些款项直接汇给上海国际红十字会，由红十字会调拨使用。

饶家驹与安全区里的难民

据媒体报道，南市难民区开办之初，区内“共有大小收容所一百一十八所，收容难民八万八千余人，住户要求面包救济已登记者三万八千余人，未登记者六万余人，尚未收容风餐露宿之难民约三千余人，难民总数不下二十万人”。他们被汇聚到上海国际红十字会旗帜下，得到人道关怀与救助。直到 1940 年 6 月 30 日，南市难民区完成使命圆满收官。其中，饶家驹不辞劳瘁，奔走维持，厥功至伟。如英国著名记者田伯烈所言：“成千成万的难民，为死亡所威胁，为黑暗所包围，他们的一线曙光，只是希望能够达到一个外国人管理的安全区域。去年十一月间，上海饶神父曾在南市设立难民区，容纳二十五万人，这是一个不可掩饰的功绩。”

南市难民区是在上海国际红十字会支持下，由饶家驹主持设立，是上海国际红十字会难民救助的有机组成部分。正因为难民区由饶家驹主持，故南市难民区也被称为“饶家驹区”“饶家驹安全区”，而其坚强的后盾则是中国红十字会授权的上海国际红十字会，“难民区所悬旗帜为中国红十字会及上海国际救济委员会（即中国红十字会上海国际委员会——引者）会旗”，正是难民区的“安全保障”。

饶家驹的人道之举，赢得国际社会的交口称赞，1938 年 3 月 9 日，蒋介石也特专函致谢。

南市难民区从 1937 年 11 月 9 日开办直至 1940 年 6 月 30 日结束，将近 3 年的时间里，大约 30 万生灵免遭涂炭，如此丰功伟绩，得救的难民不会忘却，历史不会忘却，饶家驹因此被誉为“难民之父”。

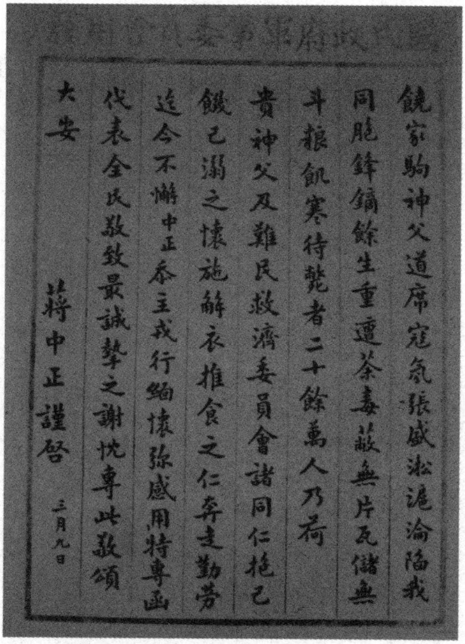
饒家駒神父道席寇氛張熾淞滬淪陷我
同胞鋒鏑餘生重遭荼毒蕩無片瓦儲無
斗粮飢寒待斃者二十餘萬人乃荷
貴神父及難民救濟委員會諸同仁抱己
饑己溺之懷施解衣推食之仁奔走勤勞
迄今不懈中正忝主戎行緬懷弥感用特專函
代表全民敬致最誠摯之謝忱專此敬頌
大安 蔣中正謹啓 三月九日

蒋介石谢函

南市难民区救助战争难民，卓有成效，形成“上海模式”，并在南京、杭州、汉口、吴江、香港、广州、福州等地得到“复制”，不少于50万难民得到救助，影响深远。这一模式，作为战时保护平民的成功范例，写入1949年8月12日《关于战时保护平民之日内瓦公约》（即日内瓦第四公约），其中第十五条“一般背景”中明确指出：“1937年中日战争期间，一个中立区也在上海建立起来……它被称为饶家驹区，是为了纪念成立这个区的人。”日内瓦第四公约是国际人道法的重要组成部分。“上海模式”作为战时难民救助成功的典型案例，被国际人道法所吸收，既是饶家驹的创举，也是上海国际红十字会的贡献。

二十、不可磨灭的历史功绩

上海国际红十字会至1939年3月31日宣告结束，但南市难民区的救助工作尚未终止。在这将近一年半的时间里，无论伤兵救护，还是难民救助，上海国际红十字会都全力以赴，建立了不朽的功勋。综合起来说，主要表现在以下几个方面：

首先是伤兵救护方面，上海国际红十字会或设立或赞助伤兵医院5所，开办残废伤兵医院1所。至上海沦陷时，各处伤兵医院收治伤兵共计44271人，另外残废伤兵医院收容残废伤兵403人，实施截肢等各类手术288起，装置假肢等各种辅助器械299具，并为这些失去作战能力的残废兵士，授以针线、缝纫、园艺等职业训练，使其痊愈出院后可谋生自立。

其次是难民救助方面，由于难民工作涉及方方面面，上海国际红十字会为此付出了不少努力，在难民医疗、卫生、教育、给养、生产等问题上均有所建树。

一是推动南市难民区（即饶家驹安全区）的成立。上海国际红十字会同人不忍大量难民被困于南市挨饿受冻，于是委托其副主席兼难民救济分委员会主席饶家驹，分途接洽中日当局同意在南市辟出一处“非战斗员之安全区”，面积相当于旧城厢的三分之一，由饶氏等7名外籍人士组成监察委员会负责日常管理，于1937年11月9日正式对外开放。该安全区的成功建立，在国内国外都产生了重要影响，国际红十字会更将其选作交战国在战时保护平民的成功范例而写入1949年日内瓦第四公约，推动了国际人道法的完善。

二是提供难民医疗及防疫服务。上海国际红十字会开办有难民医院2所、难民收容所、诊疗所6处、流动诊疗所8处。至结束救济工作时，两所难民医院总计收治患病难民2861人，经治愈出院2686人，住院总日数达69651天，其中第一难民医院收治1523人，出院1413人，住院日数为35123天；第二难民医院收治1338人，出院1273人，住院日数为34528天。所主持难民诊疗所及流动诊疗所共计施诊486316起；由救护车送院患病难民4188人，其中3465人系用汽车输送，其余723人则用人力车输送；分配医务人员计有840余人；收集化验标本3028件，共作细菌培养、结核杆菌检验、肥达氏试验、梅毒絮状试验、大小便及血液检验等化验4260次；做胸部、骨骼、尿道、胃肠及异物等放射摄影927件，以及做胸部、胃肠等X光检查624次。根据其他团体开办的25所难民医院、20处难民诊疗所受诊情形，分别拨赠现金174330.01元及医药用品计值73489.35元。此外还开展了防疫运动，为难民及贫穷病人免费注射，其中预防伤寒、虎列拉注射96853人，计182214次；施种牛痘6188次。

三是推进难民教育。难民教育是特殊时期的一种特殊教育，上海国际红十字会办理此项工作颇为用心，经聘请教育专家陈鹤琴等人全力擘画，开展了儿童教育、成人教育、职业教育三类，其中儿童教育开设国语、常识、算术、唱歌、体育5门课程；成人以识字教育为主，辅以演讲、说书、电影、健身体操等科；职业教育则分为职业训练和生产教育两种。至结束时，计有儿童、成人725个班级，受教难童42508人、受教成人34080人。其中开设新文字教育班171个，包括儿童80班、成人66班、妇女25班，总计受教儿童3144人、成人381人、妇女760人。其间举办难童教育升学考试一次，分低、中、高三级进行，参加者总计13940人，其中参加低级考试者1695人、参加中级考试者2572人、参加高级考试者9673人；还举办中学程度失学难童免费学额考试一次，计参加初中考试者179人，录取122人，参加高中考试者35人，录取21人。

四是协助各主管善团督促各收容所改善所内设施及

陈鹤琴

环境卫生。鉴于各慈善团体所办收容所或优或劣殊不一致，上海国际红十字会于是制订了收容所标准化计划。先是编印《收容所管理指南》分发各收容所管理员参照，并在其难民委员会下设收容所视察组，定期派赴各所视察、指导；后又制定收容所甲、乙两种设备标准，由各视察员依照逐条检查、打分，并成立特别指导团，加强监督改进。上海国际红十字会还为老弱残废难民设置特别收容所16处，其中收容难童者7所，收容自给难民者3所，收容妇孺者2所，收容老年、残废、乞丐及备遣难民者各1所。

五是统筹全沪难民给养。战事发生以来，上海国际救济会等慈善团体所用经费均靠自行筹措，不过随着战线扩大，伤兵、难民增加，开支益繁，加上经费来源枯竭，导致难以为继，纷纷向上海国际红十字会请求援助，于是上海国际红十字会自 1938 年 1 月 1 日起先后担负 14 团体所收容难民给养，最多时须同时给养 17 万人。上海国际红十字会还根据救世军救济难民经验和难民食粮平衡需要，制定难民给养标准和难民膳食制作法，分发各收容所参考，难民健康状况因而得到明显改善。

收容所中的难民

六是组织难民生产。难民给养一项耗费巨大，该会遂也发生难民给养危机，在实行降低给养标准、剔厘平民等措施效果不佳的情况下，决定创办小规模工场，组织难民训练和生产，并组织难民生产教育推销团、设立难民出品联合销售处和难民职业介绍所，帮助难民实现自力更生。

此外，该会还先后成立近郊救济委员会和支配赈款顾问委员会，向南京、汉口等地提供经费和医护人员支持。

从以上罗列的事实中，不难想见上海国际红十字会为抗战救护事业做出的重要贡献。尤其是在上海沦陷后国民政府救助功能“缺位”的情况下，这种救助更显得难能可贵。毫无疑问，上海国际红十字会在淞沪抗战救难中建立了不可磨灭的历史功绩。

尾　声

从1937年8月13日至11月12日，淞沪会战持续3个月。一寸山河一寸血，虽经浴血奋战，30多万中国官兵血染黄浦江，但最终上海不守，令人痛心。

淞沪会战被称为整个抗日战争中规模最大、战斗最惨烈的战役之一。也正因为如此，在整个淞沪会战救护中，中国红十字会遇到的困难前所未有，中国红十字会在其工作报告中就说，如下困难使救护工作不能顺利进行："（一）（救护）工具尚感不敷；（二）租界门禁无定阻碍交通；（三）日机轰炸只能昼伏夜行；（四）医院床位有限有输送无从之时；（五）车辆缺乏征集维艰调遣为难；（六）军部卫生队时感不足不能与救护队联系输送。"这些方面足以"使受伤将士多尝痛苦增加死亡"。尽管困难重重，但中国红十字会仍一路前行，没有丝毫畏缩，哪怕付出生命代价，也绝不轻言放弃。根据统计，从1937年8月13日到1938年4月30日，救护医院收容伤病兵民 19539 名，由上海伤兵分发站运送伤病兵民 7128 名，由上海前线急救队及救护队救送伤病兵民 43446 人。三项相加为 70113 人。这还不包括上海国际红十字会的难民救济。如此可观成绩，不难想见中国红十字会志愿服务人员付出的巨大努力！

中国红十字会淞沪会战救护行动，如淞沪会战那样，惊心动魄，可歌可泣。人们相信，中国红十字会一贯奉行的人道主义、国际主义精神，定会发扬光大，经久不衰。

中国红十字运动知识丛书（第五辑）
陈海高　池子华　总主编
盐城市盐都区红十字会　红十字运动研究中心　编

人道卫士

——约翰·马吉的故事

崔龙健　赵玖茹　著

合肥工業大學出版社

图书在版编目(CIP)数据

人道卫士:约翰·马吉的故事/崔龙健,赵玖茹著;盐城市盐都区红十字会,红十字运动研究中心编.--合肥:合肥工业大学出版社,2025.5.(中国红十字运动知识丛书).-- ISBN 978-7-5650-7195-9

Ⅰ.B979.971.2

中国国家版本馆 CIP 数据核字第 2025G9W677 号

人道卫士

——约翰·马吉的故事

崔龙健　赵玖茹　著

责任编辑	孙南洋
出版发行	合肥工业大学出版社
地　　址	(230009)合肥市屯溪路 193 号
网　　址	press. hfut. edu. cn
电　　话	人文社科出版中心:0551-62903200 营销与储运管理中心:0551-62903198
开　　本	850 毫米×1168 毫米　1/32
总 印 张	22.25　**总 字 数**　394 千字
版　　次	2025 年 5 月第 1 版
印　　次	2025 年 5 月第 1 次印刷
印　　刷	安徽联众印刷有限公司
书　　号	ISBN 978-7-5650-7195-9
总 定 价	120.00 元(共 5 册)

总　序

中国红十字会诞生于1904年，至今已走过110多年的风雨历程，“是国内历史最悠久的人道组织”（习近平语），被称为“百年老店”。百余年来，中国红十字会秉持人道、博爱、奉献精神，救死扶伤，扶危济困，谱写出一曲曲人道赞歌，在中国近代史和中华人民共和国史上留下了闪光的足迹。正如习近平总书记所说的：“中国红十字会在重大灾害救援、保护生命健康、促进人类和平进步等方面发挥了重要作用。”

可是，对中国红十字会所建立的丰功伟绩，知道的人并不是很多。为弘扬红十字精神，“讲好红十字故事”，中国红十字基金会委托红十字运动研究中心，组织编写了这套“中国红十字运动知识丛书”，通过对重要历史人物、重大历史事件的挖掘，呈现一幅幅丰富饱满、多姿多彩、跌宕起伏的红十字历史画卷。

丛书虽然是“讲故事”，但不是“编”故事，没有

无中生有的猜想，没有胡编乱造的粉饰，没有“标题党”的故弄玄虚，没有添油加醋的天马行空，更没有虚构的文学情节，而是依据历史事实，用通俗易懂、朴实无华的语言，娓娓道来，再配上老照片，图文并茂，客观再现历史的场景。虽然少了点舞文弄墨的精彩，但确是信史。不求梦笔生花，但求“告诉你一个真实的红十字会”！

池子华

2018 年 1 月 9 日

目　录

引　子

2014年12月13日，首个南京大屠杀死难者国家公祭仪式在南京举行。中共中央总书记、中央军委主席、国家主席习近平出席并发表重要讲话，特别提到德国的约翰·拉贝、丹麦的贝恩哈尔·辛德贝格、美国的约翰·马吉等国际友人，他们在南京大屠杀期间冒着风险，以各种方式保护南京民众，并记录下日本侵略者的残暴行径。他们的人道精神和无畏义举，将永远为中国人民所铭记。

众所周知，南京大屠杀期间有20多位外国人留守南京，为保护中国平民作出重要贡献。其中，约翰·拉贝参与组建南京安全区，并担任安全区国际委员会主席，在腥风血雨中四处奔走，竭尽所能地为惨遭日军暴行的中国平民提供庇护，被人们誉称为“中国的辛德勒”。贝恩哈尔·辛德贝格与友人一道，在南京城外栖霞山下的江南水泥厂，建置难民营，救助遭难的中国平民，成为南京的“丹麦英雄”。相较于前两位的人道义举，约翰·马吉最为人所熟知的是他冒着生命危险，偷偷将日军暴行拍摄下来，为南京大屠杀留下动态影像铁证，并在东京审判中出庭做证，用无可辩驳的事实揭露日军在南京犯下的滔天罪行，但他所做的还不止这些……

一、初创圣公会道胜堂

约翰·马吉（John Magee）是来自美国圣公会的一名牧师。1884 年 10 月 10 日，他出生在宾夕法尼亚州的匹兹堡市，成长于一个律师家庭，后来就读于耶鲁大学，毕业之后进入哈佛大学附属学院位于马萨诸塞州剑桥郡的新教圣公会神学院深造，于 1911 年毕业并获得神学硕士学位，次年便被任命为牧师并被派往中国南京传教。

约翰·马吉

当他到达南京之时，美国圣公会在这里的传教事业尚处于早期阶段，于是他不得不做一些开拓性的工作。1915 年，约翰 · 马吉租下位于下关凤仪里（今鼓楼区天光里一带）的三幢楼房作为布道场所，正式创办基督教圣公会，后改称为中华圣公会。他对这些楼房做了功能分区，将楼上房间作为传教士的居所，楼下用于做礼拜、演讲等布道活动。1916 年、1917 年，美国圣公会江苏教区先后派遣淞江的陈友渔和毕业于上海圣约翰大学神科的沈子高来到下关协助马吉。在教会力量得到加强之后，三幢楼房不敷应用，于是他们决定退租凤仪里的房子，重新租下位于商埠局街庆康里一幢大楼房的南半边，在那里又创设益智会，开办益智小学。随着生源增加，1919 年经当时教育部批准，由约翰 · 马吉出资，在下关海陵门外（今鼓楼区中山北路 408 号南京市第十二中学）买地新建传道之所，取名为“道胜堂”，即“以道胜世”。

“道胜堂”建筑群由约翰 · 马吉负责设计建造，包括 3 幢两层歇山顶楼房、2 幢西式二层洋楼和 1 座中式六角小亭，于 1923 年全部建成。这些建筑均采用砖木结构，总面积达 2 千多平方米，体现了中西合璧的建造理念，其外部多为中式风格，内部则为西式装饰。

道胜堂就设在其中一幢名叫鸳鸯楼的一层，二层为教室。据说，建造这幢双楼的墙砖，是约翰 · 马吉从安徽凤阳运过来的已经废弃的明代中都城墙砖。双楼的特别之处是刻有阳文砖雕，其中南楼雕刻着《四书》和名人格言，如《论语》中的“友直、友谅、友多闻、益矣”，《中庸》里面的“天命之谓性，率性之谓道，修道之谓教”，曾国藩的“不为圣贤，便为禽兽；莫问收获，但问耕耘”和陈宏谋的“天下无不可以教者，亦无可以不教者”；北楼所雕刻箴言，主要出自《圣经》，如“寅畏上帝智慧之本，认识真理聪明之源”，等等。

道胜堂

主楼道胜楼为临街的二层楼房，层高 3.3 米，采用三重歇山顶交合的建筑结构。第一层由 2 个楼梯间隔为 3 个独立空间，水泥地面，开间大，采光好，主要作为礼拜堂使用；第二层为木质楼板，有带有窗户的独立房间，作为中方牧师及家属的宿舍，东西两侧房间建有壁炉，一般安排地位较高者居住。另有地下室和阁楼作为储藏间，屋顶还有两个烟囱。整个建筑物长 23.3 米、宽

13.2 米、高 12.2 米，加上基座和花坛，总面积达到 367 平方米。另有 2 幢歇山顶式建筑与道胜楼呈两纵一横排列，其中北面的益智楼为外国传教士宿舍，约翰·马吉一家即居住于此。

约翰·马吉故居

迁入新址后，益智小学即改名为道胜小学，由沈子高担任校长，办学规模进一步扩大。道胜小学属于私立教会学校性质，从三年级开始开设宗教课，其经费除收取学杂费之外，剩余部分由中华圣公会按年拨付。1937 年底，日军攻陷南京，道胜小学不得不停办，直到 1938 年秋才得以恢复办学，且更名为道胜补习学校。南京沦陷以后，办学环境十分险恶，侵华日军时时想染指学校，时任校长，即毕业于上海圣约翰大学神学院的夔孝华尽力周旋，仍被日本宪兵队抓走，后经多方斡旋才获释。尽管如此，学校仍然顶住压力谋发展，增设初中部 1 个班，改名为道胜中小学。新中国成立以后，道胜中学与惠民中学合并为下关中学，1952 年由南京市人民政府改为公办，更名为南京市第十二中学，道胜小学则迁入姜家园，更名为姜家园小学，道胜堂也随后关闭，成为南京市第十二中学图书馆。

道胜堂旧址现有 5 座建筑，1992 年被列为南京市文物保护单位。南京大屠杀期间，约翰·马吉所在的道胜堂成为无数中国平民的避难所，同时见证和记录下侵华日军的残暴行径。1995 年，已故美籍华裔作家张纯如女士来到道胜堂调查取证，参观了约翰·马吉故居。2009 年，道胜堂移址复建，于 2014 年正式对外开放，带着历史厚重与沧桑的道胜堂迎来新生。

二、负责教会下关救援

1937年8月13日，日本蓄意挑起第二次淞沪战争。该日凌晨3时，驻沪日军突然向闸北横浜桥以东及青云桥一带中国军队发动攻击，遭中国守军击退，但未扩大冲突。到了上午9时50分，日军陆战队七八十人越过淞沪铁路，冲往宝山路，中国守军忍无可忍，当即猛烈还击，淞沪会战由此打响。淞沪一役，长达3个月之久，几乎无日不战，战况十分惨烈，中国军队伤亡总数不下于25万人。由于国民政府军队救护体系不健全，大量伤兵得不到及时救治。前线将领冯玉祥目睹并记录下了此等惨状，他写道："前方的伤兵没有医药，没有包扎所，更没有担架队……离开了前线的伤兵，多半是自己爬出来，死了的无人葬埋……受了重伤的，运到医院，伤口上长了蛆，全都臭了。这样，不应当死的死了，不应当残废的也残废了。"

日军持续展开狂轰滥炸，使上海华界区域遍地瓦砾。当地居民也被卷进战火之中，日军所到之处烧杀淫掠，无恶不作。如 8 月 28 日，日本军机向上海南站投下 8 枚炸弹，致使中国平民死伤六七百人，触目皆是断肢残骸，伤者哀号之声不绝于耳。又如 10 月 25 日，日军掳去一批中国妇女，在麦根路车站附近强行剥去她们的衣服，用绳子逐一捆绑起来，然后在她们身上浇灌火油，再将她们推入火中焚烧，一时间哭声震天，惨状难以复述。故而当时《救亡日报》在一篇报道中这样写道："凡是敌骑所踏过的地方，就变成一片焦土，十室九空。"在炮火之下，上百万中国平民流离失所，亟待救援。

鉴于华北抗战救护的经验教训，中国红十字会在淞沪会战打响之前便有所准备，与上海各界一道提前谋划，编练救护队员，筹募慈善经费，购买药品用具。8 月 13 日当天下午，在中国红十字会统一旗帜下，救护队员分两路集结，奔赴前线执行救护任务。先后组织 10 个救护队、12 个急救队，分布于江湾、大场、真如和浦东一带，又开办 24 处救护医院，征集 98 辆救护汽车，特约 16 所公私医院合作，尽最大努力救护伤兵和平民。是役，上海慈善各界众志成城，总计收容医治伤兵 44271 人，其中对 17722 人实施了急救手术。

但是，随着淞沪战事扩大，救护力量愈发捉襟见肘，救护医院床位完全不敷应用，于是从 8 月 22 日起，在第六救护医院内设立一处伤兵分发站，9 月 20 日迁往枫林桥外交大楼，将前线救回伤兵按照伤势轻重分别处理，伤重者立即送入救护医院救治，轻者暂住所内，安排转送后方。据有关统计，第六救护医院附设伤兵分发站分发伤兵 2267 名，枫林桥外交大楼伤兵分发站维持至 11 月 8 日，总计分发伤兵 17940 人。另外，10 月 26 日，第一救护队在昆山开办一处伤兵分发站，参照枫林桥外交大楼伤兵分发站办法，接到伤兵后立即换药给食，然后将重伤者通过水路运送至后方医院，轻伤者则设法分送苏州等地，至 11 月 13 日结束，在短短不到 20 天的时间里，分发伤兵 3200 余人。

难民方面，由上海各界慈善组织在租界开设难民收容所予以救助，并设法遣送回籍，同时各地同乡会纷纷设立登记处，办理同乡难民登记和遣送。仅至 10 月底，全沪各界遣送回籍 64370 人，由沪返内地者多达 371270 人。

1937 年 11 月 12 日，上海除租界外全部沦陷。次日，上海市市长俞鸿钧发表《告市民书》，宣告决定中国军队撤出上海的决定并总结战役精神。淞沪会战结束以后，日军分两路向南京方向进犯，相继攻占长江沿线的苏州、无锡、常州、镇江等地。所到之处，哀鸿遍野，向内地逃亡的民众络绎不绝。

那些从淞沪战场转运出来的伤兵和从上海逃难的普

通民众，因为交通的问题，他们当中的很多人被迫滞留在下关火车站和码头，食不果腹，特别是许多重伤兵未能得到及时医治死去。在听到这一噩耗之后，约翰·马吉的美国同胞明妮·魏特琳女士感到十分痛苦，她在日记里写道：“我希望所有在7月和8月份认为有必要进行战争的人，要是能先看一看昨晚大批重伤员的痛苦情形就好了。我肯定他们会向我承认，当战争导致了这样的结果时，战争就是一种犯罪。”

抗战时期的下关火车站

为了能给滞留在下关的伤兵和难民提供帮助，在南京的慈善组织和外国友好人士纷纷组织起来。11月7日，约翰·马吉所在的南京基督教战争救济委员会执行委员会议决设立下关伤兵接待部，由约翰·马吉和一位青年会的储牧师负责。11月14日下午，南京基督教战争救济委员会执行委员会开了 3 个小时的会议，讨论过去一周下关救援工作进展情况。11 月 23 日，下关火车站抵达近千名伤兵，其中大部分是重伤兵，约翰·马吉到处想办法找志愿者和救护车。他们竭尽全力抢救伤员，用救护车将重伤者送往鼓楼医院和首都剧院门前的包扎中心救治，然后又将一些轻伤者带到江边，帮助他们搭乘浦口开来的渡船前往汉口。

约翰·马吉还全力以赴救助受伤平民。12 月 8 日，约翰·马吉发现一对来自无锡一带的中国母女，母亲的双手被炸弹严重炸伤，他毫不犹豫地将她们送往鼓楼医院救治。第二天，约翰·马吉听说下关火车站有很多受伤的平民，立即与同事陈汝林一道驾车前往，但是他们到达那儿的时候没有看到伤员，便转道去了四所村，将一名前腿受伤不能行走的姑娘和一个头部受伤的小孩送到鼓楼医院医治。当时那个女孩并不想离开住所，约翰·马吉反复劝说和催促她，明确告诉她四所村肯定要被烧掉，必须离开，她才同意。结果第二天，四所村被烧得只剩下残垣断壁。约翰·马吉还听说在下关码头有数以千计的平民等着过江，许多人已经饿着肚子等了好几天了，他找到当时负责渡船的代理警察局局长沟通，建议设法让这些人尽快过江，于是在运送完伤兵之后，渡船开始运送这些平民过江。12 月 11 日，约翰·马吉驾驶救护车运送伤员途中，看到日本轰炸机从头顶飞过，在经过金陵大学附中到达华侨路之前，其看到一发炮弹击中了一所民房，大概有20个人被炸死，其中有一个33岁的男子脸上被炸了一个大洞，他的父母哭得死去活来，还有一些人出于好奇，站在现场围观，约翰·马吉担心随时都有炸弹掉下来，于是叫这些人立即离开。

抗战时期的约翰·马吉

不得不说，约翰·马吉开展下关救援工作是不遗余力的，他的辛苦付出，有目共睹。他的同事福斯特写给妻子信函的前面，记述了其离开南京前的一些情况，有多处提到约翰·马吉，说他为伤兵救援工作忙得晕头转向。明妮·魏特琳女士也曾在她的日记中这样写道："反对战争的马吉为了照顾下关的伤员，正像奴隶般地工作着。"

三、坚定选择留守南京

淞沪会战打响以后，约翰·马吉和其他在南京的外国人都面临一个严峻的问题，是否要离开南京，甚至是离开中国。8 月 15 日，日军轰炸机首次出现在南京上空，不仅投下炸弹，还进行低空扫射，引起南京市民恐慌。第二天，美国驻南京大使馆为了保证美国妇女和儿童的安全，开始下令并组织这些人先行撤离南京，但有不少人留了下来，比如金陵女子文理学院教育系主任兼教务主任明妮·魏特琳教授，其认为自己有责任留下，并且希望能够帮上忙。可日军轰炸机在 8 月 27 日凌晨大规模空袭南京，造成许多平民伤亡，于是美国驻南京大使馆要求所有在南京的美国人撤离，并且声明对不撤离的人将不负任何责任。尽管如此，仍然有一些美国人选择留在南京。到了 9 月 20 日，在南京的外国大使馆都得到日军将以更大规模空袭南京的消息，美国驻南京大使馆开始劝说尚未离开的本国公民撤离南京，同时组织大使馆工作人员撤离，这一举动让自愿留在南京的美国人感到不满，因为他们认为外国大使馆的关闭和工作人员的撤离，无疑会使日军更加肆无忌惮地轰炸南京。

日本军机轰炸后的南京

面对逐步恶化的形势，约翰·马吉不得不慎重考虑家人们的人身安全，他决定先送妻子和孩子们去青岛，然后坐船离开中国，将南京的房子委托给同事福斯特夫妇照看。在青岛安排好家人以后，约翰·马吉选择孤身返回南京。虽然没有资料记载他当时从青岛往返的具体情况，但从拉贝的经历来看，路上并不容易。需要从青岛坐火车到济南，然后转车沿着津浦铁路到达浦口，再从浦口坐船过长江回到南京。

约翰·马吉回到南京之后，便很快投入到下关救援工作中。但是，随着上海沦陷，南京形势愈发危急，11

约翰·马吉全家合影

月16日，国民政府下令党政机关、工厂和学校向汉口、长沙、重庆等地转移，美国驻南京大使馆也不断催促约翰·马吉撤离。11月23日，美国驻南京大使馆传来电文，要求约翰·马吉和福斯特撤离南京，前往上海。其时，约翰·马吉正在下关忙着救援伤兵和平民，根本顾不上撤离的事情，而且他和在南京的外国人也正筹划建立一个保护平民的安全区，并没有撤离的打算。11月27日，应德士古公司经理汉森的邀请，约翰·马吉和同事们去察看了这家处在安全范围内的公司，那儿有很大的空间，还有个很不错的防空洞。

美国驻南京大使馆鉴于撤离形势，只好留下几位工作人员，反复做约翰·马吉他们的工作。11 月 28 日上午，美国驻南京大使馆召集在南京的美国人代表开会，二等秘书赫尔·帕克斯顿明确表示外国人留在南京存在危险，应该尽可能立刻撤离，即便现在不走，也要做好撤到停在城外江面上的“帕奈”号军舰上的准备，为了防止到时候城门关闭出不去，大使馆已经选定了两个地方，准备绳索爬出城去。但众人仍然表达了留在南京的意愿。11 月 29 日，或许是因为看到几番催促都没有起到作用，帕克斯顿便亲自登门劝说，他对约翰·马吉等人说道：“如果想乘轮船去汉口，今天是最后的机会。”但他并没有坚持让约翰·马吉等人撤离，而是多少有些无奈地表示，等到他们必须撤离时只能坐军舰了。其实约翰·马吉他们已经做出决定了，那就是要留守南京。福斯特在日记中也非常明确地写道：“我们大体决定，如果日本人开始炮轰城市，我们就搬到汉森家去，否则我们就要留在这儿尽我们所能。”

进入 12 月，情况变得越来越糟。由于越来越多的人和机构离开南京，下关救援重担便只能落到约翰·马吉他们肩上，他们夜以继日地工作，甚至不得不在火车站过夜。同时，随着日军逼近南京，为了安全起见，约翰·马吉他们准备从下关搬去安全区内居住，所以从 12 月 2 日开始，他们将衣物和被褥等物品打包，借着进城

美国驻南京大使馆工作人员和侨民登上“帕奈”号军舰

的机会，放到汉森的房子里去。12 月 3 日，美国驻南京大使馆向在南京的美国人发布了最后一道警告，给了他们是否离开以及如何离开南京的三个选项：一是自行撤离，二是乘坐美国“帕奈”号军舰撤离，三是留在南京城内。如何选择？约翰·马吉毫不犹豫地选择了最后一个选项。美国驻南京大使馆尊重约翰·马吉的选择，没有强迫他离开。至于他不愿意离开的原因，福斯特在日记里写得很清楚：“我们觉得应有尽量多的外籍人士合作，以保证中立区计划的顺利实施，这是提供给我们工作人员和信徒的唯一办法。而且，我们留下的决定也能鼓励护士和卫生员们忠于职守。我们不能反悔，我们的存在激励了不少人在这种危急关头仍然施以援手。”

12 月 4 日，约翰·马吉和福斯特搬进位于南京城内舒尔兹·潘亭的宅邸。他们原本要搬进汉森寓所的，但有一批德士古公司的工作人员离开后又返回来了，住在他们原本想住的屋子里，他们只好另择他处。他们找人从下关搬来两张床和所有的食品盒，想着要靠它们维持一段日子。在搬进城内的第二天早上，约翰·马吉在汉森宅寓楼下的一个大房间做礼拜，可能有一些非基督教信徒参加，这让他感到印象深刻。而就在这一天，美国驻南京大使馆打来最后一个电话，让在南京的美国人在12月6日上午9时30分之前做好撤离准备，很显然这一要求被约翰·马吉忽略了，他正忙于往返下关抢救伤兵和平民，根本没有离开南京的意思。

当然，日本人也不希望这些外国人留在南京，曾多次通过外交途径要求外国人撤出南京，但直到日军攻占南京的最后一刻，约翰·马吉都没有撤离。可是前方等待他的是日军进城带来的破坏、恐怖和死亡。

四、共建南京安全区

众所周知，侵华日军制造南京大屠杀期间，一些外国人参与发起建立南京安全区，为20多万中国平民提供了庇护，而约翰·马吉就是它的创始成员之一。最先发起号召的是金陵大学校董会董事长、中英文化协会总干事杭立武先生，他邀集一二十位外国友人，提到仿照法籍神甫饶家驹在上海创建南市难民区为平民提供庇护的想法，得到与会者的一致赞同。11 月 18 日，以美籍传教士和鼓楼医院医生为代表的外国人聚在一起开会，讨论建立安全区的具体事宜，特别是要选出一位能与日本人打交道的领头人。由于当时美国对日本没有什么约束力，与会者一致同意举荐德国商人约翰·拉贝，并就此事与拉贝沟通并做了部署。拉贝听说之后，当即表示愿意加入这一人道主义行动。11 月 19 日，拉贝在日记中写道："有人问我（我要留在这里的消息已传出）是否愿意参加这个委员会，我表示愿意。晚上在史迈士教授家吃饭的时候，我结识了很多美国籍的委员。"

饶家驹在南市难民区工作情形

11 月 22 日下午，南京安全区国际委员会在北平路（今北京西路）中英文化协会开会，正式推选拉贝担任委员会主席，着手安全区创建工作。拉贝欣然同意，并当场做了简短而富有激情的就职演说：“由我出任主席，我不应再有丝毫的犹豫。德国和日本是盟国，我作为一个德国人，与日本交涉有一定的优势。我 20 多岁就来到了这个东方国家，我一生中最美好的青年时代都在这个国家愉快度过，我的儿孙都出生在这里，我的事业在这里获得成功，我始终得到了中国人的厚待。我将竭尽全力，不负诸位的厚望。”

经过商议，国际委员会初步划定南京安全区的地理位置和范围，即东面以中山路为界，从新街口至山西路交叉口；北面从山西路交叉路口向西至西康路；西面从北界线向南至汉口路中段，再往东南至上海路与汉中路交叉路口；南面从上海路与汉中路交叉路口至新街口，面积约 3. 86 平方千米。区域内有外国大使馆、学校、医院和住宅，比如金陵大学、金陵女子文理学院、金陵神学院、鼓楼医院等可以为大量集中安置平民提供便利。

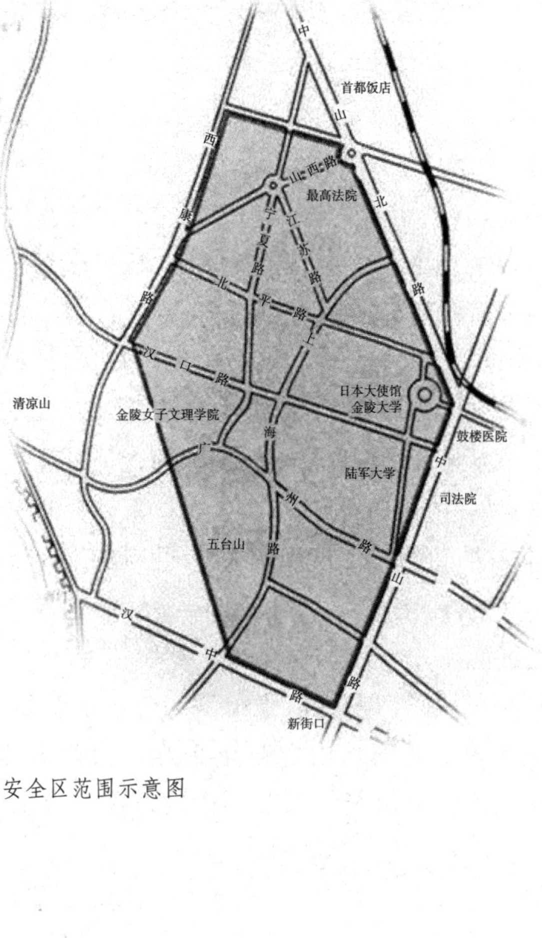

南京安全区范围示意图

国际委员会还特别讨论了安全问题，最后决议向中日双方当局提出安全保证。为了确保安全区的中立性质，国际委员会首先要求中国政府撤除安全区内所有拟建军事设施和军事机构，不准驻扎武装人员（平民、警察除外），禁止任何士兵和军事团体进入安全区。然后通过美国驻南京大使馆与日本驻沪大使联系，希望日本当局尊重安全区的民用性质，并保证它的安全。对此，中方给予积极回应。11 月 26 日，杭立武明确告知拉贝，最高统帅蒋介石已经同意建立安全区。时任国民党中央政治委员会秘书长兼外交专门委员会主任委员的张群交出官邸，作为南京安全区国际委员会办公之所。卫戍司令唐生智也答应从安全区范围内撤出中国军事力量。11 月 29 日，在中英文化协会例会上，南京市长马超俊当众宣布国际委员会成立。12 月 1 日，马超俊带人参加了国际委员会会议，当场答应支持 3 万袋大米、1 万袋面粉和一些食盐存条，以及维持秩序的 450 名中国警察。但是，日本方面迟迟不予回复。

11 月 29 日，国际委员会经过多方联络，从德国驻华大使馆得到东京方面发来的电报，上面说："出于军事上的原因不同意设立南京特别保护区或要塞区域，有关这点日本人将发布正式声明。"尽管未能得到日本当局满意答复，但是当天的国际委员会会议上，委员们一致认为即使得不到日本人的承认，也要尽一切努力推动建立南京安全区。12 月 1 日，国际委员会在首都饭店接着开会讨论，大多数委员赞成继续建立安全区，同时认为应注意开放公告上的措辞，要将这一区域称作难民区而不是安全区。会议还讨论了各项工作计划和人员分工，并在会后的记者会上进行了公布，拉贝为主席，乔治·费奇为总干事，刘易斯·史迈士为秘书，约翰·马吉、汉森、爱德华·施佩林等人为委员。

12 月 2 日，国际委员会迎来转机，在上海的饶家驹神父发来电报告知："日本政府已获悉你们建立安全区的申请，却不得不遗憾地对此予以否决。若中国军队对平民及（或）其财产处理失当，日本政府方面对此不能承担任何责任。但是，只要与日方必要的军事措施不相冲突，日本政府将努力尊重此区域。"根据这个非官方声明，国际委员会当即在英国俱乐部开会，决定正式开始筹建安全区的各项准备工作，同时以拉贝的名义给饶家驹神父回信，请求他继续与日本当局沟通："衷心感谢您的帮助。日本政府承诺，只要与日方必要的军事措施不相冲突，它将尊重安全区区域，对此，委员会表示认可和感谢。中国当局完全同意严格执行我们原来的建议。因此，委员会将继续开展安全区的组织和管理工作，并通知您，难民已经开始迁入安全区。委员会将在适当的时候，在进行适当的检查之后，正式通知中国政府和日本政府安全区业已开放。委员会恳请您，以最友善的方式再次与日本当局取得联系，促使对方注意：如果对方直接给委员会一个带有保证性的通知，将会大大减少陷于困境中的居民的忧虑。我们诚恳地希望不久便能收到日本政府相应的通知。”随后国际委员会就搬进宁海路 5 号张群官邸办公。12 月 5 日，美国驻南京大使馆转来东京方面的正式答复：“日本政府完全承认对此建议负责的领导层的高尚动机，但是在这种情况下，日本政府不承担在未来对所述区域免遭炮击或轰炸的保证义务。”但同时也表示：“日本军队无意对未被中国军队使用的地点或不存在军事设施或没有部署中国军队的区域发动进攻。”

南京安全区国际委员会部分委员合影

安全问题得到初步解决，但建立安全区是一项系统工程，包括经费、警察、士兵与涉及军队的事项、伙食、运输与运输工具、难民住宿与管理、公共设施、卫生设施与医疗保健等8个方面，国际委员会为此紧锣密鼓地筹备着。委员们认为，必须在日本人到达南京之前准备好米面、盐、燃料、药品、炊具等生活必需品，因为等到那个时候，可能就和外界断了联系，什么都筹集不到。

12月4日，国际委员会召开新闻发布会，宣布南京安全区安置平民及分发食物的暂行措施。由于安全区内可供使用的房屋有限，不具备大规模安置平民的条件，建议有亲朋好友居住在安全区内的自行安排好住处，学校等公共建筑将优先安排给穷苦平民，另外，进入安全区避难者只能携带铺盖和衣食，不得将家具等财物搬运入内。搬进安全区内的人须做好食物储备，至少能维持一周，国际委员会计划联系米面、燃料等经销商进入安全区经营，待其库存售罄，再由委员会将储备转交出售。至于穷苦平民，由红卍字会和中国红十字会南京分会筹备粥厂，免费提供饭食。12月7日，国际委员会在安全区边界竖立界旗，即白底红圈中间一个红十字旗，作为标识。当天还发布了很多通告，并向新闻界提供了正式开放公告和安全区行为规则文本。

南京安全区红十字标识

12月8日，国际委员会发布《告南京市民书》，宣告南京安全区正式对外开放。

五、成立国际红十字会

由于日军逐渐逼近，在南京的中国军队医院的医护人员奉命撤离，中国红十字会救护力量也随国民政府向汉口转移。11 月 16 日，由中国红十字会总会秘书长庞京周负责筹建，能同时提供 5000 张床位的南京伤兵医院宣告结束。至于两个红十字南京地方分会，城内分会在南京沦陷前迁往重庆，剩下下关分会坚守南京，在经费不足和与外界失去联系的情况下，继续开展救护工作。但伤兵还在源源不断地从苏州、无锡方向送来，这让下关原本并不充足的救护力量越发捉襟见肘，约翰·马吉不得不尽他最大的努力解决这个难题。好在金陵大学的师生整天在那里工作，还有一些人道主义卫士前往帮忙。11 月 26 日，一群来自苏州的 15 岁少年（他们从 8 月份以来一直在后方服务，后随着战线内移而撤退到南京），主动要求参加到下关救援队伍当中，其中女孩子们先前受过救护训练，能够从事简单急救，男孩子们就帮忙抬担架，他们同伤兵们一道风餐露宿，同甘共苦。另有从扬州来的邵小姐和蒋小姐帮忙卷绷带和包扎伤口，后来又有从青岛来的十多个人帮助她们。但是，随着战事逼近南京，参与伤兵救护的人员越来越少，导致很多伤兵只能在饥寒交迫中痛苦死去。

南京城内救治伤兵医院的处境同样窘迫。金陵大学鼓楼医院的所有中国护士都撤走了，留下 200 名伤员无人照料，美国人麦卡伦被迫担任总务主任，只得临时招募医护人员，明妮·魏特琳女士便将 1 名护士、2 名勤杂工和 1 名跑腿的男孩推荐给他。不仅如此，绝大多数医生也都撤走了，只剩下 2 个美国医生和 1 个中国医生，其中有且只有威尔逊一位外科医生，尽管他没日没夜地工作，但根本照料不过来。

更为糟糕的是，由于日军即将兵临城下，南京城门陆续关闭，伤兵不再能被送进城内救治。而且一旦南京保卫战打响，不仅现有伤兵难以转移，还会产生更多的伤兵，届时如何救治这些伤兵，实在棘手。对此，约翰·马吉谋划建立一个由外国人主导的红十字组织，为这些滞留在南京的伤兵尽可能提供救助。

话虽如此，但在日军兵临南京城下之前，这项计划并没有取得实质性进展。或许是因为约翰·马吉对于建立这样一个组织过于慎重，尤其是考虑到它的合法性问题。没有合法性授权，就无法得到战争双方的承认和保护，也就无法开展伤兵救护工作。约翰·马吉最初设想成立一个国际红十字会的欧洲分会，但很难获得授权，而且根据《日内瓦公约》和国际红十字会章程，在一个主权国家范围内，只承认一个主权国家红十字会，其他红十字组织必须获得主权国家红十字会授权，才能使用红十字名称和标识。这样一来，在南京成立国际红十字会欧洲分会是不合法的，从根本上行不通。于是约翰·马吉陷入两难境地，出于战时救护和保护中国伤兵的需要，他想要成立一个主要由在南京的外国人参加的隶属于国际红十字会的组织，与中国红十字会撇清关系，最大程度保持中立性质，为向国际社会争取援助和独立开展救护工作创造条件，但这条路走不通，因为有前车之鉴，颜惠庆先生在上海发起成立中国红十字会上海国际委员会（简称上海国际红十字会）的时候也曾有类似的想法，可惜从日内瓦方面得到的答复是既没有人，也没有钱，最后只好重新接受中国红十字会总会授权。所以，在3周的时间里，约翰·马吉一无所获。对于约翰·马吉的一筹莫展，拉贝在日记中如是评论说：“没有总部的批准，他自己显然不敢着手办此事，多么可惜！要是换了我，我是不会犹豫不决的。如果好事能成，何必要请示来请示去呢？反正最后总会同意的。”

12月13日，经过连续数日的激战之后，南京岌岌可危，组建红十字组织迫在眉睫。是日一大早，约翰·

马吉他们便赶到南京安全区国际委员会总部开会，经过十分钟的讨论，与会人员一致决定立即成立国际红十字会南京委员会（有时也被称作国际红十字会南京分会），由约翰·马吉担任这个委员会主席，来自中国红十字会南京分会的李春南（音译）和美国人洛担任副主席，由约翰·马吉的好友美国圣公会牧师欧内斯特·福斯特担任秘书，约翰·拉贝、明妮·魏特琳、贝德士、刘易斯·史迈士、米尔斯、麦卡伦以及金陵大学鼓楼医院医生美国人罗伯特·威尔逊和特里默、中国牧师沈玉书等13位中外人士为委员。

国际红十字会南京委员会部分成员合影（右二为约翰·马吉）

国际红十字会南京委员会一经成立，便立即着手伤兵救护工作，同时致电中国红十字会上海国际委员会和中国红十字会总会，获得承认和授权。当然，最紧要的是要获得日本当局的承认和保护。12 月 14 日，拉贝以南京安全区国际委员会主席的名义，分别用英文和日文草拟了一封致日军指挥官的信，在末尾介绍了刚刚成立的国际红十字会南京委员会，并特别提到美国人约翰·马吉为该委员会主席。第二天，福斯特又以国际红十字会南京委员会秘书的名义给日本驻南京大使馆参赞福田德康写信："目前已经有大量士兵和平民受伤，为了能够应付由此形成的困难局面，我们成立了国际红十字会南京委员会。我们已经采取了必要的步骤，以便该分会能得到上海国际红十字会和中国国际红十字会的承认。现在我们恳请您，帮助我们获得南京日本军事当局的批准，以便我们开展人道主义工作。"正式提请日本方面注意，并附上国际红十字会南京委员会所有成员名单。从现有资料来看，日本方面未给予任何回应，这为国际红十字会南京委员会开展救护工作埋下隐患。

尽管如此，成立国际红十字会南京委员会，在当时不仅是非常急迫而且是十分必要的。当然也会有人产生这样的疑问，那就是既然已经组建了南京安全区国际委员会，为什么还要成立国际红十字会南京委员会，更何况二者在人员构成上存在高度重合。这就有必要解释清楚两个组织的性质和功能定位，南京安全区国际委员会为保护平民而设，它无法解决伤兵的问题，为了保护自身安全，它不能允许伤兵进入安全区，除非他们脱下军装、扔掉武器，成为需要受保护的平民；而国际红十字会南京委员会最重要的使命就是救护伤兵。所以，南京安全区国际委员会和国际红十字会南京委员会的功能不同，二者没有隶属关系，但在很多时候相互合作。这与中国红十字会上海国际委员会与南市难民区存在名义上的隶属关系的“上海模式”有所不同，创造了一种战时救护伤兵和保护平民的“南京模式”。

六、开展伤兵救护工作

国际红十字会南京委员会成立于南京危亡之时，开展伤兵救护工作刻不容缓。12 月 13 日，国际红十字会南京委员会成立之后，委员们便立即行动起来，分赴各处察看伤兵救护情况，特别是设立在原国民政府外交部、军政部和铁道部的 3 处临时军医院。约翰·马吉首先去了原外交部大楼，他在那儿看到有许多中国伤兵横七竖八地躺在进出口的道路上，大门口停放了一辆手推车，里面躺着一名还没有断气的伤兵，看上去情况不容乐观。院内到处是被丢弃的武器装备，可谓一片狼藉，但没有看到有医生和护士为这些伤兵服务。随后，约翰·马吉和福斯特乘车前往位于三牌楼的原军政部。他们在那儿看到更多的中国伤兵和一二十名军队医护人员，遗憾的是没有一名医护人员忙于工作，而是都在准备撤离。约翰·马吉赶紧安抚这些医护人员，明确表示只要他们愿意留下来救治伤兵，国际红十字会可以把他们都接收过来。可当他们察看别处后再回到原军政部时，这些医护人员早已没了踪影，只剩下无人照管的中国伤兵。为了救护这些中国伤兵，约翰·马吉他们迅速找来一面红十字旗帜，将它悬挂在原军政部上空，并极力召回和组织医护人员，很多人看到飘扬着的红十字旗帜后选择回来服务，到了晚上，已经有一百多名医护人员有组织地开展救护伤兵工作，各处伤兵医院秩序稍有恢复。

日军搜捕中国士兵

在前往各处察看的路上，委员们遇到一个背着枪骑自行车的日本士兵，这个日本士兵告诉他们在新街口附近汉中路能找到一个日本军官。当他们找到这个日本军官，并拿出地图指出安全区时，得到的回复是："只要医院不藏匿士兵，医院将受到尊重，放下武器的士兵也不会受到伤害。"听到这个消息，约翰·马吉他们立刻行动起来，到处寻找中国士兵，试图让中国士兵放下手中武器。他们沿途在上海路等处劝说 3 个分队的约 600 名中国士兵放下手中武器，并将他们安置在原外交部和最高法院，其中有些士兵不愿意放下武器，但当看到不远处日本人逼近时，最终还是选择放下武器，听从安排。他们还在原铁道部碰到另外一支约 400 人的中国部队，同样按照要求劝说他们放下手中武器，但有一名骑在马上的中国军官不同意，拿着一支卡宾枪四处扫射，当即被缴了枪。还有一些无法渡江撤退的中国士兵，来到南京安全区国际委员会总部门口，想要进入安全区内，也都放下了手中的武器。当约翰·马吉回到总部时，看到其中有很多伤兵，便送了两车到原外交部伤兵医院医治。

可这些脱下军装、放下武器的中国士兵的安全仍然难以保证。12 月 14 日，日本人从原司法部大楼里，捆绑着强行拖走了四五百名放下武器的中国士兵，随后传出机枪扫射的声音，显然这些中国士兵都被枪杀了。12 月 15 日，一队日本兵进入安全区，带走一部分已经解除武装的中国士兵。12 月 16 日，日军在安全区内搜捕中国士兵，有数百名无武装的中国士兵被拖出安全区枪杀了。还有很多中国士兵被捆绑到下关江边、汉中门外、玄武湖畔、清凉山、古林寺等处，集体被屠杀。日本人的残暴行径，让委员们感到震惊，虽然他们极力向日本当局抗议，想要救下这些中国士兵，但无能为力。

与此同时，由于日军对伤兵医院进行无理阻挠和严

解除武装的中国士兵被日军集体屠杀

格管控，伤兵救护工作顿时陷入困境。12 月 14 日，约翰·马吉运送中国伤兵到原外交部伤兵医院，正扶着一名伤兵下车时，有一队日本兵前来，粗暴地将这名伤兵从他身边拖走，并捆起手来。幸运的是，约翰·马吉发现当中有一名日本军医刚来过，便指着伤兵们的血衣给他看，还用不流利的德语解释说这里是伤兵医院，这才给伤兵松了绑。约翰·马吉随后又找到一个会说英语的日军上校，跟着他去找日军最高指挥官，想要获得照顾伤兵的许可，最后失望而归。当约翰·马吉运送完第二批伤兵回到总部时，在门口遇到一个怒气冲冲的日本军官，指着他说美国人很坏，不能让他这个美国人到处跑，要扣留他们的救护车，最后好不容易才将救护车要了回来。约翰·马吉对此十分气愤，他说：“在这以前我从未见过这种人！他说话声音听起来像狗吠。如果我是可燃品的话，他的那副模样要把我烧掉。”然而在运送完第三批中国伤兵之后，约翰·马吉不再被允许进入原外交部伤兵医院，里面的中国医护人员也不准离开。

到了 1938 年 1 月 15 日，约翰·马吉未见形势好转，直接向日本驻南京大使馆提出严正抗议。他说：“在日本军队进入南京之前，南京红十字会负责管理外交部中国伤兵医院。尽管我们于 12 月 15 日正式向日本司令官请求准许我们继续进行我们的人道主义工作，但从 1937 年 12 月 14 日以来，我们的代表没有哪个获准进入这家医院。在此期间，我们还是从不间断地向医院送去食品。我们再次请求你们准许我们进入这所医院，以便我们能够查明至今仍由我们负责的食品供应情况是否令人满意。由于已有一个月不了解实际情况，我们恳切希望贵使馆能尽快答复。”没有得到回应。同时他还想向中国红十字会上海国际委员会寻求帮助，可惜电报因故未能发出。1 月 22 日，约翰·马吉利用访问日本后勤军医总监平井大夫的机会，请求他准许自己访问国际红十字会伤兵医院，平井大夫答应向总参谋部提出申请，但没有取得实质性进展。因此，拉贝在日记中悲观地表示：“医院方面的情况仍然没有丝毫好转……我们所能弄进去的只有大米，而护理人员、医生和医疗物资一律不准进入。根据接收医院时查明的情况来看，里面的死亡率相当高，只有轻伤员才有希望活下去，当然还得有一个前提，就是他们没有紧接着就被日本人枪毙掉。”

原国民政府外交部办公大楼

正如拉贝所说，几处伤兵医院里的中国伤兵和医护人员的生命安全，时刻受到日本人的威胁。有一位服务在原外交部伤兵医院的中国女护士传递出消息说，那里的中国伤兵每天只能吃到三小碗稀饭，有个中国伤兵抱怨吃不饱，遭到日本人的毒打，随后又被带到院子里，被刺刀活活刺死了。1938 年 1 月 23 日凌晨，一名日本士兵手执刺刀闯进该处三楼，杀害了一名勤杂工，然后胁迫另一名勤杂工前往四楼，打开一间卧室门，企图对住在里面的 5 名中国女护士实施不轨行为。另据中国医护人员 1 月 25 日报告，原军政部伤兵医院里的情况也很糟糕，那里住了约 200 名伤兵，原来每天有 3 名中国女护士在日本士兵带领下，从原外交部伤兵医院来此处服务，但已经中断1个星期了，现在只有1名中国医生照料伤兵，女护士只有在换绷带时才能来一下。

1月27日，约翰·马吉向中国红十字会上海国际委员会发去电报，说明此间原委："12月14日，日本当局禁止委员会进入外交部及军政部医院，此处挤满了中国伤兵，然而此前委员会已接管了这两所医院。我们想心平气和地达成一个协议，然而一切尝试均以失败告终。我们有证据表明，挤满了500名伤员的上述两所医院的情况不能令人满意（重复一遍：不能）。"可也无济于事。

七、援助人道主义物资

国际红十字会南京委员会开展伤兵救护工作的同时，与中国红十字会南京分会、金陵大学鼓楼医院、南京安全区国际委员会等人道主义机构合作，为救治伤兵和救助平民提供经费支持。

在伤兵救护方面，国际红十字会南京委员会与金陵大学鼓楼医院精诚合作。这一合作始于约翰·马吉负责的下关救援，当时他就用从国际红十字会南京委员会借来的救护车，将滞留在下关的中国伤兵和受伤平民送往金陵大学鼓楼医院免费救治，他在南京大屠杀期间也是将该医院作为首选，凡是救下的伤员都送往医治。这家医院在当时被称作金陵大学医院，在南京大屠杀期间是为数不多的甚至可以说是唯一的没有关门且仍在收治病人的医院。服务在这里的有 5 个美国人，其中外科医生威尔逊、内科医生特里默和总务主任麦卡伦是国际红十字会南京委员会的委员。该医院条件较好，有一些财源和库存物品可以维持一段时间，即便在病患满员的情况下，仍可以启用另一栋房子收治约百名伤员，没有让这些伤员缺过一顿饭，在停水停电的情况下也能依靠自身提供紧急发电和供给。

约翰·马吉与金陵大学鼓楼医院收治的伤员合影

但如此消耗下去，终究会出现供给危机。根据特里默的估算，从 1937 年 11 月底开始，该医院在依靠储备维持的基础上，每月结算要透支五六千元。又根据该医院 1938 年 2 月初的财务报告，当时每月全部支出约为 1. 4791 万元，扣除相比以往大幅减少的收入，每月还须筹集到 1. 0748 万元。据此可知，在南京沦陷以后，金陵大学鼓楼医院为了维持运营，承受了极大的经济压力，原先的储备连一半的亏空都弥补不了。再加上日军严格封锁，物资消耗和资金短缺问题日益突出。伤员几乎没有人付得起医药费用，因为留在南京的大多数是贫困的人，仅有的微薄财产也被日本人抢走了，即便一些人拿得出病房费，但也远远不够支付成本的。

好在国际红十字会南京委员会及时施以援手，为其提供经费支持。1937 年 12 月，国际红十字会南京委员会首次拨付给金陵大学鼓楼医院 9000 元，1938 年 1 月又提供 5000 元用于免费治疗病人，还将下关救援时获得的许多没用完的医疗用品，都带进城送给金陵大学鼓楼医院。

可以说，没有国际红十字会南京委员会的支援，金陵大学鼓楼医院是不可能继续维持下去的。1938 年 2 月 14 日，《南京安全区国际委员会关于形势的内部报告》中明确指出："这里的国际红十字会特别关心中国的伤兵，对大学医院免费治疗的病员，它按照战争前的标准为他们支付治疗费、伙食费以及三等病房的住院费。医院失去了正常的诊治收入，而原先的储备连一半的亏空都弥补不了，因此若没有红十字会在这方面的支持，医院是不可能维持下去的。" 2 月 19 日，特里默代表金陵大学鼓楼医院写信致以谢意："我们指望依靠贵方的合作和帮助，以克服我们的透支情况。对贵方的帮助预致谢意。没有贵方的帮助我们是无法支持到今天的。" 1938 年 5 月，史迈士向中国红十字会上海国际委员会总干事贝克报告医院财务危机状况时，多次提到国际红十字会南京委员会的经费支持："医院的经费问题十分突出。

眼下只有3%的病人有能力支付一、二类医疗费用。只有30%的病人有能力支付第三类医疗费用……几家诊所也同样亏损严重。近几个月，花在免费就诊病人身上的第三类医疗费用平均每月达5000美元，其中大部分由红十字会从一份基金中拨付。不过，该项基金即将告罄。红十字会对该院第三类医疗费用的支付也随之将越来越少。另一个重要问题是手术费用。因为现金收入很少(每月约4000美元，只占平时的一小部分)，如果所有手术都做，医院每月要亏损5000多美元。有时甚至连红十字会的特别收入也要拿来补贴手术费。医院所需经费，除了各种传教士团体提供的经常性费用外，每月必须要有5000美元用于给穷人看病，另外还必须有4000到5000美元用于职工开支及手术费。外界资助必须达到这个数才能保障医院工作的开展。”

金陵女子文理学院收容中国妇孺

在平民救助方面，国际红十字会南京委员会为中国红十字会南京分会、金陵女子文理学院难民收容所提供支持。1937 年 12 月 8 日，在明妮·魏特琳的领导和组织下，金陵女子文理学院正式开门收留难民，第一天就有 300 名中国妇女和儿童进入避难。12 月 13 日，日军入城后开始烧杀淫掠，受到惊吓的妇女成群结队涌入，直到到处都挤满了人，甚至有很多人只能睡在露天的操场上，在高峰期约有 1 万人。照料这么多人的生活起居，是一个巨大的挑战。为了解决金陵女子文理学院所收容妇孺的吃饭问题，中国红十字会南京分会决定在它的北面开办一个施粥厂，施粥厂在 12 月 13 日早上正式开张。当天，魏特琳等工作人员，按照进入收容所的先后顺序，依次向各幢宿舍楼分发早餐。后来在国际红十字会南京委员会的支持下，雇用了 22 个厨师和许多伙夫，可以每天上午 8 时至 10 时和下午 3 时至 5 时，分别在校园大草坪上施粥一次。由于靠施粥果腹的人越来越多，秩序难以维持，于是从 1938 年 1 月 7 日起，将施粥地点移至校外的伙房里，开始采取新的方法为校园里的难民供应稀饭。除此之外，国际红十字会南京委员会还与南京安全区国际委员会、红卍字会合作开设粥厂，继续向安全区内 5 万名难民免费供应定量米粥，同时也在各难民收容所免费分发大米。

总之，国际红十字会南京委员会临危受命，在未获

明妮·魏特琳与粥厂部分工作人员合影

得中国红十字会总会、中国红十字会上海国际委员会授权和日本军事当局正式认可的情况下，就开始实施伤员救护，为滞留在南京的平民和在南京保卫战中受伤的中国士兵提供紧急救护，做了卓有成效的工作，同时拨付一部分经费，为其他机构提供人道主义支持，得到各方一致肯定。但是，囿于当时战争环境和日军管控，国际红十字会南京委员会所能做的十分有限，正如约翰·马吉所说的："除了使用我们手中的钱，我们实际上没有做多少事。但我认为在提供伤员保护方面，我们的组织一直很有用。"

八、写给妻子的“信”

留守在南京的外国人，在日军攻占南京及制造大屠杀期间，以各种形式记录下他们的所见所闻，其中较为常见的是日记，比如《拉贝日记》《魏特琳日记》，还有约翰·马吉使用的一种新的形式，即日记体书信。1937年12月12日至1938年2月5日，他以日记的形式写下了在南京的见闻，然后以书信的形式寄送给不在南京的妻子费斯·E. 巴恪思。

书信的开始，既不是对妻子的问候，也不是分隔两地后的报平安，而是从“可怕”二字说起。约翰·马吉写下的第一句话，便是：“过去几天对这个城市可怜的居民来说真是可怕。”因为他开始写信的时候，日军已经攻破水西门，中国军队正沿着中山路向下关撤退，还有一些部队在继续抵抗，所以城里响着密集的枪炮声。有一发炮弹从他们住处隔壁的房顶上飞过，落在街道对面，让住在附近的人以及来自圣保罗教堂的基督徒们都吓坏了。

约翰·马吉虽然是从12月12日开始写信的，但记叙的事情是从12月8日开始的，他讲述了国际红十字会南京委员会成立之前几天的事情。那时他正忙着往返于下关和城内，除了运送受伤士兵和平民，也将一些家当物件带进城内。12日早上，他在新的住所主持礼拜仪式时，接到南京安全区国际委员会打来的电话，要求其立刻去总部参加会议。然后下午他又去金陵大学鼓楼医院帮忙，由于中国守军在药房附近构筑工事，委员会担心药房会因此遭到日军炮击或轰炸，导致整个医院的药品被毁，于是赶紧将这些药品搬走。晚间返回住处舒尔兹·潘亭宅邸用餐后，又跑到马路对面汉森寓所写信。

第二封信是在12月15日写的，与前一封信隔了两天。可见约翰·马吉虽然选择以日记的形式写信，但无法每天都能写。在上一封信的开篇，他就写了原因："要是我每天都能以日记的形式把每天所见所闻写一点下来就好了，但因为我要做的事情太多，很难将每天的事记下来。"

他写的第三封信是在12月19日，与写第二封信相隔几天。这或许是他写信的常态，在那些没有时间写信的日子里，他正忙于到处救护中国伤兵和平民。

当然，约翰·马吉记述最多的是日军在南京犯下的暴行。在 12 月 19 日书信的开头，他就这样写道：“过去一个星期的恐怖是我从未经历过的。我做梦也没有想到过日本兵是如此的野蛮。这是屠杀、强奸的一周。我想人类历史上已有很长时间没有发生过如此残暴的事了，只有当年土耳其人对亚美尼亚人的大屠杀堪与比拟。日本兵不仅屠杀他们能找到的所有俘虏，而且大量杀害了不同年龄的平民百姓。就像在野外猎杀兔子一样，许多百姓在街上被日本兵随意杀掉。从城南到下关，整个城市到处都是尸体。”

日本兵正在杀害中国平民

仅在这封书信当中，约翰·马吉就提到几起日本人枪杀平民的案例，这些或是他亲眼所见，或是他身边人的遭遇，或是发生在他的住所附近。比如12月14日晚上，他在街上遇到两批被捆着的中国人，四人一排被日本兵赶着走，有五六千人。12月17日，有一个可怜的中国人在街上遇到两个日本兵，因为害怕掉头就跑，结果被日本兵打死了。现场就在他们能看到的竹篱笆的一个拐角，他的同伴白俄罗斯人克拉·波德希沃洛夫事后前去后告诉他，日本兵在这个中国人的头上开了两枪，那两个日本兵抽着烟谈笑风生，就像杀死了一只老鼠一样。他还提到道胜小学一个厨师的儿子在池塘边淘米时被日本人抓走，同其他100多人一道被捆着双手押往四所村，但是快到四所村的时候他们被一个个枪毙了。幸运的是，这个厨师的儿子当时和鼓楼附近一家商店的店员走在最后面，用牙齿解开了捆绑的绳子，然后逃到一条阴沟（或涵洞）里躲了一个半白天加两夜，才得以生还。他在下关还看到三堆被火烧过的黑乎乎的残骸，据此他推测日本人四处放火是要把屠杀后的遗骸烧掉。这样随意枪杀中国平民的事件发生在南京的各个角落里，一时间难以统计人数。约翰·马吉如是说："没有办法算出多少人被杀，但我估计，包括街上被杀的人，共有2万多人。或许更多，也许少一些。"

根据约翰·马吉的记述，日军攻陷南京的第一个星

秦淮河边惨遭日军屠杀的中国平民

期就到处抢掠，连外国人的财产也不能幸免。德国驻南京大使馆的小汽车被抢走了，美国驻南京大使馆几次遭到日本兵破门而入，约翰·马吉他们所使用的汽车也被抢走了两辆。12 月 18 日，一队日本兵和两个日本浪人来到约翰·马吉居住的汉森寓所，企图将他们剩下的一辆汽车也抢走。约翰·马吉当即出面阻止，他指着日本总领事贴的标志和美国大使馆的标牌给日本人看，并尝试着关上一扇大门，没想到被一个日本兵推开。这个日本兵直接走向车库，却发现那辆汽车坏了，只能作罢。约翰·马吉在这一段的最后写道：“日本兵不断地抢人们已经贫乏的食物，然后是铺盖，抢他们所能拿走的一切物品。人们不能离开汽车，哪怕是一分钟，要不然就被抢走了。”

日本兵到处抢掠财物

约翰·马吉认为最可怕的是日本兵强奸妇女，他直斥日本人以最无耻的方式干这些勾当。他提到很多例子，包括发生在金陵大学鼓楼医院和金陵女子文理学院里的。12 月 18 日夜里，一个日本兵闯进鼓楼医院宿舍，企图强奸住在里面的 3 名女护士，幸好威尔逊及时赶到，把日本兵赶走。当天夜里，金陵女子文理学院也遭到日本兵骚扰，有 12 名妇女被抓走。这样的事情在全城发生，数不胜数。当约翰·马吉将这些事情告诉日本总领事和《朝日新闻》记者时，他得到的回复都是说："这是不可避免的。"这让他感到无奈又气愤，他毫不客气地说："日本人经常轻蔑地谈论中国军队是多么的无组织纪律，但日本人自己比我在这里所见到的最坏的土匪还要坏。"

所以，与其说约翰·马吉写信给妻子分享自己的经历和故事，不如说他是在记录日本人犯下的滔天罪行。

日军在南京的烧杀淫掠暴行，让约翰·马吉感到震惊，他多么希望只是做了一场噩梦，但现实是残酷的。他在信里对妻子说：“当然我们所见所闻只是发生在这个城市里的暴行的一个零头，但我想这足以使你了解在这个城市的人们所经历的地狱般的遭遇。这简直是场噩梦，但我在夜间或是早上醒来时却恐怖地发现这并不是一场梦。”

这些书信里记录下的血腥和罪恶，至今读起来仍然让人难以释怀，不知约翰·马吉的妻子读过后是什么样的感受。直到80多年后，当人们谈起这些书信时，他们的孙子克里斯·马吉说：“事实上这些信的内容大部分读起来很难受，因为实在恐怖。我可以想象祖母在读这些信时，内心一定充满担忧。”

九、收容保护中国妇女

日军攻陷南京以后，烧杀淫掠，无恶不作，给中国人民带来深重灾难。面对日本人的残酷暴行，包括约翰·马吉在内的在南京的外国人，竭尽所能去实施救助，尤其是收容保护中国妇女。正如约翰·马吉所说的："和通常一样，我和其他外国人为各种事情忙碌着，大多数情况是忙于保护妇女免遭日本兵的侮辱。"这样的事情几乎每天都在上演。

约翰·马吉看守的南洋路17号

12 月 17 日晚上，约翰·马吉和福斯特在住所附近散步时，遇到一位妇女被一个日本兵追赶着，她哭着跑过来求救。她原本有一个幸福的三口之家，家里有 28 岁的丈夫和 3 个月大的婴儿，但在这一天下午 6 时来了 4 个日本兵，把她从家里抓走，塞进汽车里，开了三四英里路之后就轮奸了她，然后开车到离约翰·马吉他们不远的地方扔下她。当时天很黑，她不知道该怎么回家，恰好遇到约翰·马吉他们，要不然在街上游荡，可能还会被其他日本兵抓去凌辱。约翰·马吉把她带进住所，安排在二楼，同其他妇女住在一起，第二天早上又把她带到金陵大学鼓楼医院，接受一些治疗。就在这同一天，约翰·马吉还听说有一些姑娘躲在贵格会教堂后面，他立即开着救护车赶过去，但还是晚了一步，有 3 位姑娘已经被日本兵抓走了，剩下的 18 个人被吓坏了，连话都说不出来，约翰·马吉把她们塞进车里，送到金陵大学鼓楼医院。

约翰·马吉的住所收留了很多中国妇女，连饭厅里都住满了人。有一天，隔街一个小寺院的和尚跑过来找约翰·马吉求助，他说有 2 个日本兵闯进寺院带走 2 名尼姑，他恳求约翰·马吉收留几个尼姑，好让她们能躲躲，约翰·马吉毫不犹豫就答应了。他还接来一些年轻的女基督徒，她们原来的住处有一些妇女被强奸了。所以，他的住所变得十分拥挤，仅楼下一间房间连着封闭凉台，就住了50多个人。

为了保护这些妇女，约翰·马吉和同伴福斯特等人轮流留守，即便是基督降临节，他们都没有参加礼拜。后来，约翰·马吉在书信中写道："由于日本兵不断地来，我和福斯特不敢同时离开，在晚上我们俩都睡在这里，我睡在汉森家，他睡在斯坦恩的家，离从圣保罗教堂来的教徒们，浦镇来的蒋一家以及我们收留的其他一些人住的地方很近。"元旦节那天，友人邀请约翰·马吉和福斯特一起去家里做客，约翰·马吉没有接受邀请，他解释说："因为我们俩都去的话，就没有人守卫这三座房子了。"

的确是这样，约翰·马吉他们根本就不能离开住所，哪怕一会儿也不行。12月20日，约翰·马吉在另一所房子里值守，等他回到住所时，发现有日本兵闯进房子里，在他回来之前已经强奸了1名女基督徒和1名普通妇女，他立刻把日本兵赶出去，然后送2名妇女去金陵大学鼓楼医院治疗。当天下午又来了几名附近的妇女，求约翰·马吉收留，他直接领着她们去了金陵大学，因为他觉得那儿有宪兵把守，相对安全。还有元旦那天，约翰·马吉没有接受友人的邀约，福斯特想让他去，后来费奇也劝他去并且表示要用车接送他，于是他和福斯特都去了，吃了顿可口的饭菜。谁知饭局快要结束的时候，他们的同事匆匆跑来，说有两个日本兵正在住所调

70 岁老妇遭到日本兵凌辱

戏姑娘。他们马上坐费奇的车赶回去，大约有 20 分钟的路程，但还是迟了一步，他们没有抓住日本兵，只是看到了日本兵离去的身影。有两名姑娘被强奸了，有一名姑娘逃脱了。约翰·马吉说，那个姑娘很聪明，她把一个日本兵骗到楼上，然后自己跑到阳台，顺着花园里男人们为她竖起的一根竹竿半摔半滑了下来。他们收留的一位孤儿院的陈太太，为了救下一个姑娘，跪在一个日本兵面前求情，被日本兵用刺刀敲打了头。约翰·马吉将那两位被强奸的姑娘送到医院治疗。

尽管如此，约翰·马吉还在尽力收留无处可去的妇女。1938 年 1 月 4 日，有一位妇女在前一天晚上 8 时被日本兵强奸了，她逃到约翰·马吉的住所，跪在大门口，请求收留她，他照做了。1 月 5 日，约翰·马吉见到一位住在城南一所庵里的尼姑，她的臀部被日本人的枪打伤了，一位好心的裁缝把她送进医院里。据说当时日本兵在庵的周围杀死了 25 个人，庵里 65 岁的住持和一名 10 岁的小尼姑也被枪杀了，还有一位 70 多岁的尼姑被堆在她身上的尸体活活压死。约翰·马吉见到的这位尼姑还有个 12 岁的徒弟，背上挨了日本兵一刀，她们躲进一个洞里，同很多尸体躺在一起，不吃不喝熬过了 5 天，最后还是被日本兵发现。后来她被人送到部队急救站进行了包扎，几天后才被送到金陵大学鼓楼医院救治，威尔逊医生说她能恢复过来，但有条腿会落下残疾。约翰·马吉他们从这个尼姑的口中得知还有个背上挨了刀的小尼姑没人照顾，赶紧开着救护车把她接来，还好她的伤势不是很重，但必须休养好几个星期，于是约翰·马吉把她带到住所照顾。

除此之外，约翰·马吉当然想救下更多的妇女，但有时候并不能如愿。2 月 1 日中午，福斯特进门告诉他，有一对姐妹走在宁海路，因为某种原因误入位于山西路的日军驻地，那儿有很多喝醉酒的日本兵，于是姐妹俩被抓走了。由于事发地离南京安全区国际委员会总部只隔了几道门，所以史迈士和克拉最先赶了过去，但没有找到姐妹俩，不知道她们被抓到哪里去了。约翰·马吉他们从日本驻南京大使馆叫来一些人，到他们认为可能的房间去找，结果也没有找到。可想而知，这对姐妹必然经历了悲惨的遭遇。

虽然遗憾，但这样的事情实在太多了。约翰·马吉在日记中也说：“我不知道我已将多少名这样的姑娘送往医院治疗，但更多的遭受日军强暴的妇女根本没有被送到医院。”对于那些被约翰·马吉他们救下的妇女来说，她们当然是幸运的，可惜她们只是遭遇日本兵暴行的一小部分人，大多数人就如约翰·马吉所说的，她们惶惶不可终日，惊恐万分。

十、奋力制止日军施暴

面对日本兵制造的屠杀和强奸，约翰·马吉和其他留守在南京的外国人一起，冒着生命危险，竭尽全力去阻止。1937 年 12 月 18 日下午，约翰·马吉和另一名南京安全区国际委员会委员德国人施佩林，去一些日本兵强奸过的妇女的房子里查看。当他们走进一间房子，看到地上坐着位妇女在哭泣，边上人告诉他们她被强奸了，而且楼上还有一个日本兵正在施暴。约翰·马吉在边上人的指引下，走到三楼的一个房间门口，愤怒地敲门，然后听到里面有一些动静，于是他用英语和德语大声地喊开门。随后，施佩林也过来，边喊着开门，边敲着门。最终那个日本兵走出了房间，约翰·马吉用中文对他骂道："畜生！"

12 月 20 日，对于约翰·马吉来说是异常忙碌的一天，仅在这一天时间里，他就制止了几起日军暴行。当天早上，有一个来自四所村的中国人叫张文明，跑到约

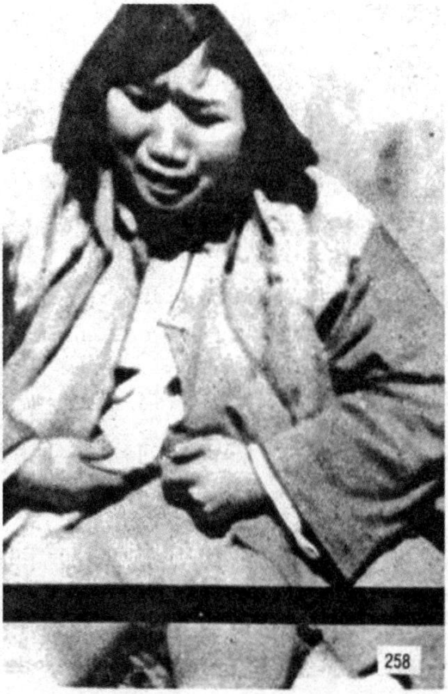

惨遭日本兵轮奸并被迫袒裸的中国妇女

翰·马吉的住所找他，告诉他有一个日本兵正在追自己的小姨子。约翰·马吉跑到那所房子里，见到那个日本兵，还有几个姑娘，于是指着门叫那个日本兵离开。下午，约翰·马吉领着一批人去了金陵大学，站在那儿谈话的间隙，隔壁屋子出来一些人请求他去看看，说有一名 12 岁的小女孩被日本兵强奸了。约翰·马吉到那儿时，小女孩已经被家人送去医院了，但他恰好碰到 3 个日本兵，便阻止这些日本兵进去，防止他们对其他的妇女或姑娘施暴。为了安全起见，约翰·马吉只好从这间屋子里将一些较年轻的妇女和姑娘带回住处，他的住处已经没有空间了，只能在楼下大厅里安置她们。正当这些妇女和姑娘收拾铺盖和行李的时候，又有人从巷子南面的房子里跑过来向约翰·马吉求救，告诉他日本兵正在那儿找妇女。约翰·马吉赶紧跑过去，在那间房子的二楼过道上，他看到了几个日本兵，他用不容置疑的语气把他们赶下楼去。然后又有人指着同一层楼的另一个房间，跟他说里面有个日本兵。约翰·马吉猛地把门撞开，看到那个日本兵正在实施奸淫暴行，他大骂着“畜生”走进去，那个日本兵见状很快离开房间。约翰·马吉不放心，跟在他的后面，一直到他走出小巷口。毫不夸张地说，约翰·马吉这一天的经历，只是当时南京城内的一个缩影。他在这一天书信的最后，也如是告诉他的妻子：“这就是今天我所做的事，如果你能理解，城里许多外国人每天都有同样的经历，并且要知道，还有许许多多没有外国人的地方发生着同样的事，你可以想象出这几天的恐怖。”

同样的经历还发生在 1938 年 1 月 2 日。这天下午 5 点左右，约翰·马吉离开住所汉森公寓，到附近另一所房子里去处理事情，然后准备前往舒尔兹·潘亭家吃晚饭。他和友人宋煦伯先生边走边谈时，有一名南京安全区内的中国警察跑过来告诉约翰·马吉有个人被日本兵

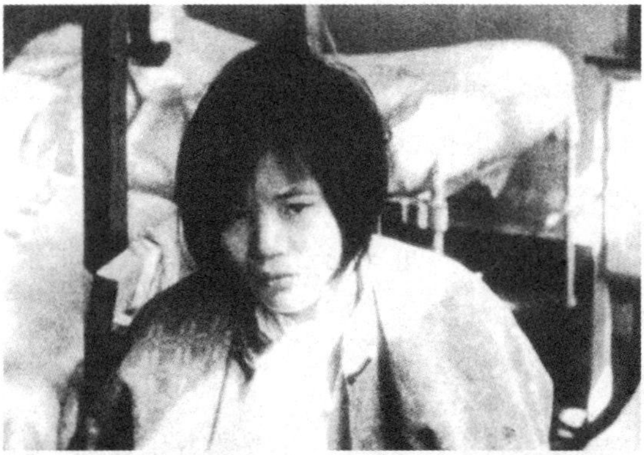

遭到日本兵强暴的中国妇女在鼓楼医院医治

杀死了。于是，他们跟着那个警察前去查看，到了不远处一个中国人的家里，看到一些人正在哭泣。他们大致了解了情况，这户人家有 5 个孩子，一共 7 口人，原本住在城南，开了一家小面店，后来迁到安全区里来避难，大约在当天下午 4 时 30 分，一个日本兵闯进这户人家，企图将女主人拖进房间里强奸，在她的丈夫的帮助下，她穿过房间从后门逃走了，那个日本兵没有得逞便离开了，谁知道 20 分钟后带着枪返回来，打死了她的丈夫，这就是《拉贝日记》里记录的刘培坤被杀案。之后约翰·马吉回到南京安全区国际委员会取车，正要上车，又有一名警察跑过来告诉他，日本兵又回来了。约翰·马吉赶紧跑回去，看到 3 个日本兵在那里，便上去将这些日本兵赶走了。和前面一样，他跟在日本兵后面，穿过小巷子，直到上了大街，确定日本兵离开了才折回。约翰·马吉很是气愤，他开车去了拉贝家，寻求拉贝帮忙以向日本领事馆抗议，但拉贝不在家，约翰·马吉只好在那里等，其间一个邻居跑过来，说那里有个日本兵用刺刀威胁他们，约翰·马吉就又跑过去，把那个日本兵赶走了。

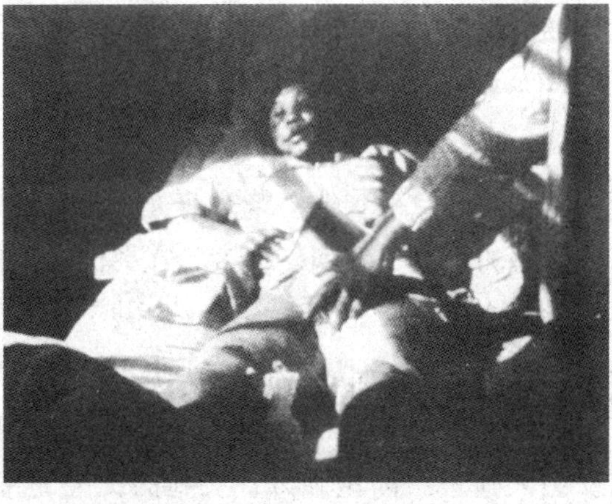

被送进医院救治的李秀英

也经常有日本兵闯进约翰·马吉他们的住所要姑娘，都被他赶走了。1 月 31 日，有喝醉酒的日本兵来到约翰·马吉他们的两处住所，先是被约翰·马吉赶走了，但是当约翰·马吉离开后这些醉酒的日本兵又回来了，他们进入其中一个住所，向门房要姑娘，好在约翰·马吉及时赶到，当即阻止了企图上楼到妇女住的房间的一个日本兵。之后他又赶跑两个日本兵，这两个日本兵从隔壁珞珈路21号进入，其中一个已经爬到三楼，约翰·马吉见状大声叫喊，并使劲敲门，这两个日本兵才悻悻离去。

日军在南京的暴行持续到2月初，强奸事件不减反增。2月1日午饭过后，约翰·马吉正忙着写信，一个小男孩跑来告诉他，有一些日本兵跑到他家要姑娘，他家离约翰·马吉的住所很近。于是约翰·马吉和福斯特一道跑过去，房子主人指引他们到一间卧室门口，他们敲门并大声喊开门，但里面没有反应，他们只好将门砸破，看到两个日本兵和一个15岁的姑娘待在床上。约翰·马吉在书信中说："他们不情愿地结束了他们罪恶的勾当，我们非常生气地喊着让他们滚开，他们俩都跳了起来，其中一个醉得厉害，正要缓慢走开，但另一个抓住手枪和皮带（醉汉没带武器），我正琢磨他会不会朝我们开枪，但他很快转身离去。"醉酒的日本兵摇摇晃晃地走出房间，他们不愿意从正门出去，于是约翰·马吉他们推了这两个日本兵一把，让其从隔板的洞里穿过去。福斯特用力推这两个日本兵的肩膀，约翰·马吉抓住他们的脚，摁着他们的脑袋，将他们从门洞里推出去。日本兵试图跟他们握手，但他们都没理睬。然后福斯特到前面找宪兵，约翰·马吉则跟在日本兵后面，途中日本兵想折返回去，被约翰·马吉一把推向前。他们将日本兵交给宪兵，约翰·马吉又在手上用中文写着什么，他想告诉宪兵这两个日本兵抓过妇女。隔了一天，姑娘的父亲告诉约翰·马吉他们，他的女儿已经被5个日本兵强奸了，在此之前，即1月14日遭到2个日本兵强暴，1月22日又遭到1个日本兵凌辱。同样醉酒的日本兵，约翰·马吉几天前在下关基督徒避难的房子里也撞见1个，当时这个日本兵正朝着楼上妇女的卧室走去，他当即上前阻止。

没完没了的强奸事件让约翰·马吉感到非常气愤。他在书信中这样抱怨道："由于众多原因，我们再次为大量的强奸案例而抱怨——不是抱怨令人奇怪，而是案例增加的数字让人奇怪。也许来到这里的坏士兵比以往多，虽然他们之中没有多少可供挑选。"

十一、记录报告日军暴行

日军制造南京大屠杀期间，对南京进行严密封锁，断绝了南京与外界的一切往来和消息，于是只有当时留守在南京的 20 多位外国人目睹了日本人的残酷暴行，他们通过文字的形式将这些暴行记录下来，然后将其中一些报告给南京安全区国际委员会，再由南京安全区国际委员会整理后转交给日本驻南京大使馆，并且提出严正抗议。作为其中一员，约翰·马吉在他的书信中，用了很多篇幅记录日本人的暴行。

其中有几处是关于下关的。12 月 19 日便有这样一则记录：在写信的前一天，约翰·马吉和新来的日本总领事田中一起到下关查看外国人的财产情况，顺便在这些财产上面贴上告示，标明是哪国人的财产。经历过战争的下关，遍地瓦砾，一片狼藉，约翰·马吉说所有熟悉的景物都消失了，连外国人的财产也未能幸免，仅有圣公会、美孚石油公司、瑞兴行和扬子江旅馆的建筑物得以保留下来，其他都被烧掉了。约翰·马吉一直担心他的房子，此时看到房子还在，没有被烧掉，很是高兴。但是，约翰·马吉的房子损毁很严重，前门被砸得粉碎，里面也一团糟，明显是被翻箱倒柜后的样子，其中三楼所有的箱子都被砸开了，地板和床上都有许多血迹，还有一支被丢弃的坏了枪管的枪，他猜测可能有一个或多个中国士兵曾在这里躲过，幸运的是值钱的东西都没有丢。在下关长江堤岸上，约翰·马吉看到三堆被烧焦的中国人，他说：“我想象过去的四五天许多处地方都是日本人放的火，目的就是要把他们屠杀后的尸体烧掉。”12 月 21 日，日本总领事田中派了一名警察，陪同约翰·马吉去下关，他想去发电厂附近找人。当他们开车快到通往下关火车站的热河路时，日本警察不愿意往前开了，约翰·马吉说了半天，日本警察才同意继续往前开，但是开到扬子别墅附近时，日本警察又不愿意往前开，并且恫吓约翰·马吉，如果再往前进，日本兵会刺死他的。然后他们开到经过传染病医院的路，过了几根电线杆之后，看到一具尸骸。日本警察停下车，告诉约翰·马吉必须掉头了。后来他们开到热河路，看到更多中国人的尸骸，日本警察再次停车，不再往前开了，并且明确告诉他下关没有他想找的人。对于日本警察的异常举动，约翰·马吉心知肚明：“实际情况是他不想让我看到日本兵所干的坏事，但他不知道，几天前我已到过江边，看到了大批的尸体——有300～400具。”

日军焚烧被其杀害的中国人

12月17日，在约翰·马吉的住所附近，有500多人被日本兵抓走，包括11名来自四所村的基督徒，其中有2人是他的汽车司机的弟弟，还有一名16岁的男孩子叫陈昌，他是约翰·马吉的帮手陈汝林牧师的大儿子。约翰·马吉认为这些人生还的机会不大，但他一直想方设法去找陈昌。

12 月 20 日，一位姓董的牧师正带着查经小组读圣经，突然来了一个日本兵，捡起一个带有铜烟锅的长烟杆，朝董牧师的头上狠狠砸去。约翰·马吉赶到的时候，只见董牧师脸上和地上都是血，就赶紧把他送往医院。这位董牧师的儿子几天前被日本兵杀死了。

12 月 22 日，约翰·马吉看到日本兵到处抓人，就在他写信前 45 分钟，就看到六七十个人被抓走了，这一天他又多次听到各种枪声，他认为枪声意味着更多的屠杀。信中还提到，几天前几个日本官员和一名技术人员到南京安全区国际委员会总部找电工，委员会的先生们找来 54 名工人并安排他们住在和记洋行，后他们为电灯公司工作，但是其中 43 人很快被日本兵杀死了。

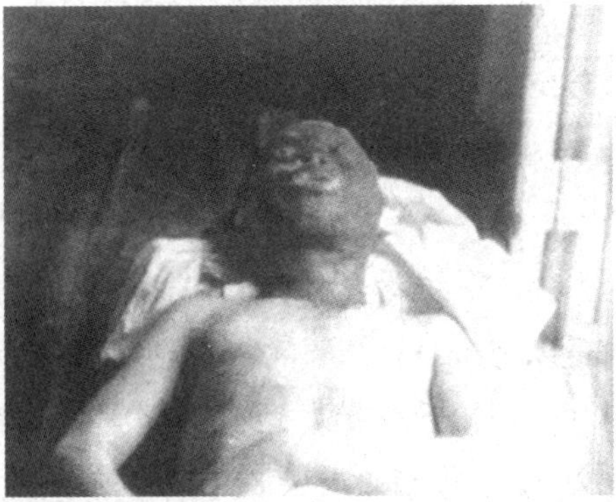

被严重烧伤的中国平民

在金陵大学鼓楼医院，约翰·马吉看到很多被日本兵伤害的中国伤员。12 月 20 日，约翰·马吉在医院看到两个被日本兵刺伤的男伤员在挂号，其中一个给他看脖子上的伤口。他还在门诊部看到一个正在接受包扎的妇女，她的脸上、前额和脖子上都有伤口，她告诉他这些伤口都是日本兵砍的。约翰·马吉猜测她是在反抗日本兵强暴的时候受伤的，但他没有问她受伤的经过和细节，怕她在几位男护士面前感到难堪。

12 月 22 日，对于约翰·马吉来说是灰色的一天，他在医院看到很多不幸，以至于他在这一天的信的开头写道："今天我在鼓楼医院看到了怎样的情景啊！"他先是看到一个 7 岁的男孩子，肚子上被日本兵刺了四五刀，没能抢救过来。然后看到一个 10 岁的小女孩，胳膊被日本兵狠狠刺了一刀，留下终身残疾。又看到一个正在被抢救的 19 岁姑娘，这个姑娘已有六个半月身孕，因反抗日本兵强暴，脸上被刺了 7 处刀伤，腿上被刺 8 处，肚子上有一处致命的深约 2 英寸的伤，直接导致她流产。还看到一位受雇于和记洋行的妇女，脖子被日本兵砍了一刀，伤得很重，被送到医院的时候还活着，威尔逊医生诊断她的一条腿和一只胳膊可能因此瘫痪，但她没能挺过来，最终死了。最后看到一位农民，其曾和很多人一道被抓走，遭到日本兵用机枪扫射，所幸活了下来，但医生说他活不了多久。

12 月 31 日，约翰·马吉提到，几天前在医院看到一个十三四岁的男孩，被日本兵从常州家里抓走干活，干了 3 个星期后，有一天埋怨两天没吃饭了，要求回家，被一个日本兵用铁棍子打了，还被刺刀刺穿了耳朵。还看到一位六七十岁的老妇人，日本兵朝她的肩上开了一枪，子弹穿过她的背进入脖子，很幸运，她活了下来。

1938 年 1 月 5 日，约翰·马吉说他在医院和一名中国警察交谈过，了解到有一个日本兵抓住一位妇女，想打妇女的主意，但又不想在街上引起注意，便逼迫这个中国警察同妇女一块走，好让人误以为他们是夫妻。这个中国警察趁着天黑逃走了，但不幸被另一个日本兵抓住，背上被刺了 22 刀，所幸他没有当场死掉，自己挣脱了捆着双手的绳子，在一间房子里躲了一夜，然后慢慢来到医院。

上述这些都是约翰·马吉亲眼所见的事例，还有一些是别人告诉他的。1937 年 12 月 19 日，约翰·马吉在信的末尾提到，金陵大学鼓楼医院护士海因兹小姐告诉他，有一个 8 岁的小男孩，腹部被日本兵刺了四五刀。1938 年 1 月 3 日早上，约翰·马吉同在德士古洋行仓库工作的两名中国人交谈，得知仓库附近有一家人的房子被日本兵放火烧了，十口人只好躲在地洞里，留父亲一人在外放哨，最后那个父亲被日本兵发现了。日本兵不仅杀了那个父亲，还用稻草点上火堵住洞口，所幸躲在

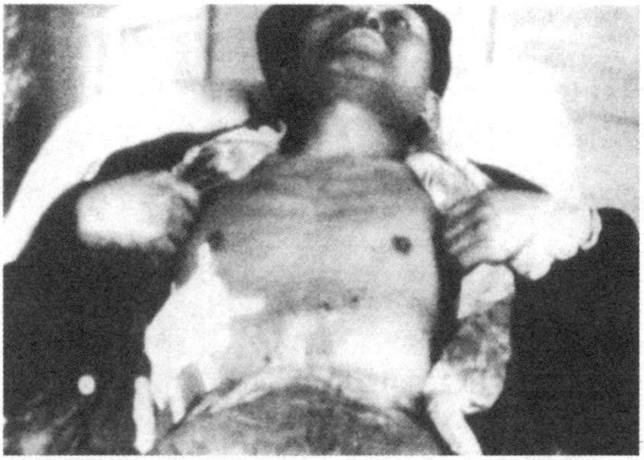

胸部被刺伤的中国男子

里面的母亲用被子把人裹起来，从火中逃了出来。他们还告诉约翰·马吉，那边有一个9岁或10岁的小姑娘被日本兵强奸了。在南京安全区国际委员会工作的董主教也告诉他，有一名12岁的少女被3个日本兵轮奸了。

当然，这些暴行只是约翰·马吉记录下来的很少一部分。他说："我不是把我所见所闻的可怕的事都记录下来，只是把听到的第一手资料或我确信是事实的某些材料记下来。"在书信中，他向他的妻子反复强调这一点："我仅仅是记录了我见闻中一小部分可怕的事。"实际上约翰·马吉耳闻目睹了太多暴行，以致后来他觉得自己都要变麻木了。1937年的最后一天，他在书信中这样写道："我想这类可怕的例子我已说得够多了，有成千上万。看得太多人都变麻木了，到后来也就不再感到震惊了。我真是难以想象，现代世界上竟存在着这样残忍的人。”尽管如此，约翰·马吉坚持记录下这些暴行，至于其中原因，他也做了解释：“重复这些事令人恶心，但我认为应该把它们记录下来，这样，这些不可磨灭的事实终有一天能公之于世。”

十二、参加集体请愿抗议

如前所述，日军攻陷南京以后，在城内外到处烧杀淫掠，制造的恐怖暴行，罄竹难书。南京安全区内未能幸免，同样出现大量屠杀、抢劫和强奸惨案。在起初见证和记录这些暴行的过程中，约翰·马吉受到极大的心理冲击，他直呼道："这种日子还要持续多久？我的上帝！"拉贝也说："前一段时间我们所经历的狂轰滥炸和连续的炮击同我们眼下所经历的可怕事情相比简直算不了什么。"

为了制止日军暴行，尽可能为中国平民提供保护，约翰·马吉他们这些在南京的外国人，不断和日本当局交涉。1937 年 12 月 14 日，他们准备面见日军指挥官，提出在南京安全区内派驻岗哨、允许中国警察携带手枪、准许卡车通行运送粮食、保留对目前难民所居住房屋的管理权、尽快恢复水电和电话通信等 5 项基本要求。但是，他们当天与日军 6 名军官沟通无果，被告知需要与即将抵达南京的侵华日军第六师团长谷寿夫联系。也就是在当天，几个日本兵想要抢走福斯特的自行车，刚好被他们撞见，之后他们便拦住一个日本巡逻队，提出严正抗议，表示这是美国人的地盘，应该让抢劫的日本兵离开这里，可是巡逻队的日本人只是笑笑，根本不理睬他们。第二天，一队日本兵闯进安全区，要带走一些已经放下武器的中国士兵，然后又将一千多名中国平民捆绑起来，准备拉出去枪毙，约翰·马吉他们赶紧去找日本驻南京大使馆参赞福田德康，得到的答复是希望渺茫。对此，拉贝说："我的心情悲痛极了，把人像动物一样强行拖走，这是很残酷的。"

约翰·马吉、米尔斯与中国警察合影

此后与日本当局的交涉，大多是通过福田德康进行的。12 月 16 日，约翰·马吉他们致函福田德康，明确表示“不结束目前这种人心惶惶的局面，就不可能进行任何正常的活动”，应该想方设法尽快恢复正常生活秩序。在信函的末尾再次强调了这一点：“日军最高指挥官于昨天抵达南京，我们原以为市内的秩序和安宁会由此而得到恢复，因此昨天我们没有提出任何指控。但是昨天夜里的情况比前天还要糟糕，因此我们决定向日本皇军指出，这种状况不能再持续下去。我们相信，日军最高指挥官是不会赞成日军士兵的暴行的。”随函还附上已经核实的 15 起日军在南京安全区内制造的暴行，其中发生在 12 月 14 日的有 6 起，其余都发生在 12 月 15 日。那一天，南京安全区卫生委员会的 6 名街道清扫工在住所被日本兵杀害，另一名清扫工被严重刺伤；一辆载着大米的卡车在金陵女子文理学院附近，被日本兵抢走；7 个日本兵闯进金陵大学图书馆大楼，拖走 7 名中国妇女，当场强奸其中 3 名；另有日本兵闯进汉口路一个居民家中，强奸了 1 位年轻妇女，强行拖走 3 名妇女，并打死了跟在后面追赶的其中 2 名妇女的丈夫，等等。

12 月 17 日，他们又致函日本驻南京大使馆二等秘书福井喜代志，重申此前的要求：“我们一方面对此表示抗议，另一方面请求贵方首先在军内恢复秩序，只有这样城市才能恢复正常的生活。”福井喜代志表示会立刻将信函转交给日本陆军最高指挥机构，但情况一天比一天糟糕，甚至有日本兵闯进外国人居住的屋子，实施抢劫和强奸。12 月 18 日，拉贝致函福井喜代志：“我们非常关心 20 万平民的疾苦和忧患，为此我们请求日本军事当局立即进行切实有力的干预，制止四处游荡的日军士兵在安全区的暴行。”又与史迈士一同前往日本驻南京大使馆，当场向日本总领事冈崎和田中抗议，表示决不能容忍再次发生这一类越轨行为，明确要求日本兵撤出安全区，但没有得到肯定答复。当天，约翰·马吉也找到田中，给了一份名单，名单上的人都是来自四所村的基督徒，这些人前一天在他的住所附近被日本兵抓走后下落不明。

随着时间的推移，抗议的声音越来越多。12 月 18 日，金陵大学救济委员会主席贝茨致函日本驻南京大使馆抗议。该封信函的开端就说：“由于贵军士兵持续不断地抢劫、暴力和强奸，整个城市笼罩在惊恐和悲惨的气氛中。1.7 万多人，其中很多是妇女和儿童，逃到我们的建筑物里来寻求保护。目前越来越多的人正在涌入安全区，因为外面的情况比我们这里还要糟糕。下面我列举在过去 24 小时中在我们的建筑物中发生的暴行，这些暴行还不算是最严重的。”12 月 19 日，金陵大学鼓楼医院威尔逊医生也致函日本驻南京大使馆，就日本兵闯入鼓楼医院制造暴行表示抗议，并且要求日本当局在医院入口设置岗哨，或者采取其他措施，防止此类暴行再次发生。同一天，史迈士再次向日本驻南京大使馆报告55起日本兵在安全区内的暴行，明确告知日方局势比之前更为恶化。其中由约翰·马吉报告的暴行有2起：12月16日，日本兵试图偷走救护车，被他及时制止；12月17日，在住所附近有1名中国平民被日本兵枪杀。12月20日，拉贝继续向日本驻南京大使馆报告了26起暴行，明确表示局势没有得到任何改善，希望日方进一步加强措施，增加警察数量，阻止日本士兵的暴行。

不仅暴行没有得到控制，外国人的生命安全也受到威胁。在金陵大学鼓楼医院，特里默和麦卡伦遭到日本兵枪击，幸好子弹打偏了。但是，拉贝说："朝我们开枪这个事实让人感到可怕，因此就不难理解那些在自己的大学给成千上万的妇女和姑娘提供庇护的美国人为何忍无可忍了。"12月21日上午，史迈士找到约翰·马吉，要他在一份请愿书上签名。当天下午2时，所有在南京的外国人，在金陵大学鼓楼医院门口集合，然后一起朝着日本驻南京大使馆进发，准备前去请愿抗议。他们见到日军最高指挥官松井石根，拉贝作为代表当场重申抗议主张，田中答应将和日本军事当局讨论制止纵火和破坏秩序的行为，但对于其他的要求不愿多做讨论。12月23日，拉贝向田中重新递交了请愿书，并转交2份来自城外栖霞山江南水泥厂难民营的请愿书。

然而所有的抗议都是徒劳的，日本人没有停止他们的暴行，可约翰·马吉他们并没有放弃，一直向日本驻南京大使馆进行抗议。刘培坤被杀案发生以后，约翰·马吉同拉贝一起去日本驻南京大使馆申诉，要求日本军事当局调查这起有预谋的残忍的谋杀事件，田中答应向日本军方进行通报，但结果不了了之。他们也很清楚这一点，拉贝说："除了给几个耳光，我们还没有听说过对士兵的其他惩罚。按照日本人的观点，这就是战争，士兵有权决定无辜的中国平民的生死，至于前中国军人，那就更不用说了，他们当然必须被处死。"尽管如此，只要日本兵的暴行不停止，他们的抗议之声就不会停息，正如拉贝所说的："对这种残酷的暴行是不能沉默的!"

十三、护送中国平民登记

约翰·马吉在写给妻子的书信中提到，日本人感到非常恼火，他们不希望看到有外国人留在南京，也经常阻挠和破坏这些外国人救助中国士兵和平民的行动，更不愿意明确承认南京安全区和国际红十字会南京委员会的合法地位。日本人进入南京以后，不仅想通过各国大使馆把外国人弄走，还威逼利诱无武装的中国士兵和平民走出安全区。1937 年 12 月 16 日，在外国人提出书面抗议日军暴行之后，日本总领事冈崎胜雄明确要求进入安全区避难的中国平民尽快离开，返回自己原来的住处，有经营店铺的要重新开业。但很显然，在日本兵到处纵火、杀人和强奸的情况下，没有人敢冒险离开安全区。正如明妮·魏特琳女士在日记中写的那样："安全区内的街上挤满了人，而在区外，除了日本兵，看不到其他人。"

当然，日本人没有善罢甘休，他们想方设法迫使中国平民离开安全区。12 月 22 日，日本方面以日本陆军南京警备司令官的名义发布公告：“从 12 月 24 日起，本司令官给所有的难民和平民颁发身份证，身份证仅用于允许在城内居住和工作的证明。在此要求所有平民前往日本陆军登记办公室，办理上述身份证。身份证必须由本人办理，不得由他人代领。老人、儿童和病人必须在家人的陪同下前往办证处。此规定必须遵守。在登记后如发现有人没有身份证，该人不得在城墙内市区居住。本规定十分重要，特此通告。”同一天，日本宪兵总部派出两人通知南京安全区国际委员会，安全区内所有难民都必须登记，放下武器的中国士兵必须集中安置在一个特殊营地。日本人希望南京安全区国际委员会能提供帮助，拉贝答应了。随后，日本人开始在安全区四处察看。12 月 23 日下午，3 个日本军官和一个高级军事顾问前往金陵女子文理学院，想要察看中国平民的住所。当时那里的管理人员反复表示，一旦城市恢复和平，就敦促中国难民回家，这些日本人认为城里情况好多了，难民很快就能回家。讽刺的是，日本人第二天就再次来到金陵女子文理学院，要从 1 万名中国平民中挑选出 100 名妇女带走。

日本人提出的难民登记这一举动，让留守在南京的外国人忧心忡忡。12 月 25 日，他们当中的一些人尤其是美国人紧靠着坐在一起，没有庆祝圣诞节的一丝喜悦，

南京安全区难民收容所中的中国平民

而是为难民登记感到忧虑。日本人已经要求安全区内所有平民都必须登记，而且登记工作要在10天之内完成，当时安全区内约有20万人，全部都顺利完成登记，可不是一件容易的事情。更何况新的麻烦事已然出现，日本人从中国平民中挑选出一大批身强力壮的，不是拉去做苦力，就是直接枪毙，还挑选出一大批年轻姑娘，为建一个大规模的妓院。对此，拉贝说："谈到这些残酷无情的做法，圣诞的快乐情绪是怎么也生长不起来的。"

就在大家提心吊胆之中，难民登记开始了。12月25日，日本人新组建的难民委员会来到拉贝的住所，对在那里避难的600多名中国平民进行调查登记，按照严格的顺序，妇女儿童被要求站在左边，男子则站在右边。现场虽然非常拥挤，但是进展顺利，没有人被拉出去枪毙，大家都很高兴。但是，他们旁边的金陵中学，有20

多名男子被日本人怀疑曾是中国士兵，惨遭枪毙。12 月 26 日，南京安全区国际委员会总部开始登记工作，由一个日本人菊池负责，没有出什么问题。同一天，金陵大学也开始了难民登记。两天后，金陵女子文理学院作为登记点开始登记，日本人对首批登记的中国男子进行训话，要求中国士兵主动站出来，并表示他们不会受到任何伤害，只是被送去干活，然后那些承认自己曾是士兵的中国人，按 4 个人一排，每人拿了一张登记表走到校园的东北角。12 月 29 日，金陵女子文理学院的难民登记工作仍在继续，由于人很多，上午 9 时以前就排了很长的队伍，一直排到大门外。日本人比前一天厉害得多，不仅叫当过兵的人自己站出来，还检查中国人的手，把可疑的人挑出来，结果被挑出来的人很多都没当过兵，他们的家人请求明妮·魏特琳女士说情，但面对蛮横的日本人，她也无能为力。

安全区的其他地方，登记情况也不容乐观。很多中国平民不知道何时到哪儿去登记，还有很多人虽被日本人带到登记办公室，但听说有 2 万人被“清理”出来，当中一部分人被送去替日本人做苦工，剩余的人都被无情杀害了。他们的家人哭着跪着向外国人求救，但成功的例子很少，因为日本人非常痛恨这些外国人的干预。所以，拉贝说：“对这种残酷野蛮的措施，我们只能默默地耸耸肩，非常遗憾，我们对此无能为力。”

南京安全区内的中国平民

难民登记中，令人毛骨悚然的事发生在12月28日。由于有人散布消息说这一天是难民登记的最后一天，故有数万人涌向登记办公室，安全区的街道上变得异常拥挤，以致寸步难行。日本人认为人群中有以前的中国士兵，要求他们主动站出来，并且声称只是将他们编进劳工队伍，于是有一些人站了出来，其中有一处约50人被立即带到一所空屋子里，日本人抢走他们所有值钱的东西，脱光他们的衣服，将他们每5个人绑在一起，然后在院子里点燃了一大堆木柴，把他们一组一组地赶过去，用刺刀刺他们，并把他们扔在火堆里活活烧死。

1938年1月5日，轮到约翰·马吉住所及附近的妇女和姑娘去登记。因为听说金陵女子文理学院登记的时候，有一些漂亮的姑娘被日本人留下来，所以约翰·马吉决定护送她们去登记。早上8点，他们从住所点名后出发，4 个人一排排着走，并且要求大家互相注意，务必所有人都能平安返回。幸运的是，有一位曾在道胜学校教过书的刘先生，与日本人建立的难民委员会有些联系，在他的帮助下，登记进行得很顺利，到下午 1 点时就全部完成了登记，然后点名返回住所。途中发生了一个小插曲，他们走到小教堂附近时，一个傲慢无礼的日本低阶军官走过来，无缘无故地打了两名妇女的耳光，然后朝走在队伍前面的约翰·马吉走去，用日语对他说了些什么，约翰·马吉猜想应该是问他“你在这儿干什么”。约翰·马吉用中文回答道：“我护送这些人。”下午 2 点，他们顺利回到住所。

十四、应对新的难民危机

难民登记或许是日本人的一个幌子，目的是迫使中国平民离开安全区。很显然，难民登记工作一旦完成，日本人就会想方设法催促中国平民返回家中。明妮·魏特琳女士多次在日记中提到，日本兵根本不把难民登记证当回事，她听说了很多起日本兵把登记证撕得粉碎的事件。1938 年 1 月 1 日，南京自治委员会在鼓楼公园召开成立大会，要求南京安全区派出 1000 名代表参加，但所有在南京的外国人都没有参加。之后便由这个委员会接替日本人继续做难民登记工作。1 月 6 日下午 5 时，福田德康通知南京安全区国际委员会，根据日本军事当局的决定，南京安全区国际委员会应予解散，其储备和资金由南京自治委员会接管。拉贝当即提出抗议，他说："对接管我们的工作我们没有什么可反对的，但我们提请人们注意，在城里没有恢复秩序和安全以前，难民不可能重返大部分已被毁坏和抢劫或烧毁的他们以前的住所。”随后，拉贝紧急召开委员会会议，讨论如何答复福田德康，决定向日本当局提交关于恢复南京正常生活秩序意见书。第二天，拉贝致函福田德康，阐明南京安全区国际委员会的基本立场，即它首先是一个救济组织，主要为饱受战争痛苦的平民服务，对有限的储备和资金必须保留完全的支配权，最后明确提出：“毫无疑问，最简单的同时也是最有效的救助行动是恢复日本士兵的秩序和纪律。在日本士兵的秩序和纪律没有恢复之前，难民不可能重返自己的住所，商店不可能重新开业，交通不可能恢复，供电、供水以及电话都不可能正常运作。万事皆取决于所有问题中的这个最重要的问题。只要日本军纪恢复，救助问题就会变得比较容易解决，居民正常生活条件的重建也会变得较为可行。我诚恳地希望，日本军事当局把恢复军纪当作他们首要的和最重要的任务。”

日本当局没有正面回应南京安全区国际委员会的诉求，但态度很明确，就是迫使南京安全区国际委员会解散。1 月 8 日，负责安全区难民住房安排工作同时也是南京自治委员会顾问的许传音获知，日本人准备向南京自治委员会赠送 5000 袋大米，要求在安全区以外的地方发放，以此促使中国平民离开安全区。第二天，从南京自治委员会成员王承典口中传出，日本计划强行解散南京安全区国际委员会，并禁止向安全区内出售大米和面粉。1 月 11 日，日本人中断了安全区的大米供应，第二天停止所有大米销售，也不允许拉贝他们往安全区运送米和煤，并在安全区内张贴告示，要求难民返回原来住所，局势因此变得严峻起来。对此，拉贝计划先行解散南京安全区国际委员会，另成立一个有日本人加入的国际救济委员会，但遭到其他委员的反对。1 月 28 日，令人糟心的消息最终传来，日本人将于 2 月 4 日强行解散所有安全区内的难民收容所。1 月 29 日，日本当局给德国驻南京大使馆发了正式告知函，由此确认了这一则消息。

可当时南京形势并未好转，日本兵仍在到处制造暴行。根据南京安全区国际委员会的事态报告：1 月 7 日，2 个日本兵企图强奸 1 名年轻姑娘，张福熙出面制止，被日本兵刺死。1 月 8 日，3 个日本飞行员在华侨路 4 号强奸一名姓高的 18 岁姑娘。同一天夜里，五六个日本兵闯入沈举人巷 22 号房屋强奸妇女，并用手枪杀死了几个中国人，又有 4 个日本兵在高家酒馆 45 号房屋强奸 3 名妇女。安全区外面的情况更是糟糕。1 月 4 日，一位来自户部街的 56 岁的妇女，遭到日本兵强奸。1 月 9 日，一名老年男子离开安全区，回到自己房子大门口的时候，遭到 3 个日本兵开枪射击，被打伤了双腿。当天下午，国际红十字会南京委员会委员米尔斯和史迈士去城西南察看局势，确认是否能允许中国平民返回家中，他们遇到一位怀抱着孩子的妇女，她刚刚遭到3个日本兵的强暴。

约翰·马吉也了解到一些暴行。他在1月30日的书信中说："在过去的一个星期，我看到了最可怕的东西，听到了最令人作呕的事情，其真实性无可置疑，因为我是直接从邻居和一名在现场的8岁小女孩那儿了解到的。"这名8岁的小女孩叫夏淑琴，住在城东南，那里当时总共住了13个人，有一天日本兵闯进这户人家里，想要杀死所有人，她的背上和侧面被刺了3刀，但没死掉，也只有她和另一名三四岁的小女孩幸免于难，其他人没那么幸运，其中她的母亲夏太太遭到日本兵强奸后，阴道被塞进一只瓶子，她的16岁和14岁的姐姐被两三个日本兵轮奸，然后她的大姐姐又被日本兵以最残忍的无以言状的方式杀死，日本兵用一根木棍插进她的大姐姐的阴道，小姐姐也被刺死。还有一个4岁的孩子被刺死，一个2岁的孩子的头被日本兵劈成两半。两个没死掉的小姐妹，爬到她们母亲的房间，躲在旧床单下面，靠着锅巴和井水，在她们母亲的遗体旁边过了14天，直到她们的邻居、一位老太太回来救了她们。德国驻南京大使馆秘书还告诉约翰·马吉，他看见一名中国妇女遭到一个日本兵强奸，然后她的下体被插进一根高尔夫球杆，被虐待致死。还提到一位年轻妇女，她当时以为安全了，到安全区外的明德中学买东西，在路上被日本兵抓走。

约翰·马吉拍摄的夏淑琴一家被害后的情形

这些发生在安全区内外的暴行，无不说明当时并不具备条件让成千上万的中国平民离开安全区而返回家中。约翰·马吉对此有较为清醒的认识，他认为：“他们（日本人）真正的目的是把这些人从有外国人的地方弄走，从我们身边弄走。在过去几个可怕的星期里，我们一直保护着他们。没有我们，这将意味着更多的强奸，甚至是更多的谋杀。因此，我们将尽我们之所能反对这么做。”1 月 29 日，南京安全区国际委员会召开会议，讨论如何解决新的难民危机，决定请求德国驻南京大使馆官员罗森帮助，由他出面与日本当局沟通，说服日本人放弃将中国平民从安全区强制赶出去的计划。又请王承典出面，尽力说服日本人归还粮食储备。除此之外，他们没有更好的办法。

很快，那些离开安全区的中国平民又回来了，而且不愿意再返回家中。他们说在回家的路上就遇到日本士兵追赶女孩子，夜里还有日本兵闯入民宅抢劫和强奸妇女，甚至将反抗者刺成重伤或残忍杀害，最后他们问道："鉴于此种野蛮和惨无人道的行为，试问我们能回家吗?" 2月5日，有一名妇女和她的女儿、女婿跪在约翰·马吉他们面前，乞求他收留她的女儿，因为她们一回到家中，就遇到一个日本兵想要强暴她的女儿，并用刺刀威胁她的女婿。约翰·马吉说，这样的例子在过去几天已经发生了一百多起。如拉贝所言，除了收容保护之外，他们还能做什么呢?!

十五、拍摄日军暴行影片

在忙于救护和保护中国士兵和平民的间隙，约翰·马吉冒着生命危险，用手里的 16 毫米摄影机，偷偷拍摄了 4 盘总时长达 105 分钟的胶片，记录下很多日本兵在南京制造的暴行。这是留存至今唯一关于南京大屠杀的动态影像，故又被称为“马吉影像”。

约翰·马吉的摄影机

这部影像的开头，约翰·马吉以摄影师自称，写了几段引言。他首先对影像做了一个简单介绍：“下面放映的画面只能让人简单了解一下 1937 年 12 月 13 日日本人占领南京之后发生在该市的无法用言语描述的事件。”然后约翰·马吉提到一些遗憾，由于他没有更多的胶卷，在救助中国伤兵和平民之外也没有更多的时间，所以只能偶尔进行拍摄，而且在拍摄的时候要非常小心谨慎，一旦被日本人发现，就有被没收或砸坏摄影机的危险，另外他不能在中国人被残害的现场或收治被害者的医院逗留太久，也没能去乡下或小城镇拍摄，不然还能记录下更多日本兵的暴行。

引言中，约翰·马吉谈到日本人对南京大屠杀的看法和态度。日本军官和普通士兵都认为，中国人是他们的敌人，他们有权对中国人采取任何一种暴力行为。他们甚至把日本兵对中国妇女的强暴行为看成轻微的过失，在维护自身国际舆论形象和其他压力下，只对极个别士兵略施惩戒。约翰·马吉说：“在日本士兵身上所看到的这些残忍和嗜杀成性，在一个今天还崇尚‘剖腹自杀’陋俗和让儿童阅读残暴好杀故事的国家里，也许是难以避免的。”

约翰·马吉在引言的最后部分解释了自己拍摄影像的原因和目的。他说：“把这些场景拍摄下来，并不是为了煽起对日本的复仇情绪，而仅仅是希望所有的人，包括日本人在内，牢记这场战争的可怕后果，并使他们明白，应该使用一切合法手段结束这场由日本军队挑起的争端。”

影像被分为12段，依次编号为1～12。约翰·马吉为每一段影像配了解说词，讲述了该段影像记录暴行的大致内容。其中1号影像配文最短，主要记录了1937年九十月间日军对南京的空袭，1号影像的末尾和2号影像的开头记录了中国基督教徒在安全区内某个难民收容所的露天空地上做礼拜的场景。

从2号影像开始，拍摄的是一个又一个暴行的画面。这些暴行中有一些已在前文中讲述过，不再赘述，此处另选择一些代表性案例做介绍。

约翰·马吉拍摄下的第一个暴行，发生在12月16日的上海路，中国妇女向日本兵下跪，请求不要杀害她们的儿子和丈夫，他们被怀疑当过兵，同其他成千上万的中国平民一样，被日本兵用绳子捆绑起来，然后被驱赶到下关江边、小池塘边和空旷场地上，在那里等待他们的是日本兵的机枪扫射、步枪齐射、刺刀砍杀，甚至被手榴弹炸死。还有一名中国饭店的职员，住在安全区内的一所房子里，被日本兵拉出去，赶到安全区西侧一座小山上，遭到日本兵枪杀，当时他的脖颈、面颊和手臂上各挨了一枪，但没有打中要害，他随即装死才得以逃脱，后来到了金陵大学鼓楼医院医治，于是他成为这场暴行中遭到日本兵枪杀的 80 名中国平民中唯一的幸存者，约翰 · 马吉拍摄的时候，他的伤已经痊愈。

3 号影像首先拍摄的是一具被日本兵杀害的中国男子的尸体，他原先在金陵大学蚕厂工作，与其他 70 个人一起被日本兵拉出去，或被枪打死，或被刺刀刺死，然后又被浇上汽油焚烧。他当时被刺了两刀，又被烧得面目全非，但还能拖着身子到医院，遗憾的是在医院救治 20 个小时后仍旧没能逃过死亡。第二个人在被送进医院后活了 10 天，约翰 · 马吉在他入院 6 天后拍摄了他。他是一家搪瓷店的职员，一个日本兵找他要香烟，当时他没有烟，然后头上就被这个日本兵劈了一刀，砍破了右耳后边的脑壳，一部分脑浆外溢，可以看到脑子在搏动，拍摄的时候尚未失去知觉，但是右半边身体已然瘫痪。第五例暴行中的中国人当过兵，但已经被解除武装，日本兵抓住他，朝他的头部刺了两刀，还有一刀刺穿了他的脖子，他当时躺在医院里等死，但是后来经过治疗奇迹般地痊愈了。还有一位妇女，同她的丈夫、父亲和 5 岁的孩子住在光华门内，日本兵到她家里要食物，叫她和她丈夫出去，当她丈夫走到外面时立即被刺死了，她抱着孩子因为害怕而留在屋里，日本兵随即冲进屋里，朝她们开枪，不仅枪杀了她的孩子，还打伤了她的手臂。

4 号影像中出现的一名男孩才十三四岁，他 1938 年

1月11日遇到3个日本兵，日本兵强迫他把蔬菜挑到城南并在目的地抢走了他的钱，还用刺刀向他的背部刺了两刀，事发两天后他被送进医院时，内脏已经从伤口处拖出来约一尺长。约翰·马吉给他摄影时，他的病情非常严重，连医生都不敢把他伤口上的绷带解开，他在医院待了5天后就死了。1月12日，这一天很冷，有个人听说他的母亲被日本兵打死了，就离开安全区去确认这个消息是否属实，在日本人标榜的所谓安全的市区，他没有找到母亲的遗体，却遇上两个日本兵，日本兵撕碎了他和他朋友的难民登记证，又将他们剥得只剩下裤子，然后用刺刀把他们刺倒，抛到一条沟里，一个小时后他从昏迷中醒来，后来回到安全区被送进金陵大学鼓楼医院救治。他被日本兵刺了6刀，其中一刀刺破了胸膜，导致胸膜下出现外伤性气肿。

5号影像拍摄了一名隶属于南京卫戍司令部的中国警察，叫伍长德。1937年12月26日，他被日本人当作士兵抓走，被带到首都剧院待了好几个小时，后来同其他被抓来的大约1000名男子一起被带到汉中门，被迫分成七八十个人一组走出城门，每组人都被日本兵以机枪扫射倒地。伍长德所在分组走在最后，恰好天色已晚，机枪一响他便倒地装死。然后日本人弄来一些燃料，用镐把柴火堆成一堆，开始焚烧被杀害的中国人的尸体，这时一个日本兵发现伍长德仍在呼吸，就用镐猛击他的后背，拿柴火放在他的身上，点燃后才离去。伍长德在火烧到他之前爬出柴火堆，在城外躲了10天后试图进城，前两次都失败了，直到第三次扮成一个乞丐才得以成功进城。5号影像还拍摄了一名被打散了的中国士兵，其与200名中国平民及被俘士兵一起，被日本兵押至紫金山附近一个地方，站成3长排，遭到日本兵机枪射杀，然后身上被浇了一种液体燃料焚烧。他当时没有被击中，倒地装死，趁着天色已黑和日本兵不备之机爬了出来，但他的一条腿被严重烧伤了。另有一位年轻妇女在安全区内避难，不幸被日本兵抓走，被关在城南长达38天，其间每天被强奸7到10次，直到她患了3种常见性病，阴道出现大面积溃烂，才被释放，后来她被送进鼓楼医院救治，不治而亡。就在她死去的那一天，她的当警察的丈夫也被抓走，从此杳无音信，极有可能在前述暴行中遇害了。

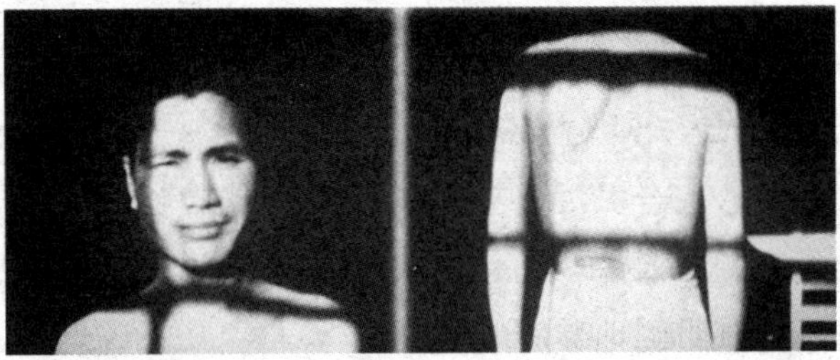

约翰·马吉镜头下的伍长德

6 号影像记录了一些中国士兵和平民被杀害后无人收敛的场景，以及一座外国人保护的难民营内的情景。

7 号影像拍摄了一名 15 岁的姑娘，其站在鼓楼医院救护车旁边。她姓余，来自芜湖，家里经营着一家店铺。一些日本兵打劫了她家的住宅和店铺，她的哥哥在一边帮助父亲，他曾受过军训，留有一套军装，被日本兵发现并被当作士兵，日本兵要他跪下，他拒绝了，因此被杀害。她的嫂子是一名受过训练的护士，日本兵企图强奸她的嫂子，她的嫂子坚决不从，同样被杀害了。日本兵又要强奸她大姐，她大姐也不从，也被杀害了。一直向日本兵下跪求饶的她的父母，都被日本兵用刺刀刺死了。她的父母临终前跟她说，日本兵要做什么就做什么。后来昏了过去的她，被日本兵捆起来带到另一个地方，等她苏醒过来的时候，发现自己躺在一座兵营的二楼地板上，在毫无知觉的情况下被强奸了。在那里，她每天要被强奸两到三次，这种情况持续了一个半月，直到她病得很厉害，日本兵就不再靠近她了。其间她经常哭泣，有一天一个会讲中文的军官进了她的房间，问她为什么哭，她跟他讲了自己的遭遇，于是这个日本军官用汽车把她送到南京南门，并给了她一张纸条，上面写着“金陵女子文理学院”几个字。但是这位姑娘病得实在太厉害了，去不了金陵女子文理学院，只得在一家中国人的房子里歇脚，第二天才走到金陵女子文理学院，然后就被送到鼓楼医院医治。7 号影像还拍摄了一位年龄大约在 47 岁的朱女士，她一直住在离南京南门不远处的一条很偏僻的街上，同住的还有她 77 岁的母亲和 10 岁的小女儿。1937 年 12 月 13 日，日本兵光顾了她家约有 20 次，抢走了她所有的钱。之后两天，日本兵又去了一二十次，抢走了 13 件金饰品、12 个箱子和提包中的大部分物品。在这 3 天里，朱女士被日本兵粗暴地强奸了十二三次。15 日下午，日本兵在城南纵火，朱女士领着老母亲和小女儿带着铺盖向北城区逃跑，在离家不远的地方她和女儿与母亲走散了，她和小女儿悲痛万分，一起跳进路边的一口井里，但井很浅，3 个小时后被一位路过的商贩发现并救起来。她们在救命恩人家里过了一夜，第二天下午到了金陵女子文理学院。这期间，她的老母亲朝北边走，在一家小店前面的长凳上歇脚时，遇到一个日本兵从里面走出来，喊她“老姑娘”并让她进去，她以为这个日本兵觉得她可怜，让她进去休息，岂料进去后就被强奸了。这个日本兵喝了酒，吐得她满身都是，第二天晚上她又被另一个日本兵强奸了，这两晚她都睡在路边，直到第三天才到了金陵女子文理学院，与女儿、外孙女团聚。

8 号影像中拍摄了一名姓徐的 14 岁男孩，他和父亲住在南门外不远的地方，日本兵闯进他家索要姑娘，他说没有，就被其中一个日本兵开枪打中了腿，造成股骨穿破骨折。还有一位姓夏的27岁妇女，也住在南门外，有四五个日本兵去她家杀了她丈夫，又在她家房子四周放火，日本兵逼迫她到一间空房子里，强奸了她，后来她逃到一户人家里，在稻田的一堆草里藏了20天，其间这户人家给她送饭。1938年3月10日，一群日本兵闯入城西南五福寿街一户姓蔡的人家要钱，全家人跪地求饶，这时日本兵搬了一个木头梯子放在门前，将当家男子的双手绑在背后吊在梯子上，然后抢走了能找到的所有财物，临走之前在男子的大腿上刺了6刀，在左右肩膀上各砍了2刀，最后朝他的头部开枪，击毙了他，又向跪着的蔡夫人头部和背部刺了数刀。

9号影像除记录了一些暴行，还拍摄了金陵女子文理学院难民营的画面，包括体育馆、大学教堂，以及背着铺盖刚来的难民、在寻找丈夫和儿子的请愿书上签名的女子等。

10号影像拍摄了城南一带遭到日军破坏后的残垣断壁，还拍摄了中国人被推入池塘惨遭杀害后的画面，他们的双手都被反绑在背后。约翰·马吉在一处池塘拍摄时，有一具遗体浮出水面，可以看到双手仍被反绑着。

11号影像拍摄了5名有名有姓的中国人的悲惨遭遇，剩余的画面和12号影像拍摄的都是金陵女子文理学院难民营的日常生活。

乔治·费奇获准离开南京的时候，将约翰·马吉拍

约翰·马吉拍摄的南京大屠杀胶片

摄的1至4号胶片缝在驼毛大衣的衬里，带到了上海。一到上海，他就拿到柯达公司去冲洗，赶制了4套胶片。他说：“这些是如此恐怖，如果不是亲眼所见，谁也不会相信。”拉贝在日记中，也对这些影像做了介绍和附录，他说：“影片中提到的好多伤员我都看见过，有几个人在死前我还和他们说过话，其中有些人的尸体，鼓楼医院还让我在停尸房看过。”毫无疑问，约翰·马吉拍摄的这些影像，是揭露日军制造南京大屠杀暴行的铁证。

十六、栖霞山之暴行纪实

1938 年 2 月 16 日至 17 日，约翰·马吉走访了位于南京城郊栖霞山的江南水泥厂难民营及附近地区。江南水泥厂筹建于 1937 年 10 月，时值淞沪会战失利，战火即将蔓延至南京。股东之一的启新洋灰厂高薪聘任出生在中国唐山，能说一口流利中国话的德国籍工程师卡尔·京特护厂；拥有江南水泥厂产权的丹麦史密斯公司，也聘请辛德贝格前往护厂。11 月 27 日，卡尔·京特在日语翻译颜景和的陪同下，从唐山到了上海，与辛德贝格和英语翻译李玉麟一起，转道江北，于 12 月 4 日抵达江南水泥厂。他们抵达之后，立即组织护厂队，开挖护厂河，并挂上德国国旗和丹麦国旗。日军进攻南京时，很多住在南京城内外的中国平民逃往江南水泥厂避难，卡尔·京特和辛德贝格发扬人道主义精神，利用自己外国人的特殊身份为这些平民提供了保护。他们不仅为中国平民进厂提供种种便利，还拒绝日本兵闯入难民营侮辱妇女、杀人放火和抢劫财物，并在可能的条件下为附近平民提供帮助。

辛德贝格手举丹麦国旗留影

12 月 16 日晚上，约翰·马吉特别与难民营约 25 位负责人进行座谈，听取了他们的意见并向他们提出问题，最后形成《栖霞山之行报告》，包括难民、暴行、焚烧民居、粮食、水牛、种子、医务工作等 7 个部分。

难民部分，约翰·马吉介绍了栖霞山江南水泥厂难民营的大致情况。当时该难民营在德国工程师卡尔·京特和丹麦人辛德贝格的组织下，和若干名中国人一同负责管理，收容了约 1 万名无处可去的中国平民。约翰·马吉去走访的时候，由于收容平民的人数还在增加，除可以看见几处较大席棚和很多用稻草搭建的小屋之外，还有一些稻草小屋正在搭建之中。附近一处寺庙里住了一位僧侣，也在收容难民。他告诉约翰·马吉，那里最多时曾有 2 万人，很多人后来到江南水泥厂难民营里去了。

在栖霞山江南水泥厂难民营里，约翰·马吉采访得知了一些日本兵在栖霞山地区制造的暴行。有一名中国平民告诉他，在方圆 10 至 20 英里的范围内，有七八百名中国平民被日本兵杀害，30 岁至 40 岁中国妇女遭到日本兵强暴的数不胜数，甚至有 10 岁幼女也被日本兵强奸。约翰·马吉还被告知，直到他去采访的前一天，栖霞山地区的暴行仍在发生。2 月 15 日，日本兵来到距离栖霞山火车站不到 1 里处的十堡桥，向一对回到家的老夫妇要姑娘，老夫妇说没有，日本兵就放火烧掉了他们的房子。听到这里，约翰·马吉问难民营里的人何时回自己的家，他们说担心日本兵会来要姑娘或粮食，如果无法满足日本兵的要求，他们的房子就会被日本兵纵火烧毁，或者会遭到别的损害，所以不敢回家。这时，又有一个人告诉约翰·马吉，也是在前一天，日本兵来到他家距离难民营 5 里处的华树村，将村民最近种痘的地方误认作枪弹伤留下的疤痕，因此认定他们都当过兵，当场就杀死了 7 个人，还伤害了其他的人。

约翰·马吉访问了那里的一个小医院。当时在那里接受治疗的有 24 个门诊病人和 6 个以上住院病人。小医院没有训练有素的医务人员，其时只有 1 位护校毕业的护士和 3 位缺乏训练的包扎员，其中一位是男包扎员。

栖霞山江南水泥厂难民营（1）

无疑那里需要一位更专业的医生和一个手术室，那样的话就可以救治更多的人。约翰·马吉在那里采访的时候，卡尔·京特和辛德贝格正着手处理此事，他们得到3名老中医的同意，愿意在难民营里服务，并且开列了所需药物清单。

在急诊室里，约翰·马吉记录了3起日本兵制造的暴行。他在那里看到一位农民，因为没有满足两个日本兵索要姑娘的要求，就遭到日本兵的枪击。约翰·马吉说："这是非常痛苦的枪伤。"约翰·马吉正在采访时，一名被严重烧伤的小孩子被送进医院。日本兵闯进他的家中，他的父亲逃走了，母亲住在难民营里，日本兵问他妈妈在哪里，他未能作出让日本兵满意的回答，日本兵便放火烧屋，他的邻居从火中救出他，又把他送到医院。约翰·马吉又同一位年轻的农民谈话以了解他的情况，他的上身也被严重烧伤。2月9日，日本兵找他要钱，他告诉日本兵自己是贫穷农民，没有钱，日本兵一怒之下，就把汽油泼在他身上，然后点火烧他。

至于周边有多少平民的房屋被烧毁，栖霞山江南水泥厂难民营的管理人员估计，在 10 ~ 12 英里距离范围内，沿太平门至龙潭的公路干线上，约有 80% 的房屋被烧毁，在公路干线以外的小路上，约有 40% 至 50% 的房屋被破坏。对于这样的估计，约翰 · 马吉是认可的。他说："根据我在乡下的旅行，应当说这些估计大约是正确的。"

约翰 · 马吉很关心难民营里的粮食问题。卡尔 · 京特告诉他，这些难民一直只能依靠自己的粮食度日。据他了解，住在难民营里的少数相对富裕人家的口粮可以维持 4 个多月，但绝大多数家庭只能维持 1 个多月的。约翰 · 马吉还问了关于水牛的问题，他在难民营里看到几头水牛，又在邻近栖霞山的乡村看到 3 头。被采访者告诉他，从太平门到龙潭、汤山、南京一带，正常情况下这一地区需要 3000 头水牛，现在大约只剩下 10% 的水牛，没有水牛的帮助，只凭人力生产，谷物产量只有平常的 1/3。约翰 · 马吉还被告知，他们只有很少的种子，即便有人保存有种子，也不敢在当前形势下回去耕种。

约翰 · 马吉与辛德贝格驱车返回南京途中，在栖霞山江南水泥厂难民营附近看到有少数人在返回自己家中。路过一个村子时，约翰 · 马吉看到 3 个男人、2 个女人

栖霞山江南水泥厂难民营（2）

和一些小孩子在重建家园。路上，约翰·马吉还看到一位妇女在田里撒肥，这让他感到惊讶，他说："有个妇女在她的田地上撒肥，似乎什么事也没有发生，给我留下深刻印象，因为妇女是如此少。"

约翰·马吉的栖霞山之行和与之相关的字数不多的报告，让人们了解到南京大屠杀末期真实的近郊和栖霞山江南水泥厂难民营的大致情况。对于那里的中国平民来说，日本兵的暴行仍在继续，他们的生命安全仍然受到威胁。

十七、为维护正义而发声

约翰·马吉通过多种方式记录和报告日本兵暴行，并不断向日本驻南京大使馆进行抗议之外，又多次揭露日本人对暴行的美化，为维护正义而勇敢发声。这是当时留守南京的外国人的另一种贡献，拉贝如此，辛德贝格如此，约翰·马吉同样如此。

1937 年 12 月 20 日，约翰·马吉正好结束礼拜的时候，有两名日本《朝日新闻》报社记者来访，他便邀请他们进来，并对他们说可以拍照，于是《朝日新闻》的记者拍了礼拜现场的照片。接着，约翰·马吉同其中会英语的日本记者谈话，告诉他日本兵在南京制造的种种暴行，包括前述被抓住的基督教徒、陈汝林的儿子陈昌可能被杀害，等等。听了这些之后，一个日本记者对约翰·马吉说："你不能认为所有日本人都像这些士兵一样。"约翰·马吉回复他说自己曾经去过日本，当然知道这一点。然后，约翰·马吉又告诉他们一些关于救助中国伤兵和遭到屠杀的中国平民等情况，以及个人在中国生活的点滴，这些似乎更能引起日本记者的兴趣。他们直到午饭时刻才离去，并且表示希望能再来采访，约翰·马吉说可以尽力帮助他们。

除此之外，约翰·马吉在书信中，直接对《新申报》的不实报道予以揭露。这是日本人在上海发行的一份报纸，报纸上刊发了大量歪曲和美化日军暴行的文章。可能在 12 月 17 日，该报纸发表了一篇关于国际红十字会南京委员会接收医院里的中国士兵的报道，宣扬中国士兵十分感激日军的同情和照顾，以至于问中国士兵是否再当兵时说："如果我再当兵的话，我一定会为日本而战。"然而真实的情况是，一名中国士兵因为碗被打翻了而发脾气，结果就被日本兵刺死了。对此，约翰·马吉明确表示："我认为宣传优待这些伤员是故意做出来的，这样可以抵消当时盛行的难以启齿的凶残。那儿的医生和护士没有意识到外面发生的可怕事情。日本人送来一些米，不过大多数都是我们用手中的钱购买的。"

这份报纸劣迹斑斑，拉贝曾多次驳斥其关于南京的不实报道。12 月 23 日，该报刊登了一张南京安全区入口处的照片，配文说南京安全区国际委员会请求日本人为中国平民发放床和床上用品。拉贝对于这则子虚乌有的报道，毫不客气地予以反驳："我们从来没有过这种想法，也许我们曾对日本士兵拿走难民的一些床上用品提出过口头抗议。不过，向日本军队请求给予床上用品这种想法，我们从来没有过，因为日本军队自己也没有。”

1938年1月22日，拉贝翻译并摘录了《新申报》上的一篇文章——《日本部队安抚中国难民　南京出现令人欣慰的和谐气氛》。对于这篇混淆视听的文章，拉贝无比气愤，他驳斥道：“这篇文章是一个彻头彻尾、荒谬绝伦的无耻谎言，其造谣手段已达登峰造极的地步。”

约翰·马吉还曾专门致函美国纽约的麦金牧师，用自己的所见所闻批驳其不实言论。麦金牧师曾在纽约《时报》发表错误言论，说关于日军制造南京大屠杀的故事都是虚构的，甚至说暴行不是日军干的，而是中国军队在日军进城以前所为。对此，4月2日，约翰·马吉写了一封长信给他予以澄清，开篇直接说明了自己写信的目的和用意，他说：“可能这时你已经知道它们只能是太千真万确了。如果我不是亲眼看到这些事情，我也不能相信这样的事会发生在现代社会。这使人想起古代的亚述奸淫。我们未曾料到如此恐怖，当这些事情开始时，我们感到这是可怕的震撼。”

接下来，约翰·马吉列举了相关掩埋遗体的数据。从1月23日到3月19日，中国慈善协会掩埋被日本兵杀害的中国人的遗体计32104具，并且估计尚待掩埋的遗体数量与之相近。他还特别说明，其他一些团体也在从事掩埋工作，另有一些遗体如南京城外 1 英里处被杀害的两三千中国平民，是由他们的亲友和当地老百姓自行掩埋的。然后他又列举了日本兵在南京制造的一个又一个暴行案例，如前已所述的陈昌被抓下落不明案、董牧师被打案、夏淑琴全家被害案、芜湖余姑娘全家被害案，等等。约翰·马吉特别提到，自己曾把住在福德教堂遭到日本兵强奸的中国妇女一车又一车地送往医院就医，据他了解，那些遭到日本兵侮辱的中国妇女中，年龄最大的 76 岁，被强奸了 2 次，年龄最小的只有 10 岁左右。约翰·马吉还说，他和福斯特轮流守卫他们的住所，哪怕离开一下就会有女孩遭到强奸，在形势最为严峻的时候，他们白天就轮流站在街上，这样可以及时去制止日本兵施暴。最后，约翰·马吉说："我还可以用更多页篇幅告诉您此类事情，但我认为我所写的已足以使您知道日本兵的暴行绝无夸张。（目前）情况虽已好转，但残杀与奸淫仍在南京继续进行，仅仅是规模稍小而已。"

在信中，约翰·马吉解释了中国军队的所作所为。他说，日军进入南京以前，中国军队有小规模的抢劫，出于防御目的烧毁了许多城外民房，这当然也可以称为暴行，之所以这样做是他们错误地认为这有助于守城，可惜未能奏效。他接着说："把此间发生如此可怕的事情公开诿过于中国人，这确实有失公正。我认为我写的已足够让你知悉到底发生过何种暴行。”

这封信的最后，约翰·马吉希望麦金牧师站在正义与真理的立场，更正提供给报纸的错误信息，并且提出在新闻报道中要谨慎提及他的名字。他说：“我并非害怕个人（承担）的后果，而是担心我可能被赶出南京，我们在这里的外国人曾为南京民众谋求的福利将因此而碰到障碍。如果我们不建立安全区，并且全都为保护民众而忙碌，悲剧将更为恶化，这是南京城内每一个老百姓都知道的。”

十八、东京审判出庭做证

1946 年 5 月 3 日至 1948 年 11 月 12 日，在世界反法西斯战争和中国抗日战争胜利以后，由中国、苏联、美国、英国、法国、荷兰、加拿大、澳大利亚、新西兰、印度、菲律宾等 11 个国家在日本东京组织远东国际军事法庭，对包括东条英机、土肥原贤二、松井石根、板垣征四郎等日本重要战犯进行国际大审判。在两年半的时间里，总共开庭 818 次，传唤 419 名证人出庭作证，还有 779 人作了书面证言，受理证据 4336 件，英文审判记录 48412 页，判决书长达 1213 页。作为东京审判中非常重要的证人之一，约翰·马吉出庭做证，控诉日军在南京制造的种种暴行。

1946 年 8 月 15 日下午，约翰·马吉作为起诉方证人被传唤到庭，在宣誓后，进入起诉方律师的初度询问。起诉方律师萨顿通过一系列问题，询问了约翰·马吉的基本信息，比如他的全名、何时何地出生的、在哪里接

约翰·马吉出庭做证

受教育的、什么时候居住在南京等。之后就进入到关于南京大屠杀的询问，萨顿律师首先确认约翰·马吉从1937年12月到1938年2月，即日军制造南京大屠杀期间是否在南京，得到的回答是肯定的。然后询问1937年12月13日之后南京城内的中国军队和中国人有没有进行过抵抗，约翰·马吉回答没有。之后又询问日军占领南京后，是如何对待中国平民的，约翰·马吉回答道："令人难以置信的恐怖。在几天内就迅速开始了屠杀，通常是单个的日本士兵，有时是30多个日本士兵一起四处游荡，每个人似乎都掌握着生杀大权，之后很快就开始了有组织的大规模屠杀。不久南京便陈尸遍地，我曾经碰到过成队的中国平民被押走杀害。这些人主要是被日军用步枪和机枪杀害的。另外，我们也知道有数以百计的人被刺刀刺死。一位妇女告诉我，她丈夫的双手在她的面前被绑了起来，然后她的丈夫被扔进一个池塘，而她就在现场目睹了这一切。日本人不许她救她的丈夫，她的丈夫就在她的面前淹死了。”

此时，被告方律师当庭提出异议和反对。被告方律师麦克马纳斯认为，起诉方的证词只能证明共谋罪的存在，但是没有任何一个被告可以同任何共谋罪联系在一起。但遭到庭长驳回和警告。然后被告方律师布鲁克斯又提出，约翰·马吉作为证人，应该根据他的记忆做证，而不应该阅读笔记或用准备好的记录。庭长认为这一异议有效。约翰·马吉对此不得不做辩解，他告诉庭长，他的本子上只有日期，用来帮助自己回忆写给妻子的日记体书信里的内容，他想按照顺序把记录的暴行向法庭陈述。庭长的答复是，除非得到法庭的允许，否则不能使用这些记录。

一段插曲过后，约翰·马吉继续回答起诉方律师萨顿的提问。他按照时间顺序，从 12 月 14 日开始陈述日本兵在南京的暴行，这些暴行几乎都记录在他写给妻子的书信里。约翰·马吉陈述到 12 月 22 日，一群中国妇女在街上跪在日本人面前，请求放了她们的丈夫，还有一位老人也跪在地上，但日本兵无动于衷，还是把她们的丈夫都带走了。这时庭长宣布休庭，15 分钟后继续开庭，约翰·马吉继续回答问题。萨顿问他，日本士兵在占领南京后是如何对待妇女和儿童的。约翰·马吉回答道：“事情同样令人难以置信的恐怖。每天都有强奸事件的发生。很多妇女，甚至儿童惨遭杀害。如果一名妇女拒绝或反抗的话，她就会被枪杀或刺死。我照了一些相片，拍了一些录像，记录了这些妇女所受的伤，有些妇女的脖子裂开了，全身都是伤口。如果这些妇女的丈夫想要用任何方式帮助她们的话，就会被杀死。”约翰·马吉用亲眼所见的日本人暴行的例子做进一步陈述，他还提到日本兵闯入拉贝的住所强奸中国妇女，被陪同拉贝回家的日本军官打了几个耳光。约翰·马吉认为，如果有任何真正的措施制止的话，这些日本兵的暴行是可以被制止的，但是当时日本方面完全没有当回事。

接着，约翰·马吉提到日本人试图强迫他们解散南京安全区，迫使避难的中国平民回到家中，但是回到家里的很多妇女遭到日本兵强奸，不得不返回安全区。他用自己在城南调查的几起案件证明。此时，被告方律师再次以共谋罪提出异议和反对，再次遭到庭长驳回。于是，约翰·马吉得以继续陈述，他又讲了几起中国妇女遭到日本兵强暴的例子，其中包括前文已述的尼姑被日本兵强奸的遭遇。未等他陈述完，庭长宣布休庭。

第二日上午继续开庭，约翰·马吉作为控方证人再次被传唤上庭，继续接受起诉方律师的询问，要求他继续回答日军占领南京后是如何对待妇女和儿童的这个问题。约翰·马吉继续陈述了芜湖余姑娘的遭遇和他在栖

约翰·马吉在东京审判现场

霞山江南水泥厂难民营的调查情况。然后，起诉方律师在询问日本兵占领南京后是如何对待私人财产的问题之后，又询问了南京安全区国际委员会的大致情况，其中问到南京安全区国际委员会是否就暴行经常向日本领事当局报告，约翰·马吉回答道："是的，委员会几乎每天都作报告，另外我们很多人还以个人名义作报告，我本人就报告过许多次，向日本大使馆陈述令人恼怒的个案。"

询问环节到此结束，进入质证环节。被告方律师向约翰·马吉提问了许多问题，包括日军占领南京时南京有多少人口，有没有人在几个星期后回到南京，有没有日本人帮助他们阻止这些残暴的事情，日本军事当局有没有利用中国警察维持秩序以及亲眼看见的杀人、强奸、抢劫事件有多少，有没有把亲眼看到的暴行通报给日本人，有没有在报告中详细描述事件，能不能提供信息来确定有罪的人的身份等。在短暂休庭后，约翰·马吉继续接受被告方律师的质证。在回答如何确定日本士兵身份时，约翰·马吉提到刺刀，他说：“我把刺刀带到大使馆的原因是我觉得他们会有办法来确定哪个士兵丢失了刺刀，从而确定那个士兵的身份。”但被告方律师认为刺刀有可能被替换，遭到庭长的警告，因为问题问得太细致了，而且没有必要。在质证一个问题之后，庭长询问被告方律师是否还要继续质证，回答是肯定的，于是约翰·马吉不得不继续接受提问。其中一个问题是日军进城前中国士兵是如何处置武器和军装的，约翰·马吉的回答是中国士兵扔掉了武器和军装，他和其他外国人捡来后再扔掉。被告方律师追问他有没有中国士兵穿着平民衣服在城里充当间谍、破坏者或狙击手，他的回答是没有听说过这种事情。

至此，被告方律师没有更多问题了，起诉方律师也表示不再直接询问证人，约翰·马吉在东京审判中出庭做证结束。在这场出庭做证过程中，约翰·马吉用详细鲜活的暴行案例进行陈述和质证，有理有据，不容辩驳，为日本战犯乖乖认罪服法作出重要贡献。

十九、马吉拍摄影像归来

1946年6月，南京军事法庭开庭审判，“马吉影像”作为关键证据当庭播放，最终判处南京大屠杀战犯谷寿夫、酒井隆、田中军吉等死刑，在南京雨花台刑场执行。然而在东京审判之后，“马吉影像”消失在公众视线之中，杳无踪迹，因此日本右翼势力诬蔑其为并不存在的“鬼片”。1990年10月，日本众议院议员石原慎太郎在接受某杂志采访时表示：“南京大屠杀是中国人编造的。”这激起了中国人的愤慨。

“马吉影像”确证无疑。1990年12月，德国方面公布了一份《罗森给德国外交部的报告》，由时任德国驻华大使馆南京办事处政务秘书罗森于1938年2月10日发自南京，现存放于德国柏林波茨坦档案馆。罗森在报告里提及“马吉影像”，他写道：“日本人在南京的恐怖统治已达无以复加的程度。在此期间，美国主教派教会布道团成员、使馆顾问约翰·马吉拍摄了影片。这部影

南京军事法庭审判谷寿夫现场

片是日本人所犯残暴罪行有说服力的见证。”其他当时留守在南京的外国人也有提及“马吉影像”，如拉贝将约翰·马吉的影片引言和解说词收录在他的日记里。

此后，中外各界正义人士开始寻找“马吉影像”。1990年12月26日，美籍华人邵子平等在《纽约时报》第16版刊发南京大屠杀死难同胞纪念文章，兼驳斥石原慎太郎，同时向全球征集南京大屠杀有关资料和线索，所用衬底为1937年12月18日《纽约时报》头版刊发的“（日本）南京屠城”报纸版面。文章刊出后，被时年79岁的艾迪斯·费奇夫人看到，她主动联系邵子平等人，将其父亲乔治·费奇的回忆录和保存的11分钟的“马吉影像”交给了他们。这是“马吉影像”的第一个版本，1938年由乔治·费奇偷偷带到上海冲洗拷贝，但只有1

至 4 号影像，因为在乔治·费奇离开南京以后，约翰·马吉继续拍摄，而这些影像胶片一直由他本人保存。

BUTCHERY MARKED CAPTURE OF NANKING

Japanese Atrocities Marked Fall

The Nanking Massacre

A Message Of Future To Japan

Rather Than Remorse, Disavowal Of Past Crimes

Japan's Debt To Mankind

Our Appeal To World Conscience

Message To Japan: Acknowledge Moral Accountability

Facts

紀念南京大屠殺死難同胞

兼駁斥石原慎太郎

In Memory Of The Nanking Massacre Victims. A Rebuttal To Shintaro Ishihara.

邵子平等在《纽约时报》刊登纪念文章

通过乔治·费奇保存的资料，邵子平决心找到关键铁证“马吉影像”的原片。1991 年，“纪念南京大屠杀受难同胞联合会”在纽约成立，邵子平任总干事。当年

7 月 12 日，邵子平几经周折找到约翰·马吉的儿子大卫·马吉，在大卫·马吉家中堆放杂物的地下室里，翻找到装有影像胶片的铜盒，盒子上有约翰·马吉亲笔标注的镜头说明目录，经逐个查看，里面装着的就是约翰·马吉拍摄的关于南京大屠杀画面的原片。随后，大卫·马吉将这些原版胶片提供给“纪念南京大屠杀受难同胞联合会”，该联合会又将这些胶片送到影片处理公司翻拍，剪辑制作成 2 套时长约 37 分钟的“一寸盘”，然后将原片送还给大卫·马吉。8 月 2 日，“纪念南京大屠杀受难同胞联合会”在纽约召开新闻发布会，公布了这一版本的“马吉影像”。2002 年 10 月，在“纪念南京大屠杀受难同胞联合会”的推动下，大卫·马吉将约翰·马吉使用过的摄影机和 4 盒原版胶片捐赠给侵华日军南京大屠杀遇难同胞纪念馆。该纪念馆又将这些胶片送往上海电影制片厂进行数字化处理，获得时长约 17 分钟的“马吉影像”。2015 年 10 月，包括约翰·马吉的摄影机和 17 分钟版本影像在内的《南京大屠杀档案》成功入选“世界记忆名录”。2019 年 12 月，“纪念南京大屠杀受难同胞联合会”将时长约 37 分钟的“一寸盘”捐赠给侵华日军南京大屠杀遇难同胞纪念馆，这是目前为止时间最长、内容最丰富的“马吉影像”。

与此同时，日本新闻记者加登英成也远赴美国寻找“马吉影像”。1991 年 7 月 2 日，加登英成拜访了乔治·

纪念南京大屠杀受难同胞联合会捐赠的“一寸盘”

费奇的外孙女汤娅·昆顿，她带他去了洛杉矶电影档案馆，在那里看到了乔治·费奇拷贝并保存的“马吉影像”，这一消息在日本国内不胫而走。7 月 3 日，日本 NHK、朝日、TBS 等电视台连续播报了在美国发现记录南京大屠杀影片的重大新闻，日本共同社、《每日放送》等特别做了专题报道和评论。7 月 4 日，日本各大报纸跟进，刊登了这则新闻。为了提高影像的可信度，加登英成在美国拜访了乔治·费奇的女儿及其丈夫，他们面对镜头说：“在日本，政治家和学者都说南京暴行并没有发生。这完全是胡说八道！父亲的这些影片无疑是残酷的，这些可怕的事情确实发生了。”他还拜访了大卫·马吉，看到了约翰·马吉使用过的摄影机和地下室里的原版胶片。紧接着，加登英成来到南京，找到“马吉影像”中的两位受害者：李秀英和夏淑琴。她们带着加登英成到了当年被害遗址，并向他讲述了当年被害的事实。根据获得的影像和采访，加登英成表示：“关于南京大屠杀的历史，我在书上读过很多。实际采访之后，我觉得这并不是捏造，而是千真万确的事实。”于是他制作了一部时长约 52 分钟的南京大屠杀纪录片，于 10 月 6 日在《每日放送》的黄金时段播出，一石激起千层浪，引起广泛关注。

可以说，“马吉影像”的归来，再次揭露了日军制造南京暴行的真相，戳破了日本右翼势力否认南京大屠杀的谎言和嚣张气焰，同时也再次作为关键证据，为受害人夏淑琴讨回公道。1998 年，日本右翼分子东中野修道在其《南京大屠杀的彻底检证》一书中质疑夏淑琴的身份，说她不是“马吉影像”中的 8 岁女孩。夏淑琴决定起诉东中野修道，2004 年南京玄武区人民法院正式审理此案，但东中野修道没有出庭，反而在日本提起诉讼。2007 年 11 月，日本东京地方法院作出判决，夏淑琴胜诉。

尾　声

1938 年 5 月，在经历南京大屠杀之后，身心疲惫的约翰 · 马吉离开南京去度假。1939 年 5 月其返回南京继续主持国际红十字会工作，直到 1940 年 5 月赴美，在康涅狄格州纽黑文市耶鲁大学的圣公会学校任职。1953 年，约翰 · 马吉在故乡匹兹堡去世，临终留下这样的遗言："假如再活一次，还是要为中国人服务，中国是我的家。"

2002 年 10 月，为了纪念约翰 · 马吉为南京作出的特殊贡献，南京市下关区人民政府将南京市第十二中学图书馆命名为"约翰 · 马吉图书馆"，大卫 · 马吉出席了揭牌仪式。他说："以后我还会来中国、来南京，到我出生和童年生长的地方看看。我们要告诉后人：不要战争，战争是灾难，要让人类永久地和平相处。"

2017 年 8 月，时隔 80 年后，约翰 · 马吉的孙子克里斯 · 马吉来到南京，获颁紫金草国际和平纪念章，身为摄影师的他决定沿着祖父当年的路线重新拍摄。2018 年 12 月 13 日，一场名为“历史 · 和平 · 发展——马吉祖孙的南京影像”的展览，在侵华日军南京大屠杀遇难同胞纪念馆开展。如克里斯 · 马吉所说：“这组跨越 80 年的照片，连接中国与西方，让更多的人了解、铭记南京大屠杀这段历史，并从中体悟和平的珍贵。”

中国红十字运动知识丛书(第五辑)

陈海高　池子华　总主编

盐城市盐都区红十字会　红十字运动研究中心　编

“携手为人道”

——印度洋海啸救援的故事

杨红星　著

合肥工業大學出版社

图书在版编目(CIP)数据

“携手为人道”:印度洋海啸救援的故事/杨红星著;盐城市盐都区红十字会,红十字运动研究中心编. --合肥:合肥工业大学出版社,2025.5. --(中国红十字运动知识丛书). -- ISBN 978-7-5650-7195-9

Ⅰ. P731.25;D829

中国国家版本馆 CIP 数据核字第 2025CZ8956 号

“携手为人道”

——印度洋海啸救援的故事

杨红星 著

责任编辑	孙南洋
出版发行	合肥工业大学出版社
地　　址	(230009)合肥市屯溪路 193 号
网　　址	press. hfut. edu. cn
电　　话	人文社科出版中心:0551-62903200 营销与储运管理中心:0551-62903198
开　　本	850 毫米×1168 毫米　1/32
总 印 张	22.25　　**总 字 数**　394 千字
版　　次	2025 年 5 月第 1 版
印　　次	2025 年 5 月第 1 次印刷
印　　刷	安徽联众印刷有限公司
书　　号	ISBN 978-7-5650-7195-9
总 定 价	120.00 元(共 5 册)

如果有影响阅读的印装质量问题,请与出版社营销与储运管理中心联系调换。

总　序

中国红十字会诞生于1904年，至今已走过110多年的风雨历程，“是国内历史最悠久的人道组织”（习近平语），被称为“百年老店”。百余年来，中国红十字会秉持人道、博爱、奉献精神，救死扶伤，扶危济困，谱写出一曲曲人道赞歌，在中国近代史和中华人民共和国史上留下了闪光的足迹。正如习近平总书记所说的：“中国红十字会在重大灾害救援、保护生命健康、促进人类和平进步等方面发挥了重要作用。”

可是，对中国红十字会所建立的丰功伟绩，知道的人并不是很多。为弘扬红十字精神，“讲好红十字故事”，中国红十字基金会委托红十字运动研究中心，组织编写了这套“中国红十字运动知识丛书”，通过对重要历史人物、重大历史事件的挖掘，呈现一幅幅丰富饱满、多姿多彩、跌宕起伏的红十字历史画卷。

丛书虽然是“讲故事”，但不是“编”故事，没有

无中生有的猜想，没有胡编乱造的粉饰，没有“标题党”的故弄玄虚，没有添油加醋的天马行空，更没有虚构的文学情节，而是依据历史事实，用通俗易懂、朴实无华的语言，娓娓道来，再配上老照片，图文并茂，客观再现历史的场景。虽然少了点舞文弄墨的精彩，但确是信史。不求梦笔生花，但求“告诉你一个真实的红十字会”！

池子华

2018 年 1 月 9 日

目　录

引　子

海啸肆虐掀狂澜，房倒屋倾金沙滩。尸横遍野浸泽园，椰林宝岛绝人烟。奈何良辰难为久，美景湮灭转瞬间。自然规律终难违，海啸源头是桑田！2004 年 12 月 26 日的印度洋海啸，是人类历史上最惨烈的自然灾害之一，也是国际社会齐心协力抗天斗地的范例之一。这一天上午，印尼的苏门答腊岛西北海域发生了近百年来罕见的 9 级强震，地震引发秒速达 200 米的特级海啸，发狂的海水冲向印尼、泰国、马来西亚、斯里兰卡、印度、马尔代夫等 12 国，余波甚至冲击到东非索马里海岸，造成重大生命财产损失。

红十字是一面旗帜，也是一种精神。作为国际性人道救助组织的重要成员和中国政府在人道主义工作领域的重要助手，中国红十字会在印度洋海啸巨灾发生后，积极响应国际社会的号召，遵循红十字运动的宗旨，秉持“人道、博爱、奉献”的红十字精神，全方位投入印度洋海啸灾害应对和灾后重建中。此次国际救援，中国红十字会紧急行动，全力以赴，在中国政府的领导和支持下，在全社会积极参与下开展了国际救援募捐活动，创造了前所未有的救援佳绩。印度洋海啸国际救援具有国际性、民间性、多渠道的特点，是中国红十字会在改革开放以来开展的规模最大、声势最大、效果最好、募捐数量最多的国际救援活动。此次救援展现了负责任大国的红十字会形象，为推动构建人类命运共同体贡献了独特力量。

一、怒吼的巨浪

海洋是地球上最广阔水体的总称。地球表面被各大陆地分隔为彼此相通的广大水域称为海洋，海洋的中心部分称作洋，边缘部分称作海，彼此沟通组成统一的水体。地球上海洋总面积约为3.6亿平方千米，约占地球表面积的71%，平均水深约3795米。海洋中含有135000多万立方千米的水，约占地球上总水量的97%，而可供人类饮用的只占2%。

一方面，海洋是人类密不可分的朋友，为人类生活和社会发展提供生物资源、矿产资源、交通运输资源、环境资源和各种能源。正因为如此，海洋资源的开发和利用成为早期欧美国家制定开放战略和推动经济腾飞的重要因素。另一方面，海洋也是自然灾害的温床，对人类生活构成重大威胁。据统计，热带海洋上每年生成80多个台风，对西北和西南太平洋、南北印度洋和西北大西洋沿岸各国造成巨大灾害。而海底强烈地震引发的海啸和台风引发的风暴潮则是最严重的两种海洋灾害。

海啸暴发

海啸与周期性的潮汐不同，是海面的异常升降现象。海啸这一可怕的“海洋杀手”，是指由海底地震、火山爆发和水下滑坡、塌陷所激发的，其波长可达几百千米。海啸发生时，海平面矗立起的水墙，排山倒海而来，数百万吨泡沫挟带断壁残垣，伴随着隆隆巨响，瞬时侵入滨海陆地，吞没良田和城镇村庄，然后海水又骤然退去，或先退后涨，有时反复多次，造成生命财产巨大损失。

海啸还可按其生成地距离造成危害地的远近分为远洋海啸和近海海啸两种。远洋海啸是指横越大洋或从远洋传播来的海啸，它们横扫海洋时仍保持巨大的威力，经常给人类造成灾难性的后果。近海海啸是指海啸发生海域靠近海岸，往往无法预警，危害极大。2004 年的印度洋大海啸对于印尼苏门答腊岛来说属于近海海啸，然而对于印度、泰国、斯里兰卡等国来说则是远洋海啸。

虽然引发海啸的诱因有很多，但大部分造成重大灾难的海啸都是由火山爆发和海底地震引发的。一旦海底火山爆发或海底地震到来，海浪也随即大发雷霆，“倒海翻江卷巨澜”，惊心动魄，给人类带来异常恐怖的大灾难。

发生地震的地方必有断层。地震多是内动力作用引起岩石脆性破裂，释放积累的应变能量所产生的。岩层的断裂可分为正断层、逆断层和平推断层三种，断层可使破裂的岩层发生相对位移，在海洋中发生大地震并引发洋壳突然抬升或下陷，并将地震所释放的巨大能量传导给上方的水体，使之产生强烈振荡并以波浪的形式向四周传播开来。

接收到地震巨大能量的海浪形成一种重力波，波长可达几千米甚至几十千米。当波浪到达海岸时，由于水深变浅和港湾狭窄，同时，速度变慢，波长变短，波浪会突然增高并接踵而至地“翻着跟头”冲向海岸，海啸便形成了。

海啸在所有海浪中，不仅威力最强大，破坏性也最凶猛。曾记录到苏格兰海岸的巨浪威力是，每平方米高达 2000 米的海啸，把防波堤上一块 800 吨重的混凝土和

巨大的、装满了煤石的驳船也被海啸冲上了堤岸

500 吨重的钢筋骨架连根拔起。海啸若发生在暗礁附近，其冲击力会更加强烈，破坏性也较强；若发生在被深水围绕的陆地附近，其冲击力较弱，对人类的威胁也较小。

有史以来，灾情最惨重的是印尼一次火山爆发引起的海啸。位于苏门答腊和爪哇之间的海峡中，有个长 7 千米、宽 5 千米的小岛，名叫克拉卡突亚。它从 1883 年初开始冒出浓雾，火山爆发的情况似乎一天天逼近。由于熔岩所形成的浮石大量漂浮到海面上，火山的灰尘也如降雨般洒落在船只的甲板上。熔岩块、灰尘不间断地喷出，火山内部慢慢变空。到 8 月下旬，火山中的熔岩已不能支撑火山外海水的重量，火山终于坍塌。千百万吨重的海水涌入火山中空的内部，使得小岛三分之二沉入海水中，并产生有史以来最大的巨响，连远在3000千米外的大洋洲也听得一清二楚。而它产生的暴风一直环绕地球7周后才平息。更恐怖的是，爆炸所造成的海啸，在爪哇的海岸掀起四层楼高的水墙，把一艘海军舰艇卷到距海岸2千米的内陆处，抛在一座山顶上。海水淹没了一座座村庄，造成4万人死亡。

海啸过后的市区面貌

中国人习惯用成语“山崩海啸”来形容最强烈的自然现象和自然灾害。中国历史上把风暴潮和地震海啸所表现的潮位异常混称为“海溢”“海啸”“海沸”“海涨”“潮变”“海立”“海决”“海翻”“漫天”“风潮”“沓潮”等，但最常用的为“海啸”。之所以称之为“海啸”，是因为灾害发生时，渔民、水手等沿海居民常可听到海中发出的呼啸声。中国也是世界上最早记录到地震海啸（即公元前 47 年 9 月发生在渤海莱州湾的地震海啸）的国家。

对于海啸，古代就有大量文献记载。明代王贵一有诗云：

阳侯逞一怒，突兀千丈波。
江豚拜鲸浪，奋激吹盘涡。
珠湖风雨疾，水立如山坡。
白气淼银汉，怪鳄曾未过。
海若复大啸，沉没万灶鹾。
阳山注釜底，决排势滂沱。
高岸尽为谷，平田无寸禾。
登陴俯廛井，栋宇浮中河。
大舸若飘瓦，渔艇如飞蛾。
日落水摇动，枕席亲蚌螺。
鼋鼍近喷薄，星斗相荡摩。
斯须坠深泽，填壑哀如何。
天门远万里，府檄愁催科。
唐尧轸方割，宇内咸太和。

中国古代对海啸灾害的记载包括“溺人”“毁房”“决海塘”“沉舟船”“卤死庄稼”“没盐业”“次生灾害”等。其实海啸灾害往往是综合性的，文献中有着大量记载，如 1421 年（明永乐十九年）海啸，嘉靖《东台县志》有如下记载：

辛丑七月十六夜，夜半飓风声怒号。天地震动万物乱，大海吹起三丈潮。

茅屋飞翻风卷土，男女哭泣无栖处。潮头弛到似山摧，牵儿负女惊寻路。

四野沸腾哪有路？雨洒月黑蛟龙怒。避潮墩作波底泥，范公堤上游鱼渡。

悲哉东海煮盐人，尔辈家家足苦辛。濒海多雨盐难煮。寒宿草中饥食土。

壮者沉离弃故乡，灰场蓄满地无卤。招徕初荣官长恩，稍有遗民归旧樊。

海波忽促余生去，几千万人归九泉。极目黯然烟火绝，啾啾呜鸟叫黄昏。

中国沿海地带所遭受的最严重的一次海啸，是1696年（清康熙三十五年）那一次，至少有23种古籍记载了这次海啸。海啸主要发生在长江三角洲地区。《三冈识略》记载：海啸时，海水冲入沿海一带地方数百里，水面高于城丈许，漂没海塘千丈，灶户一万八千户，淹死者共十万余人。

二、印度洋惊涛拍岸

地裂轰然风怒号，山崩海啸浪滔天。田园屋厦随潮去，数万苍生葬恶涛……

2004 年 12 月 26 日上午，印尼的苏门答腊岛西北海域发生了近百年来罕见的 9 级强震。地震引发秒速达 200 米的特级海啸，冲向印尼、泰国、马来西亚、斯里兰卡、印度、马尔代夫等 12 国，余波甚至冲击到东非索马里海岸。

印尼的亚齐省受灾最重。据美联社的报道，从直升机上望去，印尼苏门答腊岛受灾地区的景象都非常相似：大部分村庄都被泥浆和海水覆盖着，唯一的生命迹象是一些绝望的灾民在海滩上四处寻觅食物。意大利国家地球物理学院的院长波斯什称，印尼地震的能量相当于 100 万枚投在日本广岛原子弹的当量。地震的震动是如此强烈以至于地球的自转都受到了影响。

强烈海啸发生后，南亚和东南亚大部分地区瞬间成

印度洋海啸中，一个小镇被摧毁

为满目疮痍的灾区。西方媒体将许多遭受海啸袭击的灾区形容为“海边停尸房”。海啸还摧毁了灾区大量的基础设施和交通工具，迫使数以千万计的百姓流离失所。

根据 2005 年 2 月初的统计数据，印度洋海啸遇难者总人数已经超过 29. 2 万人。此次灾难中，印尼受灾最为严重，印尼卫生部称，该国共有 238945 人遇难或失踪。泰国确认遇难者总人数为 5393 人，失踪人数为 3071 人，其中超过 1000 人为外国人。斯里兰卡是受袭仅次于印尼的国家，其遇难者总人数为 30957 人，失踪者人数为 5637 人。在印度，官方确认的死亡人数是 10749 人，失踪人数为 5640 人。缅甸共有 61 人在海啸中遇难，联合国估计该国死亡人数为 90 人。马尔代夫至少有 82 人遇难，失踪人数新增加 26 人。马来西亚警方称，该国共有 68 人遇难，其中大部分为槟榔屿居民。孟加拉国则有 2 人遇难。非洲东海岸也有人员在海啸中遇难，其中索马里死亡 298 人，坦桑尼亚死亡 10 人，肯尼亚死亡 1 人。时任联合国秘书长安南称此次席卷印度洋国家的地震和海啸是一场史无前例的、全球性的灾难，因此也须做出史无前例的、全球性的反应。

房倒屋塌

这是一场突如其来的巨大灾难，人们以前只在好莱坞的灾难片中见过类似的场景。事后，幸存者向媒体描述了灾难降临的一刻他们所见和所做的一切，他们的神情依旧惊魂未定，但在简短描述中人们可以深切体会危难中人的真实感情。

普吉岛是泰国最大的海岛，也是泰国最小的一个府。普吉岛以其迷人的风光和丰富的旅游资源被称为“安达曼海上的一颗明珠”。印度洋海啸中，普吉岛受灾严重。德国游客克里斯·阿伦茨在这里见证了海啸的来临。他谈到，就像灾难片《后天》变成现实一样。海啸发生时，他和一个朋友正朝着海滩方向走，人群却迎面冲了上来，随即他们也掉头朝酒店跑，跑了300多米才找到一处避难所。这无疑是一场突如其来的大灾难。

瑞典人博雷·卡尔松也对普吉岛的海啸记忆尤深，他说，他简直不能相信眼前发生的一切。当他站在酒店大堂里的时候，一辆小汽车突然被水冲了进来并翻倒在地，水流太急了。水涨到他胸口那么高，他紧紧抓着朋友的手，因为他不会游泳。

在普吉岛度假的英国游客杰拉德·唐纳利不能忘记，海啸发生时，一开始只是听到一声巨响，震天动地的巨响。然后，他的妻子艾米丽跑到阳台上，看见人们都在跑。起初他们以为发生了恐怖袭击，接着就看见大浪滚滚而至。他们不停地向楼上跑，跑向能到达的尽可能高的地方。

槟榔屿意为槟榔之岛，是马来西亚西北部一个风光旖旎的小岛，因盛产槟榔而得名。槟榔屿是马来西亚十三个联邦州之一，位于西马来半岛西北侧，北隔玻璃市州，与泰国南部相邻，西隔马六甲海峡，与印尼苏门答腊岛相对。它扼守马六甲海峡北口，与马来半岛隔一条3千米宽的海峡，地理位置十分重要。槟榔屿长期以来是亚洲最为繁忙的航运中心之一，20世纪末成为马来西亚首要旅游中心，主要在北海岸巴都菲宁宜有豪华的度假旅馆。

槟榔屿是海啸中马来西亚受灾最严重的地方。根据马来西亚商人法伊扎尔·英瓦尔的回忆，当天上午，他驾车沿着海岸线行进的时候，看到了从未有过的怪异景象：海水呈现白色，上面满是泡沫，6米高的巨浪冲上海岸约15分钟。在此之前，海滩上熙熙攘攘，海浪过后他们就消失了。后来他在海滩发现了一个女人，本想救救她，但发现她的嘴里都是灰色的泥浆，她死了。平常蓝色的海水，此时变成了黑灰色。

槟榔屿29岁的银行职员沙赫纳兹·汗对一个细节始终难以忘怀，当巨浪把许多人淹没，一个父亲发疯似的寻找他的孩子。

印度泰米尔纳德邦55岁的印度渔民切拉帕是海啸的亲历者，至今依然记得那震耳欲聋的咆哮声，他说，整个地区变成了大葬礼。

印度70岁的老人詹地·拉克希米在海啸中失去了唯一的儿子和两个孙子，他觉得自己活了这么长时间应该被诅咒。

法国人菲利普·吉尔伯特在斯里兰卡坦加勒海啸中

27 日，印度一对夫妇在海滩找到他们 8 岁儿子的尸体，痛不欲生

经历了九死一生，他被一阵恐怖的海浪抓了起来，仅仅是运气，他发现自己被卡在两棵树中间，而且还能呼吸。但他失去了 4 岁的孙女。

身在斯里兰卡科伦坡的美联社摄影记者格穆努·阿马拉辛哈回忆，他在一条仅有 6 千米长的路上看到了 24 具尸体。他看到，用于固定沿海房屋的金属网上卷着孩子们的尸体。一排排男女站在路边，询问人们是否看见他们的家人。他还看见人们从海边把尸体运到路上，用围裙裹着。第一波巨浪过后，第二波巨浪又到来了。

这场 9 级大地震激起的冲天海啸，造成有史以来最大的海啸灾难。人们不禁要问，这场强烈的地震究竟是怎样发生的?

全球绝大多数地震都分布在板块边界上，可见板块间的相互作用（撕裂、推挤、摩擦错动等）是地震的基本成因。位于苏门答腊岛西南岸外的地震震中恰处于欧亚板块的南缘，印度洋板块沿印度洋东北缘的爪哇海沟俯冲于苏门答腊、爪哇等岛屿之下，其下潜速度只比一个人手指甲生长的速度稍快，约为6厘米/年，照理不会惹是生非。

然而，地球上海沟俯冲带的性质并非千篇一律，有的海沟俯冲带，如马里亚纳海沟的特性是太平洋板块能够相对顺畅地沿着它下插至西面的菲律宾海板块之下，因此这里就很少发生强烈地震；而苏门答腊西南缘海沟俯冲带的“脾气”却不大一样。印度洋板块向北偏东方向斜插下去，它与上覆的欧亚板块之间的接触带是一条向东北方向倾斜的巨型断层带。如果两板块沿这条断层带自由地缓缓滑动的话，本不会对人类构成威胁。不幸的是，两板块在深5~50千米的一段断层带上、下两侧板块紧紧地耦合在一起；尽管印度洋板块在缓慢下潜，但这一段被称为发震带的断层却被死死卡住了。断层上方的苏门答腊西南缘一带在北移的印度洋板块挤压下，年复一年，积聚起越来越大的应变能，以至于上覆板块前缘遭受向下牵引而弯曲拱起。当应变积累岩石弯曲程度增大到岩石无法承受时，这段被锁住的断层突然断开，发生错动，苏门答腊西南缘地块反弹回到原来的位置，这就意味着一场可怕地震的降临。

海啸竟然把正在奔驰的汽车袭击成这种模样

有学者提出，在这次地震中，苏门答腊西南缘的小岛可能向西南方向移动了 20 米。若以 6 厘米/年的板块俯冲速率计，这一段发震断层已闭锁了 300 多年，而在强震的刹那间却完成了 300 多年的板块移动量。积聚了 300 多年的能量，在地震瞬间释放出来，难怪它会使整个地球颤抖起来，甚至使地球自转稍稍变快，使地轴有所倾斜。而最可怕的是，这一断层的突然断裂，导致上千千米长的海底发生强烈错动，就像一只巨手在浴缸底部猛烈地搅动，终使印度洋掀起滔天巨浪，给人类带来了空前的灾难。

为什么此次海啸会造成如此大的人员伤亡呢？除了自然灾害本身极为严重外，主要的原因是这些国家普遍不具备灾害的预警和危机处理机制，而造成这种状况的原因是多方面的。第一，这些国家普遍缺乏强烈的灾害意识；第二，这些国家普遍缺乏必要的预警机制；第三，缺乏国际灾难应对协调机制。

正是在这一背景下，东盟地震和海啸灾后问题领导人特别会议于当地时间2005年1月6日上午9时15分在印度尼西亚首都雅加达会议中心开幕，20多个国家和国际组织的领导人出席了会议。这次会议的讨论议题主要包括：协商建立地区性预警机制，加强区域信息交流，以预防未来类似悲剧的发生；讨论建立东盟救助基金，不仅着眼于近期的救援和救灾活动，更考虑到未来几年内长远的灾后重建和经济合作；协调救援和重建行动，集世界力量赈灾扶贫，体现联合国主导下的国际合作。

特别会议在6日下午通过行动宣言后闭幕。行动宣言表示将强化在紧急救助、灾区恢复和重建等问题上的协调与合作。在行动宣言中，与会领导人对受灾国在自救方面所发挥的首要作用和联合国在紧急救援阶段对受灾国提供国际援助方面所发挥的协调作用予以高度称赞，同时强调进一步改善与协调救济物品发放工作，真正帮助解决受灾者的困难。行动宣言说，与会领导人同意继续提供紧急援助，要求联合国动员国际社会支持受灾国的紧急计划，并要求联合国秘书长任命一位特别代表协调召开国际承诺会议。

三、红十字：生命的希望

重墨辞旧岁，爱心开新元。

震惊世界的印度洋大地震、大海啸给印度洋沿岸各国造成了空前的大浩劫。十国举哀，举世同悲。

联合国、红十字会与红新月会国际联合会（以下简称国际联合会）、世界银行等国际组织在海啸发生后向斯里兰卡提供了巨额援助。2005 年 1 月 3 日，时任联合国秘书长安南在纽约联合国总部举行的新闻发布会上表示，希望已经对印度洋海啸受灾国做出捐助承诺的 40 多个国家和国际机构能遵守诺言，及时为救援活动和灾区重建提供资金。

印度洋海啸造成的巨大灾难震惊全球!

拥有 179 个国家红十字会成员的全球最大人道救援网络的红十字会与红新月会国际联合会，立即成为国际红十字运动整体面对这场海啸灾难，组织大规模国际人道救援的协调中心。

联合国总部

从灾害发生开始，由印度洋到日内瓦，国际联合会的秘书处及其地区、国家代表处立即作出紧急反应。国际联合会会同地区代表处向灾区国家派出了紧急反应小组（ERU）和现场评估与协调组（FACT），考察灾情，制定救援方案。在国际联合会的紧急协调下，美国、日本等国红十字会也派出紧急反应小组或救援队奔赴灾区。

2004年12月26日，国际联合会在大灾当天向国际社会发出紧急援助预备呼吁，寻求751万瑞士法郎的援助，以便为50万灾民提供6个月的粮食及其他生活必需品。这笔资金先期注入受灾最严重的斯里兰卡、印度和印度尼西亚。在此之前，国际联合会已经从该组织的紧急救济金中拨出 100 万瑞士法郎，送往灾区。此后，国际联合会或各国政府、民间捐助的资金、物资通过红十字会源源不断发送至灾区。

12 月 29 日，根据灾情不断扩大的形势，国际联合会发出修改后的第二份预备呼吁，大幅度提高呼吁额，扩大了援助范围。提出寻求 6705 万瑞士法郎的援助，为 200 万灾民提供 6 至 8 个月的粮食及其他生活必需品。根据灾情的发展，国际联合会的呼吁在不断修改，继续扩大呼吁额，并发出最后的正式呼吁。

作为整个国际援助行动中的一支重要力量，国际联合会活跃在国际舞台，在日内瓦、纽约等城市，与联合国、红十字国际委员会及其他有关国际组织、国家政府建立了多边、双边的沟通、会晤、协调机制。国际联合会主席于 1 月 8 日访问了受灾较重的斯里兰卡，国际联合会秘书长出席了 1 月 6 日在雅加达召开的援助峰会。为进一步动员全球人道力量抵御大难，国际联合会与红十字国际委员会还发出联合声明，号召整个国际红十字与红新月运动团结一致、全力以赴，救助海啸灾区的灾民。

根据国际红十字与红新月运动塞维利亚协议，国际联合会应在自然灾害的救助方面发挥主导作用，但红十字国际委员会也并非袖手旁观。为协助好救灾工作，红十字国际委员会在有关国家的代表处积极参与了与国际联合会的协调工作，并利用其强大的资源开通了灾难失踪人员查询网。

红十字会与红新月会国际联合会与中国红十字会标志

各国红十字会也紧急动员并投入募捐和援助工作。印尼红十字会在灾难发生后就派出了300多志愿者奔赴灾区，募捐价值十几万美元的款物，并接受了加拿大红十字会价值15万加拿大元的捐助物资。泰国红十字会组织志愿者在灾区开设救援厨房，向数千灾民提供饮食，每天工作14个小时。美国红十字会向受灾国提供了3000万美元的援助，其中2500万美元用于提供粮食，500万美元用于提供卫生用品和帐篷等。

卡塔尔、沙特阿拉伯和科威特三个海湾国家分别宣布，将向受灾国提供2200万美元的援助。科威特红新月会还发起了对灾区筹款运动，阿拉伯联合酋长国有关部门要求该国红新月会向受灾地区提供紧急援助。加拿大政府的援助款通过国际联合会和加拿大非政府组织转交给有关国家。为了解失踪的奥地利旅游者的具体情况并向受困人员提供医疗救助，奥地利政府成立了应急小组并开通了热线电话，奥地利有关机构还向受灾地区派出了红十字会工作小组。

2005年新年伊始，芬兰外交部宣布，芬兰政府再次通过芬兰红十字会和有关国际组织向印度洋海啸灾区提供750万欧元的人道主义援助，以帮助这次海啸中的受难者。这是芬兰政府在这次海啸灾难期间第四次向灾区提供人道主义援助。在很短的时间内，芬兰政府即通过芬兰红十字会和有关国际组织向印度洋海啸灾区提供了1200万欧元的人道主义援助。我国香港、澳门特别行政区一些机构、团体、个人也踊跃参与捐款活动。截至1月4日，澳门红十字会收到数百万澳门元的捐款。

根据国际联合会常驻北京的东亚地区代表处宣传代表斯帕若先生的介绍，在海啸救援中，国际联合会面临的最大问题是印尼和斯里兰卡的救援，那里受灾严重，交通不便，因此国际联合会与红十字国际委员会加紧合作并协调其他有关机构用飞机把救助物资送到灾民手中。斯帕若先生认为中国红十字会在这次行动中反应迅速，募捐工作成效很大，表现了中国人民崇高的人道主义精神。

大海啸是一种不幸，也是一条纽带，在红十字的旗帜下，它把很多国家、民族和素不相识的人拉到了一起，很多人都希望在潮水退去的那一天，这条纽带依然把大家连在一起。

四、中国：第一时间回应

海啸的发生，不仅是有关国家的灾难，也是全人类的灾难。

中国政府倍加关注，中国人民爱心成城。

中国是饱受自然灾害侵袭的国家之一。我们对灾害带给人们的痛苦感同身受，深知患难真情之可贵。当印度洋发生地震海啸的消息一传出，时任国家主席胡锦涛、国务院总理温家宝等领导人就相继向相关国家领导人致电慰问。与此同时，中国红十字会、全国妇联等团体发起了救灾募捐动员。香港同胞也发起募捐救灾热潮，仅李嘉诚基金会就捐献了2400万港元。

12月26日，时任国家主席胡锦涛分别致电印度尼西亚总统苏西洛、印度总统卡拉姆、斯里兰卡总统库马拉通加、孟加拉国总统艾哈迈德、马尔代夫总统加尧姆、泰国国王普密蓬、马来西亚最高元首西拉杰丁，代表中国政府和人民对上述国家遭受强烈地震和海啸造成的重

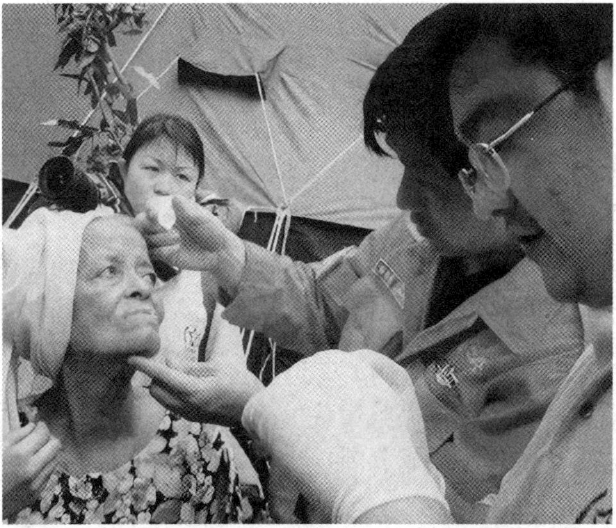

2004 年中国国际救援队参与印度洋地震海啸救援

大人员伤亡和财产损失表示诚挚慰问，对遇难者表示深切哀悼，并相信有关国家政府和人民一定能够战胜灾害，克服困难，重建家园。

2005 年 1 月 5 日下午，时任国务院总理温家宝“轻装”飞赴“海啸峰会”，专机为印度尼西亚受灾人民送去多达 16 吨的紧急救援物资。会上，温总理满怀深情地发表了题为“同舟共济，重建美好家园”的重要讲话。温总理郑重承诺：中国愿根据受灾国政府和灾民的需要，调整和补充救灾物资；将与受灾国合作，帮助受灾地区重建道路、桥梁、学校和医院等基础设施。

在对灾难的救援效率方面，中国堪称典范。早在2004年12月26日，商务部就宣布：中国政府决定根据灾情向印度、印尼、斯里兰卡、马尔代夫和泰国五国提供人道主义紧急救灾援助。29日晚上，又根据灾难的最新情况，时任外交部部长李肇星紧急召开有关部门负责人联席会议，决定大幅增加中国政府对受灾国的物资和现金援助。

2005年1月1日凌晨0时，经过几十个小时的辗转颠簸，35名中国国际救援队员终于抵达印度尼西亚重灾区亚齐省首府班达亚齐同际机场。凌晨4时许，在卸下7吨重的医疗设备和物资后，在机场停机坪上刚刚倒地入睡的救援队队员们收到了“第一份特殊的新年礼物”：一场暴雨把他们浇醒了。这是一个有着特殊意义的元旦之夜，潮湿的空气中一片肃穆。5米之隔，停放在那里的救灾物资运载飞机彻夜轰鸣；500米开外，几百名灾民滞留机场等待被送往棉兰；10千米外的班达亚齐市区，一半以上的建筑被毁，9万多人死亡，还有10万多人失踪。死亡、饥饿、疾病的威胁笼罩着亚齐。救援队员们就地露营，准备稍稍缓解一下疲惫就投入到救援行动中去。

承担灾难援助主要角色的无疑应该是国际社会中的大国，从全球一体化的大家庭理念出发，强者不应永远是竞争中的获利者，强者同样应该主动承担他人无法承担的责任，为弱者和受害者建立持续发展的基础。海啸在考验大国的责任意识……

在印度洋海啸面前，中国表现出的友善、宽容、亲和的气度，在印尼，在世界上赢得了尊重。虽然当时中国经济上还不算富有，但是，中国人民富有爱心；虽然中国还是发展中国家，但是，中国人民的友好、善良和热情传承久远；虽然中国是有着近 14 亿人口的大国，但是，中国人民从来都对世界各国人民平等相待。

一方有难，八方支援；无私救助，雪中送炭。从北京到海南，从沿海到内陆，从政府到民间，从学校到机关，上至八旬老人，下至几岁孩童，有领导，有群众，有专家学者，也有下岗工人，大家都无私奉献，慷慨解囊，把自己的养老钱、结婚钱、私房钱、零花钱慷慨捐献给受灾国人民。

中国人有着朴素的仁爱之心，时任联合国秘书长安南在救灾峰会上特别表扬了中国沈阳的一名男孩，他把 22 美元捐给了邻国的灾民。中国人有着深厚的人道情怀，辽宁一名 63 岁的老企业家为救济灾民，解囊捐出 500 万元人民币。多么高尚的人格，多么深厚的爱心，多么可贵的奉献精神！

中国民间自发救灾捐款日益高涨，很快突破 1 个亿。一滴水能映出太阳的光辉，一寸心能筑起爱的长城，一个民族的炽热能温暖一个世界，一个世界的爱心足以把地震海啸带来的创伤抚平。国不分贫富，人不分老幼，地不分远近，条条情丝系大洋，五湖四海的牵挂连接成十万里的情谊。

中国政府和民间对印度洋海啸灾区所进行的救灾援助行动，也是新中国历史上规模最大、持续时间最长、政府援助资金和民间募捐最多的一次，其中仅中国政府和民间向印尼亚齐和尼亚斯灾区捐助的资金和各种物资总额就高达3.927亿元人民币。

从中国驻印尼使馆公布的援助细目上，可以清晰地看到：自2004年12月30日起，中国政府先后向印尼空运了4批紧急救灾物资和设备，总价值3150万元人民币；自2004年12月31日起，中国政府向印尼灾区派遣了3批医疗救援队，在亚齐灾区连续工作3个月，所花费用6800万元人民币；中国承诺在亚齐和尼亚斯灾区兴建60所学校，项目前期总金额4000万元人民币；中国政府向印尼提供了价值3000万元人民币的地震海啸早期预警系统；2005年胡锦涛主席访问印尼时向尼亚斯灾区提供了200万美元的现汇及物资援助；同期中国驻印尼大使还代表中国政府，分别向印尼副总统和印尼有关的赈灾委员会捐助了50万美元和30万美元；中国政府通过联合国儿童基金会为印尼灾区儿童捐赠了价值550万美元的学生用品；农业部通过联合国粮食及农业组织向印尼提供了价值60万美元的637套渔船发动机等物资；

中国民政部2005年8月向亚齐及尼亚斯重建机构提供了6000万元人民币的无偿援助；中国慈善总会、中国红十字会捐助金额为2000万元人民币；中国红十字会还提供了340万美元，与印尼红新月会合作在灾区兴建300套住房；另外还有多家中国驻印尼企业向印尼灾区提供了530万美元现金和大量的物资。

爱心潮，在中国大地涌动

中国红十字会，作为国际性的人道主义救援组织，在大灾大难面前，如何应对，令世人关注。成立于1904年的中国红十字会，至海啸发生已走过了整整100个春夏秋冬。在这历尽坎坷的百年之中，中国红十字会以人道主义为天职，无论是在战火硝烟、血雨腥风的战争年代，还是在人心惶恐、饿殍遍野的天祸灾年，它都抱牺牲志愿，本博爱襟怀，救死扶伤，扶危济困，寒则衣之、饥则食之、伤则医之，海内仁人均称其拯民于火，功德无量。

2004年10月，中国红十字会召开第八次全国会员代表大会。时任国家主席胡锦涛任名誉会长。会上，胡锦涛关于中国红十字会在社会主义现代化进程中“可以大有作为”的论述极大地鼓舞了全国的红十字同人。中国红十字会新一届领导班子决心不辜负中央的殷切期望，在新时期、新阶段，在人道救助领域和构建社会主义和谐社会的过程中，当好政府助手，发挥更大作用。

正因为如此，这次海啸一发生，中国红十字会就做出快速反应：救灾如救火，刻不容缓、责无旁贷。短短20多天，中国红十字会已募得2亿元人民币善款，派出3支救援工作组，紧急拨付1亿元款物并组建了一支救援医疗队随时待命。中国红十字会以高效、务实的姿态，向党、政府、社会和人民交上了一张满意的答卷，赢得了国内外广泛赞誉。

五、中国红十字紧急救援

“动员人道力量，改善最易受损人群的境况。”这是国际联合会2010年战略的中心思想和宣传口号。印度洋海啸发生之后，在千百万人家破人亡、缺吃少穿的悲惨境遇面前，尤其让人感到这句口号沉甸甸的分量。

为使救助活动快捷、有序，在会长彭珮云的领导下，中国红十字会迅速成立了以常务副会长江亦曼为负责人的海啸救灾工作指挥部，明确了各部门的职责、分工，全面统筹全国红十字系统的救助工作，一场规模空前的跨国救援就此拉开序幕。

海啸发生的次日，中国红十字会就以常务副会长江亦曼的名义，向各受灾国红十字会或红新月会发去慰问电，并紧急调拨15万美元，通过国际联合会发往各受灾国红十字会或红新月会。30日、31日，中国红十字会又先后拨出51万美元，从多边和双边渠道拨付受灾国红十字会或红新月会，两次共捐助66万美元。国际联合会和受灾国对中国红十字会迅速有效的行动给予了高度评价。

12 月 30 日，中国红十字会响应国际联合会的号召，向全国发出紧急募捐呼吁，开通捐赠热线电话，公布募捐账号，并实行 24 小时值班。由此，位于北京市东城区北新桥三条 8 号的中国红十字会总会驻地成了国内外关注的热点，设在这里的热线电话成了连接中国民众和印度洋海啸灾民的爱心热线。中央电视台等多家新闻媒体把摄像机、照相机架到了总会募捐办公室，一个个动人的故事，一幅幅感人的画面，通过电视屏幕、报纸、刊物、网络传遍海内外。总会除每天向政府有关部门通报捐款数量，定期向媒体介绍接受募捐情况外，还及时向国务院和外交部分别呈报两份报告，报告募捐、救援工作进展情况，及下段工作安排，先后向各省级红十字会发出了《关于规范红十字会系统开展对印度洋海啸灾区捐赠活动的通知》《关于加强印度洋海啸灾害捐款管理的通知》等四个通知，有效指导了各地红十字会的募捐活动。

2005 年 1 月 25 日，中国红十字会再次提供 785 万美元的援助，分别捐赠给受灾国家以及国际红十字组织，其中，印度尼西亚红十字会 140 万美元；斯里兰卡红十字会 100 万美元；泰国红十字会 50 万美元；印度红十字会 25 万美元；缅甸红十字会 10 万美元；肯尼亚红十字会 5 万美元；坦桑尼亚红十字会 5 万美元；国际联合会

300 万美元；红十字国际委员会 150 万美元。除此之外，中国红十字会还向相关受灾国和国际红十字组织提供了价值 1077 万元人民币的援助物资，中国国际航空公司提供了价值 450 万元人民币的包机运输费用。

中国红十字会的救援物资安全、准时抵达印尼机场

为规范捐赠活动，总会要求各级红十字会紧急行动起来，依据《中华人民共和国红十字会法》独立自主地积极开展募捐活动。要求各级红十字会切实加强对募捐活动的管理，为印度洋海啸灾区开展的捐款活动应接受总会的统一领导。接受的捐赠款应由各省级（行业）分

会及时、逐级统计，并将捐赠款如数上缴总会，由总会统一分配和处理。各级红十字会募集的善款不须移交其他组织或通过其他组织转交。总会还提出，各级红十字会要坚持公开、公正、透明的原则，及时向社会公布接受捐赠的办法，严格管理，手续完备，出具合法、有效的捐赠收据和感谢信，尊重捐款人（单位）的意愿，公布捐赠情况，接受社会监督。为做好活动的宣传，要求各级红十字会要积极收集捐赠活动中的好人好事、感人事迹，收集社会知名人士参与捐赠活动的情况，并及时以书面材料上报总会。为加强信息沟通，各省级红十字会自 2005 年 1 月 4 日起，每日 12 时前将当日接受捐赠款情况填表传总会赈济救护部，并及时将募集款汇至总会。

为了尽快将民间捐款送往受灾国，2005 年 1 月 6 日，中国红十字会将募集到账的民间捐款折合 200 万美元捐赠给了印尼、斯里兰卡、泰国、马尔代夫四国红十字会或政府用于紧急救援工作。国际联合会常驻北京的东亚地区代表处宣传代表斯帕若先生认为中国红十字会在这次行动中反应迅速，募捐工作成效很大，表现了中国人民崇高的人道精神。

1 月 19 日下午，中国红十字会首批援助物资运抵印尼巴淡岛。中国红十字会联络部负责外援的官员戴晓明在接受记者电话采访时说，这批援助物资主要由中国企业捐赠，如杭州娃哈哈集团有限公司捐赠的矿泉水和儿童服装，上海柴油发电机股份有限公司捐赠的发电机，广东格兰仕集团有限公司捐赠的空调和微波炉，以及其他许多企业捐赠的帐篷、净水宝等。中国红十字会也提供了1万条毛毯和1000箱饼干。这批物资总价值1077万元人民币，重86吨，由中国国际航空公司免费承运。

彭珮云会长向海啸受灾国转交民间捐款

1月25日上午，中国红十字会就印度洋海啸救援工作及计划参与受灾国灾后重建项目情况召开了新闻通报会。时任中国红十字会会长彭珮云，常务副会长江亦曼，副会长苏菊香、郭长江出席了新闻通报会，中宣部、外交部、商务部、民政部、卫生部、国务院新闻办新闻局的代表，印度尼西亚、斯里兰卡、泰国、缅甸、索马里、肯尼亚、坦桑尼亚使馆的外交人员及红十字会与红新月会国际联合会、红十字国际委员会的代表也出席了会议。

会上，中国红十字会考察灾区归来的救援工作组还详细介绍了在印度尼西亚、斯里兰卡和泰国考察灾情和与受灾国红十字会协商灾后重建的工作情况。彭珮云会长向印度尼西亚、泰国、斯里兰卡等 11 个受灾国及红十字会与红新月会国际联合会、红十字国际委员会做了捐赠。

斯里兰卡驻华大使在讲话时说，中国红十字会的救助是跨越国界的友谊，使受灾国得到了像家人一样的帮助。他代表受灾国人民向中国人民和中国红十字会表示了衷心的感谢。红十字会与红新月会国际联合会东亚办事处代表和红十字国际委员会东亚代表处代表到会讲话，对中国人民在这次印度洋海啸救援工作中所表现的人道主义精神表示崇高的敬意，对中国红十字会的工作给予了高度赞扬。

六、工作组在印尼

为了更好地使用民间捐款，2005年1月13日，中国红十字会赴海啸受灾国救援工作组正式成立，工作组一共由10人组成，分成3个小组。14日工作组从北京启程，分赴受灾最为严重的印度尼西亚、斯里兰卡和泰国3个国家。工作组主要负责慰问受灾民众，了解灾区的实际需求，向当地红十字会、我驻外使馆、国际红十字组织了解救灾情况和重建计划，并追踪中国红十字会捐款的到账和使用情况。

印尼是此次海啸受灾最严重的国家。地震海啸发生在印尼苏门答腊岛西北部的近海，距离班达亚齐250千米，距美兰波约80千米，如此近的距离和强大的海啸，给印尼苏门答腊岛西海岸一线的亚齐省和苏北省部分地区造成极为严重的破坏。受灾地区涉及亚齐省的美仑县、东亚齐、北亚齐、班达亚齐、络司马威、比帝县、查雅亚齐、中亚齐、西默鲁、西亚齐、西南亚齐、纳岸拉亚

中国红十字会领导为赶赴灾区的工作人员送行

12 个县市和苏北省的尼亚斯，灾害最为严重的地区为亚齐省北起班达亚齐市南至美兰波沿海岸线长约 200 千米、宽 1 ~ 10 千米的区域，房屋倒塌路桥冲毁，村庄被夷为平地，近乎成为无人区。

这次海啸给印尼造成了巨大的灾害。根据印尼国家发展计划署的统计数据，共有约 1000 个村庄及社区受到影响，造成 127000 间房屋完全被毁，另有约 152000 间房屋损毁严重。由于房屋损毁，已造成 603518 人无家可归，房屋损失达 14 亿美元。

班达亚齐市损失惨重，海啸导致房屋倒塌，桥梁被毁，电力供应和电话网络被切断。班达亚齐市被海啸毁了一大半，只有东面还有部分基本保持完好。大半座城市已经成为废墟，淤泥遍地，约深 30 厘米。

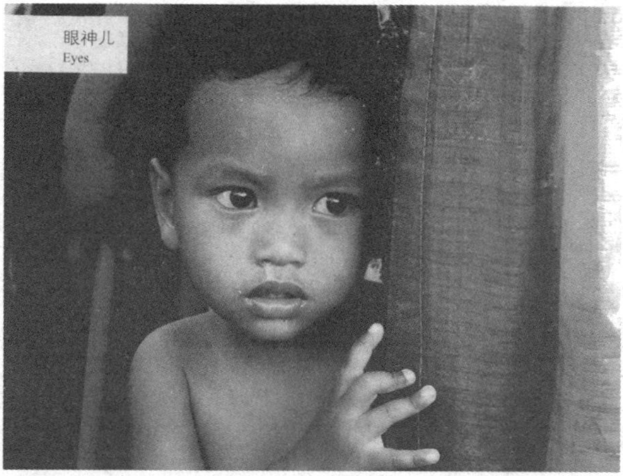

中国红十字会工作人员镜头下的灾区孩子

班达亚齐市至扎郎一线的村镇（包括西海岸线唯一陆路通道的干线公路大部分路段）大都依山临海或在河流冲积扇上修建，地势较低。自海岸线向岛内约 1 千米范围内，有 17 个村庄已完全消失，房屋破坏严重。

1 月 14 日北京时间 0 时 55 分，由中国红十字会派出的印度洋海啸灾区救援工作组抵达印度尼西亚首都雅加达。在前往驻地的途中，工作组与中国驻印尼大使馆文化参赞共同研究在印尼的工作安排，商讨中国红十字会救灾物资专机到达的具体工作，并仔细商谈救灾工作的具体计划。

第二天，工作组会同印尼红十字会 100 多名志愿救灾人员乘专机抵达受灾严重的班达亚齐。在班达亚齐机场，不同国度、不同类型、不同标志的各色飞机起降穿梭，轰鸣声震耳欲聋，大批的救灾物资、人员从这里涌入这个让全世界关注的地方。

中国红十字会救援工作组全体队员首先来到距离机场10千米的班达亚齐红十字会救灾营地。该营地设在一个丰田汽车展览销售厅的院子里，营地既是红十字会的救灾指挥中心，同时也是救灾物资集中和分配基地，红十字国际委员会在当地的救灾组也在这个营地中。营地的空地上支满了来自不同国度的红十字会救援帐篷，几百名红十字会队员在这里集结，承担着运输、发放和分配救灾物资的工作，待命的救灾队员在地铺上休息。一辆辆印着不同国家红十字会标志的车辆，满载着各种物资川流不息。

中国红十字会救援工作组一进入营地，立刻放下行囊，投入紧张的工作。工作组人员与当地红十字会领导人、红十字国际委员会官员会晤，了解灾区的物资情况，研究救灾的计划，探讨重建工作如何展开。当工作组忙完这些工作时，天色已晚。坐在营地露天的地上，队员们开始吃在灾区的第一顿印尼特有的抓饭，这时大家才知道，当晚将露宿在营地。为了保证大家身体健康，适应灾区紧张的工作，在当地红十字会志愿者的热情协助下，工作组在营地附近租借民房安顿了下来。

1月16日凌晨，工作组在熟睡中被暴雨敲击屋顶的

中国红十字会工作组人员与印尼红十字会工作人员肩并肩

声响惊醒，蚊子的叮咬已使队员们没有了睡意，简单吃过早饭，工作组乘坐租用的车辆开始对灾区的实际情况进行考察。

工作组首先来到灾民的安置点。这里，来自各国的各色帐篷大小、高矮不一，只有一个是统一的，就是几乎每顶帐篷上都印着红十字标识。太阳出来，在烈日的暴晒下，帐篷里闷热难当。由于帐篷数量有限，而无家可归的人数不胜数，帐篷拥挤不堪，安置点大多是老人和孩子，其生活状况可想而知。

工作组的车辆在班达亚齐的街道中行进，大半个城市已经成为废墟，大半建筑被毁，有的地方已被海啸夷为平地。由于经常下暴雨，晴天时又是烈日暴晒，废墟中许多还没有找出的尸体已经严重腐烂。在一个废墟中，可以看到几具被压在废墟下的尸体已腐烂得看不出人形，空气中弥漫着腐烂尸体的恶臭。在前往海边的公路两旁几乎看不到完整的房屋，路边经常看到还来不及运走的尸体，有的地方，很多尸体还堆积着没有掩埋，其情景惨不忍睹，让人心碎。

在班达亚齐，几乎每家每户都有亲人在灾难中死亡，机场出站口的墙上贴满了寻找亲人的告示和照片。在一个距海岸3千米的居民区内，一艘25米长、5米高的渔船，被巨浪推到岸上几千米远，这一幕几乎令人难以置信，难以想象当时海水席卷而来时的力量有多大。工作组还看望了在班达亚齐工作的中国救援队队员。

工作组受中国红十字会总会的重托，与印尼红十字会及有关部门共同商讨救助海啸地区受灾群众的工作，以便使国内广大民众所捐助的救助资金和物资能够及时地帮助灾区人民渡过难关。让来自中国人民的关爱，去抚平失去亲人和家园的灾民们的创伤。

七、工作组在斯里兰卡

斯里兰卡是一个位于南亚次大陆以南、印度洋上的岛国，西北隔保克海峡与印度相望。属热带季风气候，接近赤道，终年如夏，无四季之分。

中国红十字会向斯里兰卡派出的救援工作组由总会联络部副部长龚怡怡等二人和中央电视台的两名记者组成。除了考察当地海啸灾情，工作组还要向受灾国人民转达中国人民和中国红十字会的慰问，并向斯里兰卡红十字会了解中国红十字会前期捐款的使用情况，同时与斯里兰卡红十字会和其他有关方面商讨后续援助计划。

1 月 14 日清晨，救援工作组就踏上了从北京飞往斯里兰卡的飞机，途中经过中国香港、新加坡，整个行程 20 多个小时，让大家感到非常难受，并且出现了强烈的呕吐反应。14 日夜，工作组飞抵斯里兰卡。次日上午，工作组一行拜访了中国驻斯里兰卡大使馆，并与孙大使进行了交流。在斯里兰卡遭受海啸袭击后，中国红十字

总会工作组来到斯里兰卡

会迅速做出反应并向斯里兰卡红十字会提供了第一笔捐款10万美元，由孙大使转交给斯里兰卡红十字会，之后又提供60万美元的捐款。中国红十字会的善举在斯里兰卡国内产生了积极的影响。为了方便考察工作，在使馆的帮助下，考察组租借了一辆面包车。

随后，工作小组拜会了斯里兰卡红十字会，与斯里兰卡红十字会海啸救助特别工作组主席和斯里兰卡红十字会秘书长进行了交流。龚怡怡副部长介绍了中国红十字会为此次印度洋海啸灾害开展救助募捐的情况，得到了在场斯里兰卡朋友们的称赞。同时，双方还讨论了中国红十字会对斯里兰卡灾区的进一步援助问题，并就参与灾区重建事宜达成了初步共识，如修建中斯友谊村、社区活动中心、公共卫生设施、饮水设施等。

工作组初到斯里兰卡灾区就遇到了两个棘手问题。首先是高温带来的一系列食品安全和卫生健康问题。当地气温高达30多度，蚊虫原本就多，而斯里兰卡是一个笃信佛教的国度，当地人不许打蚊蝇，认为那是“杀生”，因此面对蚊虫的攻击，大家只能处于“被动挨打”的状态。同时，高温催化下大量暴露于野的腐烂尸体，很容易造成瘟疫的蔓延，工作组的生命健康面临严重威胁。另外，斯里兰卡反政府武装泰米尔“猛虎”组织与政府虽然因海啸签署了临时停火协议，但工作开展仍存在未知风险。

工作组在斯里兰卡

1 月 16 日，工作组乘车前往斯里兰卡南部 GALLE 地区，查看了那里的部分重灾区。面包车在环海公路上疾驶，公路与海边的距离宽的地方有几百米，窄的地方仅有几十米。一个小时后工作组开始进入灾区，随着车辆继续南行，眼前呈现的灾区景象越来越清晰。公路两旁的砖混建筑物，包括民房、店铺、饭店等，已经变成一堆一堆的瓦砾和废墟，几乎没有一个家庭是完整的。环海铁路消失不见了，取而代之的是被扭曲的轨道和颠覆的枕木；在废墟上仍然站立的只有高大的椰子树和棕榈树……眼前的凄惨景象让人难以将其与昔日的金色海滩、漂亮精致的饭店、欢快的旅游者、幸福的渔村生活联系到一起。只有平静而湛蓝的大海似乎在向人们诉说着这里往日的辉煌与繁荣。

工作组看到，烈日下，还有好多人仍然不放弃希望地在找寻他们的家人。在一个村子里，大家看到了一列由南向北开往首都科伦坡的火车被海啸掀翻，整列火车上 1500 多人遇难。火车的残骸和被扭曲的轨道，诉说着灾难的残酷。一路上大家经常能看到戴口罩的志愿者在清理废墟和坍塌的道路，也随处可以看到各种各样刚刚支起的临时帐篷以及不同面孔的国际援助者。

工作组时不时地可以看到一些灾民，男的、女的、老的、少的在自家的废墟上搜寻着，或许是搜寻已经丢失的财物，或许是搜寻对未来生活的微小希望。在

BENTOTA 地区，工作组看到路边有几十个穿着红十字标识服装的年轻人正在清理废墟。下车后工作组与他们交谈，了解到他们都是大学生红十字志愿工作者。他们中的一些人已经开展志愿服务好些天，他们在用自己的实际行动向公众展示红十字会“人道、博爱、奉献”的精神。在与当地老百姓的交谈中，工作组发现，他们对中国感情很深，对中国的援助很感谢。他们说，中国总是在他们危难的时候第一个出手相助。

在灾区考察期间，工作组遇见了正在那里巡视的斯里兰卡红十字会会长并进行了短暂的交流。从灾区返回首都后，工作组再次与斯里兰卡红十字会会长举行了会谈。应该说，灾区的人固然需要实实在在的物质，房子、粮食、药品和安全清洁的饮用水等，但是他们也需要世人给予他们精神上的关爱和慰藉——给灾区人民以精神的抚慰也是重要的。

在斯里兰卡期间，工作组还分别同国际联合会和红十字会国际委员会驻当地的代表处进行了交流，探讨参与斯里兰卡灾区重建工作以及双边在此次救灾活动中的合作问题。当时，国际联合会在斯里兰卡有一个救灾工作评估小组，正在与斯里兰卡红十字会以及其他捐助国红十字会共同制订一项灾区的长期重建计划，可能是 10 年，也可能是 15 年。总之，斯里兰卡灾区的重建工作是漫长的，不仅对斯里兰卡红十字会，而且对整个红十字运动都将是巨大的考验。

中国红十字会作为红十字运动的一员，作为一个负责任大国的红十字会，也将参与其中，并感受其中的酸甜苦辣。在斯里兰卡灾民的心中，中国人民在他们面临灾难时紧急营救所付出的努力，展示出一个真诚、有爱心、有责任心的中国政府形象，同时让大家从灾难中看到希望、看到友爱，感受到温暖和力量。

八、工作组在泰国

泰国，虽然距海啸中心较近，但与其他受灾国相比，泰国在这次海啸中还算幸运。除南部六府外，其他地方基本未受任何影响。在这次灾难中，泰国共有 5321 人遇难，失踪 3254 人。伤亡人数最多的 3 个府是泰南的攀牙府、甲米府和普吉府。

虽然泰国伤亡人数不像其他国家那样惨重，但泰国是东南亚地区旅游大国，每年吸引 1200 万游客前去观光游览。2003 年 1600 亿美元的旅游收入约占泰国国内生产总值的 6%。以旅游业闻名的泰国，经济遭受了前所未有的打击。

2005 年 1 月 6 日，中国国务委员唐家璇前往为地震海啸遇难者举行吊唁活动的泰国驻华使馆，代表中国政府和人民沉痛悼念在海啸中遇难的泰国人员，对泰国在此次海啸灾难中遭受巨大人员生命和财产损失表示深切的慰问。唐家璇说，中国政府和人民对友邻国家遭受的灾难感同身受，中国将根据受灾国需要，继续在医疗、防疫等方面提供支持，并将积极参与灾后重建工作。

工作组在泰国

为了援助泰国的海啸救灾工作，中国红十字会赴泰国救援工作组由中国红十字会总会赈济救护部副部长杨会新等 3 人组成。工作组于 1 月 19 日至 22 日考察了泰国遭受海啸灾害的地区。

19 日下午，中国驻泰国大使馆商务参赞宣国兴等会见了工作组一行。他说，海啸灾害发生后，中国红十字会的援助工作行动快，先后通过使馆向泰国红十字会转交了 35 万美元捐款，为灾区的紧急救助和重建活动提供了及时的帮助。中国红十字会在开展人道主义救援工作中发挥了政府助手作用。

20 日，在启程赴灾区前，工作组在曼谷分别拜会了泰国红十字会、红十字国际委员会驻东亚地区代表处、红十字会与红新月会国际联合会驻东南亚地区代表处。各方互相通报了开展海啸救援工作的情况，并希望进一步加强沟通和协作。

泰国红十字会赈济救护部副部长瓦塔妮女士向工作组详细介绍了海啸灾害造成的损失。她说，海啸使泰国南方6个府受灾，其中攀牙府和普吉灾情最重。海啸推进到距离海边2千米处，许多灾民房屋被毁，基础设施毁坏严重，当地民众赖以生存的旅游业损失巨大。她说，灾情发生后，泰国红十字会立即开展紧急救助工作，泰国红十字会先后派出了3批红十字会医疗队在灾区开展现场医疗服务，基层红十字会的卫生站也在紧急救灾阶段发挥了重要作用。泰国红十字会向灾区及时提供了饮用水、食品、药品和其他急需的生活用品，并积极开展社会募捐活动，目前已募集了价值400余万美元的款物。此外，泰国红十字会在救灾工作中积极发挥志愿工作者的作用。海啸发生后，先后有近万名志愿工作者协助红十字会开展救助工作，其中还包括来自国外的志愿者。

访问时，工作组看到泰国红十字会赈济救护部的工作人员始终在紧张有序、有条不紊地开展工作。他们每天将各种救灾工作信息输入电脑，并通过表格、数字、图片等方式把这些信息张贴在黑板上，使人一目了然。救灾热线办公室设施齐全，工作人员24小时值班，接收

工作组查看灾民的饮水设备

和记录公众捐赠信息。

泰国红十字会副秘书长在会见工作组时，感谢中国红十字会为泰国的海啸救助和灾区重建提供了及时而宝贵的援助。工作组组长杨会新代表中国红十字会表达了中国人民对泰国海啸灾区人民的真挚慰问、同情和支持。在会见时，工作组将一张价值30万美元的支票转交给泰国红十字会。泰国赈济救护部副部长瓦塔妮女士说，目前泰国的海啸救灾工作已转入重建阶段，一些灾区民众仍住在帐篷内，他们急须搬入临时住房。她说，泰国红十字会衷心感谢中国人民对泰国人民的关心和帮助，一定将中国红十字会的捐款全部用于救助灾民。

21 日，工作组在普吉府红十字会会长的陪同下先后考察了 1 镇 2 村灾害现场，在那里看到政府和红十字会等社会团体正紧张地开展救灾工作，对大量房屋废墟进行清理，并逐步进行灾后重建工作。可以看到，部分灾民已住进了政府或红十字会提供的临时房屋。但是，由于临时房屋数量不足，部分灾民仍住在帐篷中。部分医疗设施和学校遭到海啸的损害，有待维修或重建，后续任务仍然艰巨。普吉府红十字会会员和志愿工作者在救灾工作中发挥了积极作用，他们将泰国红十字会总会调拨的大量救灾物资及时发放到灾民手中。

22 日，工作组在泰国红十字会工作人员的陪同下考察了受灾情况最严重的攀牙府的灾情和救灾工作。受海啸的影响，攀牙府死亡 4200 多人，伤 5597 人，失踪 1792 人。在那里，许多地方仍张贴着寻找失踪亲人的广告。许多毁坏的房屋还来不及清理，一些船只被海啸推卷至距海岸近 2 千米的陆地。在一个灾民临时安置点，工作组看到有 300 户灾民被安置在那里，居住在临时房屋和帐篷中。安置点设有医疗和饮食服务等设施，政府和红十字会等人道救助组织的工作人员和志愿者及时为灾民提供各种帮助。

这次海啸灾难给泰国灾区民众的生命和财产造成很大损失。但是，泰国政府、红十字会和社会各界开展的救灾工作是及时有效的。泰国红十字会在开展救灾工作方面展现了较强的实力和令人钦佩的敬业精神。泰国人民对中国人民有着友好的感情，他们由衷感激中国人民对他们的无私援助。

“国之交在于民相亲，民相亲在于心相通。”工作组组长杨会新在接受当地媒体采访时说，泰国红十字会曾多次向中国的水灾和地震灾区提供了宝贵的国际人道主义援助。这次海啸灾害发生后，全体中国人民通过捐款方式表达了他们对灾区人民的关心和支持。这是一种无私的、超越国界的爱，体现了红十字会的人道宗旨。中国人民希望灾区人民早日克服困难，重建美好家园。

九、上下齐心

总会向全国发出紧急募捐呼吁后，国家领导人带头捐款，社会各界踊跃参与，奉献爱心，充分表达了中国人民“一方有难，八方支援”的传统美德和国际人道主义精神以及对灾区人民的深情厚谊。

印度洋海啸发生后，中国红十字会成为全国爱心人士的关注焦点。中国红十字会总会捐赠热线的电话铃声此起彼伏，在一个月的时间里，总会共接到救灾热线咨询电话2万余个。有许多捐款人反映，电话很长时间都打不进去。中国网通（集团）有限公司北京市分公司得知这个情况后，连夜派技术人员到总会提供保障和服务，无偿将原来的单路热线扩充为六路才基本满足了需求。

12月31日，总会联络部部长王晓华24小时守在热线电话前，一天一夜接了近千个电话，连妻子也主动赶来帮忙。中国红十字会的网上捐款通道更是异常拥挤，甚至曾一度造成网上银行的“交通堵塞”。在中国红十字会总会，多家媒体在此架设“长枪短炮”争抢新闻。而更多的则是那些默默无闻的普通百姓，他们从京城的四面八方，千方百计打听到红十字会的地址，顶着数九的寒风，或自驾车或乘公共汽车或步行，为的是送来他们对印度洋海啸灾民的一片真挚情意。这情意，感天动地！

中国石油天然气股份有限公司作为国有大型企业，积极发挥自身优势，在很短时间内动员100万员工捐款1256万元；中国远洋运输集团总公司、国美电器集团、网易（杭州）网络有限公司、联想集团、中国电信集团有限公司等国内知名企业和大型公司也纷纷向中国红十字会捐出了巨额善款。辽宁铁岭惠源集团有限公司董事长惠学新夫妇以个人名义捐款500万元，北京世纪朝阳房地产开发有限公司棕榈泉国际公寓董事长曾伟夫妇以个人名义捐款100万元。

一个贫困山村的小学有81名学生，每人捐了1元钱交给老师，老师肩负着重任辗转来到县城，通过热线电话咨询最终把这81元钱善款汇给中国红十字会总会。郭长江副会长说：“那不仅仅是81元钱，那是81名中国小学生的爱心。”一位在北京海淀区做家政的中年妇女打来电话，说自从知道东南亚地区发生了海啸就想能帮点忙。一位从巴西回国的女士带着她的一双儿女来了，她说，她就是想趁假期带他们过来看看，让他们感受到人与人之间的关爱，两个孩子代表全家捐出 2500 元。

在京留学生为海啸灾区捐款

对于总会而言，此次救援活动规模大、任务重，而工作人员很少，虽然在京直属单位积极派出人员给予支持，但仍不能满足接收捐款和接听捐款咨询电话的需要。在有关方面的帮助下，一些高校积极动员大学生参与救灾工作，先后有 160 名志愿者参加救灾热线值班和现场接受捐赠等救援活动，保证了捐款的顺利完成。

总会在搞好自身的宣传、募捐活动的同时，及时给全国各地的红十字会发出紧急呼吁，确保募捐活动规范有序进行。在这一过程中，总会与全国各地红十字会上下联动，不断加强和规范对善款的管理，并及时总结海啸赈灾中的一些动人事迹。各地红十字会在募捐工作中创造了一些新颖的、行之有效的做法，为今后红十字会的募捐工作积累了宝贵的经验。

根据红十字运动统一性的原则，在对印度洋海啸受灾国家进行人道援助过程中，各地方红十字会不直接同国际联合会或受灾国红十字会或红新月会联系救助和捐款事宜，有关对外救助联络事宜统一由总会负责。也就是说，各地方分会的募捐所得要统一汇集到总会，由总会与国际红十字组织或他国红十字会取得联系，联络实施救援事宜。虽然各地方红十字会没有参与到直接的救援行动中，但他们承载着全国人民的关切和爱心，并把这种善意从四面八方输送到北京，由此才有了中国红十字会前所未有的国际救援大行动。在收到总会发出的紧急募捐呼吁后，各地红十字会积极响应，开展了形式多样的捐助活动。在各地的红十字募捐点和邮局、银行，连续一段时间几乎天天都出现为灾区捐款的高潮。

在北京市红十字会的号召下，首都各大企事业单位及员工纷纷捐款捐物表达爱心。中国大饭店员工捐款34134.8元，SOHO中国有限公司捐款100万元，现代传播集团捐款10万元，中国国际旅行社总社有限公司员工捐款20万元，首都钢铁集团公司捐款50万元，北京图书大厦员工捐款36768元，北京市财政局员工捐款5万元，中国网通（集团）有限公司北京市分公司员工捐款

各界群众积极参与捐款活动

58 万多元。演艺界和书画界的人士不甘人后，也向灾区伸出援助之手，加入为灾区捐款的行列。另外，北京市还组织了两场赈灾义演，百余位明星奉献爱心，两次义演募得善款 100 余万元。到 1 月 12 日，北京市红十字会接受的捐款达到了 1050 万元。

云南省红十字会从 2005 年 1 月 1 日至 2 月 3 日，共收到捐款 1138.1338 万元，到 2 月为止，该省红十字会已向中国红十字会总会汇出捐款共 1000 万元，后续又把募集到的所有捐款按规定全部汇到中国红十字会总会账户。

截至 1 月 24 日，甘肃省红十字会向印度洋海啸灾区募捐活动基本结束，累计募集捐款 157.590095 万元，其中 149.188695 万元捐款已分 5 次汇到中国红十字会救灾专户，其余捐款后又陆续汇出。

甘肃为印度洋海啸灾区捐款

广州市红十字会在海啸募捐活动中反应迅速，及时向民众传递海啸相关信息，并持续关注灾情的变化和社情民意，及时通过媒体和网络向社会发出呼吁，为海啸灾区开展募捐活动。由于行动迅速，方法得当，方式多样，广州市红十字会成为全社会爱心人士的温馨港湾，为这次募捐活动的展开打下了基础。募捐活动开始后，当地红十字会把这一工作列为中心任务，工作人员互相支持，协调工作。为方便市民捐款，市红十字会在广州市商业银行支行设置了 40 多个募捐接收点，为社会各界就近捐款提供了方便。同时，对捐款大户专门举行接收捐赠仪式，并通过媒体宣传和社会动员掀起了广州社会各界开展募捐活动的新高潮。在社会的积极参与和广泛支持下，募捐活动取得了良好的效果，涌现出许多感人的事例。一月的广州虽然寒冷，可是人们对灾情的关注和救援的热情持续高涨。一部部热线电话成了红十字会连接社会各界和广大群众的爱心桥梁。许多企事业单位的领导和职工，许多普通市民，冒着寒风来到红十字会，送来他们对海啸灾区的一片真挚情意。

哈尔滨市红十字会接到总会紧急呼吁通知后，立即要求各区县（市）红十字会积极行动起来，开展为印度洋海啸灾区捐款活动。哈尔滨市红十字会为了做好募捐工作，从1月1日起，在机关设专职人员值班接受募捐，并在最短的时间内制作了宣传板、横幅和宣传单。1月2日下午，市红十字会机关干部到繁华的中央大街步行街设立了第一个街头募捐站。1月3日，根据市民的要求，又在南岗建设街步行街上增设了募捐站。在红十字精神的感召下，广大市民纷纷为灾区奉献爱心。1月是入冬以后哈尔滨市最冷的季节，室外气温已降至零下20多摄氏度，很多捐款者冒着严寒赶往募捐站，奉献爱心。

江西上饶市红十字会接到总会呼吁后，在元旦当天即紧急召开会议，进行动员和部署。到1月5日下午，共募集各类捐款48314.8元。1月4日下午，上饶市红十字会在市中心广场隆重举行了援助印度洋海啸灾民捐款活动启动仪式。上饶市副市长、红十字会会长、市红十字会全体工作人员、市人民医院、第三人民医院、江南商贸城及广大红十字会会员参加了启动仪式。5 日上午 11 时，刚刚开完会议的上饶市四套班子领导来到市红十字会捐赠现场，市委和市政府领导带头捐款，全市再次掀起捐款热潮。

在南京严寒的冬日里，虽然寒气逼人，但市民的善举和热情让人感到暖意融融。1 月 1 日至 3 日，红十字会已经接待了 100 多位来捐款的市民，仅新年第一天就接到捐款 86680 元。尤为感人的是，捐款的市民都要求不照照片，不留姓名，不求回报。一家企业已经准备了 50 万元款物，并决定通过红十字会捐献给灾区。还有更多市民打来捐款咨询电话，红十字会专门安排了 3 位同志负责接待和联系。

四川自贡市红十字会的募捐倡议发出后，最先来捐款的是汇东幼儿园一位 5 岁的小朋友，他拿出积攒下来的 52. 98 元零花钱捐给灾区。84 岁的退休职工张敬果曾得到过红十字会的帮助，海啸发生后，张敬果老人向别人借了 150 元钱前来捐款，表达自己的爱心。到 1 月 13 日上午 11 时，市红十字会共收到全市 63 笔捐款，总额 69370. 49 元。

江苏宜兴市的募捐活动本着群众自愿、单位为主的原则，由市红十字会组织，市政府推动，青年志愿者参与配合。单位募捐分 10 万元、5 万元和 1 万元以上 3 个档次，单位和个人等社会力量向红十字组织的捐赠，在计算缴纳企业和个人所得税时准予全额扣除。捐款数额较大的单位和个人，被邀请参加“援助海啸灾区，无锡人道万人捐”电视直播晚会。

江苏为印度洋海啸灾区捐款

青岛市机关、企事业单位、宗教、社会团体和广大市民对灾区表现出极大的关注和同情，纷纷自发向红十字会捐款。到 1 月 4 日下午，社会各界捐款已达 73.8715 万元。

此外，香港特别行政区红十字会募集了 5.4 亿元港币，澳门特别行政区红十字会募集到 4000 万元澳门币。

十、八方相援

红十字是一种精神，更是一面旗帜。在红十字精神的感召下，在红十字旗帜的引领下，士农工商、老弱妇孺都参与到印度洋海啸募捐活动中来，其中感人事迹不胜枚举。

在北京，2005 年元旦清晨，78 岁的陈嘉茹老人第一个来到市红十字会机关，将自己从生活费中挤出的 60 元钱捐献给了灾区。

81 岁的药朝忠老大爷不顾年迈体弱，坚持要老伴搀扶着来到市红十字会的捐款台前捐上了 400 元钱。

一位家住姚家园的大妈到市红十字会捐出了 1 万元现金却不肯留下姓名。望着在寒风中渐渐远去的身影，红十字会的工作人员深受感动。

一位捐款者拿出 1000 元钱捐给灾区。当工作人员给其出具收据并询问其姓名时，他执意不肯留下姓名。在工作人员的一再坚持下，他说："如果非要留名的话，就写‘一名共产党员’吧。”

在辽宁，省委书记李克强带头向灾区捐款后，第二天一早又委托省委常委、省委秘书长曾维到省红十字会办公室，看望正在加班的工作人员，了解省红十字会的募捐情况，要求进一步做好接收捐赠工作，并接受新闻媒体和社会各界监督。

辽宁省副省长、省红十字会会长滕卫平代表全家人为灾区捐款，并高度评价了省红十字会工作人员为印度洋海啸灾区募捐的忘我工作精神。

海啸灾民牵动着江苏人民的心，接连几日，全省各地红十字会铃声不断，社会各界纷纷捐款，很多人不愿留下姓名，留下钱转身就走，嘱托工作人员转给海啸灾民，情景感人。

江苏省连云港市港师附小五年级（六）班的全体同学为印度洋海啸灾区捐款

1 月 3 日上午，南京市红十字会的 4 名工作人员来到正洪街广场，为海啸遇难灾民募捐，看到此景，行人纷纷驻足，10 元、100 元放进募捐箱，大家捐赠热情高涨，捐赠场面感人，大大出乎所料。

上午 9 时，来自江浦的胡先生带着 11000 元来到南京市红十字会，他告诉工作人员，自己捐 1000 元，另有 1 万元是父亲的。他父亲是 83 岁的离休老干部，从电视上看到很多海啸灾民缺衣少食，非常担心，拿出自己多年积蓄 1 万元，一定要让他当天上午把钱送到红十字会，希望能尽早给灾民一点帮助。

在无锡，一家三代人一起到红十字会捐款，小朋友拿出的是平时积攒的 10 元硬币，让工作人员十分感动。

无锡市一位退休老干部，平时节衣缩食，为了捐钱给灾民，舍不得坐公共汽车，走了 1 个多小时，到红十字会捐了 100 元。

苏州市 84 岁的老人郝先生是红十字会的老熟人了，只要听说哪里有灾，总不忘捐款，这次，他又带着 2000 元来到捐赠点。

不少小学生也伸出友爱之手，宿迁金方正电脑学校校长葛万利带着收养的孤儿王二威、陈阳两位学生来到红十字会，捐献了别人捐助给他们的生活费 200 元，成为宿迁首批捐款人之一。

南京清凉山小学三年级的学生陈志鹏来到市红十字会，拿出自己200元零花钱，请叔叔阿姨把钱转给海啸遇难灾区。

1月1日，一名叫毛昕宇的小学生过生日，他为了让这个生日过得更有意义，将500元捐给灾民。

为了救助灾民，一些单位也慷慨解囊，南京宝祥金店在元旦捐出8万元人民币，无锡新世界百货不但发动员工为海啸遇难灾民捐出一天工资，还决定把1月1日至4日营业额的千分之一捐出。

山西省红十字会收到的第一笔善款是太原市民杨锐捐助的，此后，全省为灾区的捐款高潮不断。华宇购物广场、山西红十字医院、山医大一院、太原市红十字医院、太原市红十字血液中心的医务工作者纷纷向灾区伸出了援手。

一位中年人将1万元送到红十字会时，不肯留下姓名。他说："就叫'龙城一家5人'吧。"到12日，山西省红十字会系统共接收捐款112.97万元。

在宁夏，一位参加过辽沈、平津战役的老军人，拿着两个月的优抚金来到自治区红十字会，准备为灾区捐款。他说："印度洋地区遭受了这么大的灾难，生活一定有困难，我自己的能力有限，只能将刚领到的优抚金作为捐款。当年白求恩为了国际人道主义事业来到中国，现在，其他国家的人民遭受了灾难，我们也应当为那里的人民做点事。”捐完款后，他在红十字会的登记本上留下“老解放军”的签名便离去了。

小朋友为印度洋海啸灾民捐款

恻隐之心，仁之端也。河北石家庄市 103 岁的王香庭老人从电视里看到成千上万的灾民急需救助，内心无比焦急和牵挂。她让女儿电话联系红十字会，要亲自为灾区捐钱。由于行动不便，省红十字会派人来到老人家，老人用颤抖的手把子女为其祝寿的钱投入募捐箱后，露出了笑容。

在辽宁红十字会的捐款者名单中，有两位年龄超过百岁的捐款者。101 岁的刘素清为灾区捐了 500 元。102 岁的佟毓明为灾区捐了 200 元。

沈阳市小哈津国际幼儿园 400 多名小朋友将自己储

蓄罐里的零钱全部捐献了出来，共计29公斤，捐款的小朋友中最小的仅3岁半。

在山西红十字会捐款箱前，站着一位小朋友。他叫吉锐博，是一个弃婴，只有9岁。他在55岁养母刘果霞的带领下，向灾区捐献了500元。

在临汾市传染病医院，正在住院治疗的21位艾滋病患者每人捐款20元。他们说：我们都是无辜的艾滋病患者，因病致贫，因病致困。在我们生命面临挑战的时候，是国家和社会为我们捐款捐物，为我们免费治疗疾病。我们虽然大多是农民患者，家庭也很贫穷，拿不出许多钱去帮助受灾国人民，但我们的心是与他们连在一起的。

在拉萨，为了灾区的小朋友，拉萨幼儿园的4岁小女孩旦真曲珍也将父母给她的100元零花钱捐给了红十字会。

在黑龙江省红十字会募捐办公室，一位8岁的小女孩搀扶着70多岁的老奶奶，向灾区捐出了1000元。募捐箱里，留下了他们祖孙俩的爱心。

1月6日，我国著名小提琴表演艺术家吕思清也代表全家捐了1万元。

北京大学政府管理学院副教授王丽萍通过他人给中国红十字会送来了500元。记者电话采访她时，电话那头的一番话，让人回味良久：互相帮助，这是人类的一种本能。看着那么多人受难，自己还能这么安全健康地活着，够幸运的了。只有帮助了他们，才能心安理得。构建和谐社会是人类的共同理想，而关心他人是其重要的心理基础之一。

十一、募捐成绩斐然

在印度洋海啸募捐活动中，中国红十字会与中央电视台联手。为了更加有效地推进募捐工作，中央电视台国际频道在总会设立了直播点，众多媒体记者纷至沓来，掀起了为印度洋海啸受灾地区募捐的宣传热潮，给予中国红十字会以有力的支持。总会及时与中央电视台等新闻媒体及相关部门联系，积极策划共同举办了多次大型募捐活动。

2005 年 1 月 1 日，中国红十字会与国家宗教局、中国佛教协会在北京西山灵光寺共同举办了“海峡两岸百寺千僧，捐款千万救苦救难”消灾祈福万人大法会。活动收到善款 993 万元，通过总会转赠受灾国家。中国佛教协会一诚会长当场个人捐款 5 万元，副会长圣辉主法捐款 3 万元，学诚大和尚捐款 1 万元。

中国佛教界是最早组织为印度洋海啸灾民捐款的团体之一，印度洋海啸暴发后，中国佛教界纷纷参加各种形式的消灾祈福法会，并踊跃捐款，其范围之广、规模之大、捐款之多，都是空前的，充分体现了佛教“不为自己求安乐，但愿众生得离苦”的利他精神，反映了中国佛教徒与受灾国人民共渡难关的心愿。

据不完全统计，全国佛教界为海啸灾区捐款总额达1344万元，书写了中国佛教界对外赈灾史上浓墨重彩的一笔。

来自佛教界的捐款

1月6日，中国红十字会与外交部、民政部等部门在北京工人体育馆联合举办了“中国人爱心大行动——为印度洋海啸赈灾义演”。中国红十字会会长彭珮云、常务副会长江亦曼、副会长苏菊香、副会长兼秘书长郭长江亲临演出现场与大家互动。此次义演共募集到3800

多万元的捐款，80 名红十字志愿者为义演提供了周到的服务。

1 月 9 日，由首都 24 家新闻媒体和国内文艺界人士联合发起，中国红十字会总会特别支持，北京市红十字会、北京市慈善协会、北京青春奥运志愿服务团主办的“爱，来自中国”大型赈灾义演，在首都体育馆举行。上百位文艺界的知名演员以他们充满爱心的歌声，向在印度洋海啸中受灾的人们送去来自中国的关爱。这次义演从策划到演出仅用了一周的时间，其速度之快在大型活动中十分少有。而且这次演出没有一张赠票，所有的演职员、媒体记者以及观众全部是购票入场。近两万张门票，在不到 10 个小时内被抢购一空，创造了演出行业的新纪录。

“爱，来自中国”大型赈灾义演

1 月 10 日，由中国曲艺家协会和中国红十字会联合主办的“笑星大义演，共同献爱心”大型赈灾义演在民族文化宫大剧院举行，来自全国各地的 30 对相声大腕和新秀到场献艺，表达自己对海啸灾区人民的关怀。

演出一开始，在时任中国曲协副主席、分党组书记姜昆的带领下，台上的演员和台下观众一起高歌《团结就是力量》。随后，姜昆、戴志诚、侯耀文、笑林、李国盛、杨少华、李金斗等相声名家轮番登台献艺。

1 月 15 日，中国红十字会总会与国家体育总局联合在北京大学生体育馆举办了中国乒乓球队和中国羽毛球队募捐义赛。在长达 3 个小时的义赛中，羽毛球和乒乓球选手进行了精妙绝伦的 7 场对抗，筹集到的 327.6576 万元全部经由红总会转送到灾区，用于印度洋海啸灾区的防疫和重建家园。

2 月 1 日，中国红十字会与中央芭蕾舞团等单位联合举办经典芭蕾舞剧荟萃——为印度洋海啸受灾国赈灾义演专场晚会，演出票房收入全部捐赠给中国红会用于印度洋海啸受灾国的重建工作。

可以说，众多演艺界、文化界、体育界人士在这些活动中都表现出很高的热情，他们不但积极参与大型义演义赛活动，还带头捐款捐物。

在赈灾活动中，一些单位和部门还结合自身特点自发组织了各种大型募捐活动，并将所得善款全部转交红

中央芭蕾舞团印度洋海啸赈灾义演晚会

十字会。如国家邮政局举办了“同舟共济，重建美好家园——中国救援印度洋地震和海啸灾情纪念”个性化邮票首发暨捐赠仪式并捐赠 200 万元人民币；中国美术家协会举办了“中国美术家协会为印度洋海啸灾区赈灾”笔会，将义卖所得 100 万元人民币捐赠给红会。

5 月 31 日，中国红十字会在北京召开印度洋海啸救援表彰大会。常务副会长江亦曼主持会议，副会长苏菊香宣读表彰决定。北京等 16 个省级红十字会获海啸救援最佳组织奖，中国石油天然气集团有限公司等 15 家企业和单位及丁磊等 7 人获特别贡献奖，中央电视台新闻中心等 25 家单位获特别支持奖。香港、澳门特别行政区红十字会获特别奖。

时任全国人大常委会副委员长、中国红十字会名誉副会长司马义·艾买提出席表彰大会，时任中国红十字会会长彭珮云代表中国红会向获奖单位和个人表示了敬意和感谢。她认为成果的取得主要得益于党和政府的支持，同时新闻媒体、演艺、体育等各界人士的积极参与功不可没，当然众多企业事业单位和个人踊跃捐款以及各级红十字会的精心组织和忘我工作也是募捐活动取得成功的重要因素。她说："这次救援行动检验了我们这支队伍，证明中国红十字会是有战斗力的，在人道救助工作领域，在国际红十字运动中可以发挥重要的作用。"

中国红十字会总会接受社会各界捐款

在红十字会开展的大规模募捐活动中，社会各界踊跃捐款、奉献爱心。截至 2005 年 11 月 30 日，中国红十字会从银行、邮局、网上、现场捐款等渠道共接收海啸捐款 42747 万元人民币，接收捐赠物资折合人民币 1569 万元，合计 44307 万元。其中总会接收捐款 12554 万元，各省分会及澳门红十字会转给总会的募捐款共 31753 万元。据不完全统计，到 2006 年 1 月底，中国红十字会系统共接收到 20993 笔捐赠款。这是中国红十字会开展的规模最大、效果最好的一次国际募捐救援行动。

中国红十字会通过官网陆续公布了捐赠者名单，这些捐赠者共同书写了中华民族和中国人民感人至深的爱心故事。由于一些企业和个人捐款者要求不公开身份，一些通过银行转来的捐款未注明捐款人姓名或以化名汇出，还有一些人多次捐款，因此无法精确通报捐款人数。

中国红十字会承诺在国际红十字组织和中国驻受灾国使馆的帮助下继续参与受灾国的整体重建工作，承担一些重建项目，如学校、医院、村庄、孤儿院等重要设施的建设。中国红十字会根据重点工作的整体计划，陆续将募集的全部善款用于重点项目和救援活动，并及时向社会各界公布捐款的用途、去向，接受国际社会和国内审计部门的监督。

十二、爱潮高过海啸

重庆市红十字会成立于1911年。从诞生之日起，重庆市红十字会即投入到扶危济困、赈济灾民的活动中。重庆市设为直辖市以来，重庆市红十字会在备灾救灾、扶危济困、卫生救护、防病治病、社区服务、无偿献血、遗体捐献、民间外交、寻人转信、红十字运动基本知识传播、中国造血干细胞捐献者资料库重庆市分库建设、救助白血病儿童等方面成绩斐然，为重庆社会经济发展作出了积极的贡献。

2005年1月2日，重庆市红十字会向社会各界发出《为印度洋地震海啸受灾地区募捐倡议书》。1月4日，重庆市委、市人大常委会、市政府、市政协及市委宣传部举行了向海啸灾区捐款的活动，市领导等带头捐款，在外出差的市领导也委托工作人员捐了款。在现场，900多名机关工作人员也捐款近10万元。与此同时，市红十字会机关领导和工作人员也先后捐出善款2000多元。重

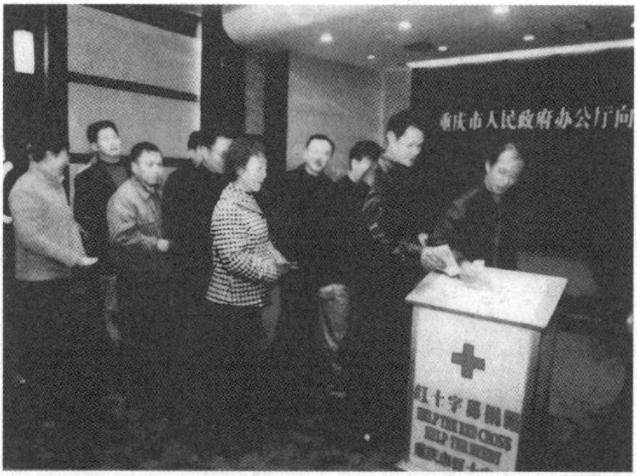

重庆为印度洋海啸灾区捐款

庆伟伟医疗器械发展有限公司红十字会也在现场捐赠10000元，南岸区地税局捐赠7500元。

1月5日，重庆市外经委数十家外贸系统的800多名职工捐款10.4万余元。民营企业金冠名车大世界集团公司领导和员工来到市红十字会，捐献10万元人民币。最早来捐款的民营企业还有：重庆钰鑫实业集团有限责任公司（捐款10万元人民币），重庆川江船务有限公司（捐赠5万元），重庆市平正房地产测量事务所（捐赠2000元）……

1月6日，雅芳（中国）有限公司重庆分公司组织员工捐款。许多员工从区县赶往主城区，在分公司设立的捐款墙上签名，共捐款5285元。

渝中区第二实验小学、重庆七中、重庆计算机管理学校、谢家湾小学等学校都相继开展募捐活动。

募捐倡议书公布的前3天，市红十字会共接听捐赠电话1000多个，接待捐赠人士9250人，接受个人捐款13458.10元。

让我们一起回顾捐赠活动中那些感人的瞬间。

新年刚过，市红十字会迎来了第一位捐献者——著名老中医张锡君遗孀、87岁的余琳烈老人。她捐出5000元善款，这是她连续5年到市红十字会捐献善款。

事务缠身的爱心市民汪洋终于打通了重庆市红十字会的热线电话。她请工作人员上门去取全家人捐献的6000元善款。她说："自从母亲去世，就定下家规：将每月给母亲的赡养费存积下来，作为家庭慈善基金。只要红十字会需要，我家都可以力所能及地奉献爱心。"

魏泽洋是一位靠捡垃圾、卖报纸、摆地摊、打杂工维持学业，身高仅1.2米的重庆工商大学"微型大学生"。他从自己每月不足150元的生活费中抠出20元，通过重庆晚报记者捐到市红十字会。

一位驾驶车牌号为渝A53612的司机，特意开车至加油站捐赠点，将155元人民币放进了募捐箱，自称是"1/4个重庆人"，将自己工资的1/3捐献出来。

全市的13个加油站接收着广大驾驶员朋友和市民的捐赠。每个点都有2名爱心车队的驾驶员和2名记者负责接收捐款。1 月 5 日这天，红旗河沟加油站共收到捐款 2.3 万元，名列当天加油站募捐点榜首。当交通台亲切温柔的声音，送达每个出租车里，驾驶员们爱心涌动。5 元、10 元不算少，100 元、200 元不嫌多。截至 1 月 5 日下午 6 时，全市共收到加油站捐赠点的捐款 11.3 万余元。

灾情牵动着重庆电信人的心，他们在市红十字会发出倡议书之时，就在公司上下自发行动起来。到 1 月 13 日，市电信公司职工及家属的个人捐款已达 18.77 万元。电信公司领导当即召开董事会，决定公司捐赠 21.23 万元，使捐款总额达到 40 万元。时任公司总经理邹炳煊得知 1 月 16 日市红十字会将举行义演，立即义购 20 张面值 388 元的甲票，并在演出间歇上台举牌表达爱心。

1 月 13 日下午，重庆市电信公司举行隆重的捐赠仪式，向印度洋海啸灾民奉献爱心。公司机关和下属 40 个区县分公司及干部职工个人共捐款 40 万元人民币，成为重庆市红十字会此次接受的最大一笔善款。邹炳煊总经理说："尽管我们企业的发展面临着许多困难，我们的员工生活也不富裕，但我们的企业和员工还是愿意这样做，因为爱心无国界。事实证明，我们公司是一个对社会负责的企业，我们的员工队伍是一支拥有社会责任感、充满爱心的队伍。"

随着印度洋海啸死亡人数的急剧上升，各界爱心持

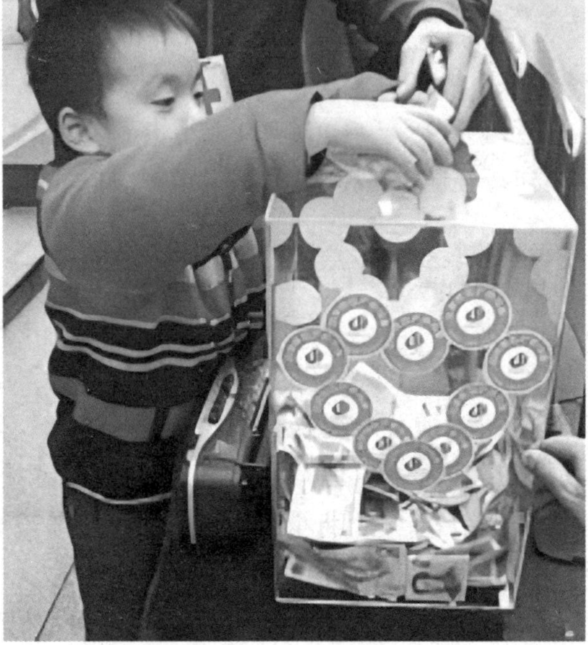

一名小男孩踮起脚在募捐箱中投入自己的零花钱

续高涨，《天鹅湖》赈灾义演便是其中的一波。

1 月 16 日晚，由重庆市红十字会、重庆日报报业集团联合主办的俄罗斯芭蕾舞剧《天鹅湖》赈灾义演，在重庆市劳动人民文化宫举行。

虽然《天鹅湖》在重庆已多次上演，但观众仍无法抗拒由俄罗斯国家“普希金”芭蕾舞团主演的芭蕾舞的魅力。

由于是赈灾义演，在中场休息时，动人的一幕就开始上演了。灯光缓缓熄灭，10 多个可爱的孩子手捧如心脏般跳动的烛火，与俄罗斯“王子”“公主”们走下舞台，现场自由捐款开始了。重庆市的各级市领导等率先捐款，热情的民众沉浸在浓浓的爱意中，他们尊重艺术也尊重生命，有的就近把爱心款投放在小天使们捧过来的募捐箱中，有的走向舞台，把爱心投放在由俄罗斯“王子”“公主”们守护的红十字募捐箱中。俄罗斯国家“普希金”芭蕾舞团的演员们也捐了款，北国的暖流融进了湿热的印度洋。义演的高潮是捐赠“明星”们的登台亮相，重庆市电信有限公司捐款 40 万元，重庆市交通运输委员会捐款 36 万余元，中国石化集团四川维尼纶厂捐款 13 万余元，等等，场面蔚为壮观。

在柴可夫斯基的交响乐中，大幕再度拉开，正义与邪恶再次展开了较量。最后，“王子”战胜了恶魔，美丽的天湖姑娘奥杰塔获得真爱，被天鹅女伴们簇拥迎接旭日的霞光。

艺术的魅力与爱心征服了现场观众，在热烈的掌声中，谢小军会长现场致辞，对各界爱心人士表示深深的谢意。

演出结束后，领导登台与俄罗斯演员合影。重庆各大媒体对赈灾义演进行了报道。

重庆市红十字会在区县的组织也积极行动起来。据不完全统计，各地红十字会已经募集善款50万元。

截至1月20日，重庆市红十字会共收到捐款550万元人民币，并及时转到中国红十字会总会，陆续发送到灾区。

重庆的爱心浪潮还在高涨，他们在义无反顾地履行自己作为世界公民的不可推卸的责任和道义。与此同时，红十字会的国际性也得到了人们的广泛认同。

十三、苏州爱心故事

印度洋海啸暴发后，早已步入“小康”且宅心仁厚的苏州市民“闻啸而动”，响应红十字会“爱心无国界”的紧急呼吁，纷纷为印度洋海啸灾民捐赠善款。

从市委、市政府等四套班子领导到市纪委、审计局等部分党政机关公务员；从宗教界的方丈、道长、牧师，到中小学师生；从老苏州人到新苏州人；从百岁老者到 8 个月的婴儿，人们纷纷慷慨解囊，踊跃捐款——多则 5 万 8 万元，少则 5 毛 1 毛钱。捐款数额有多有少，但那一颗颗滚烫的爱心，表达了同样的心愿：向灾区伸出援手，让灾民早日安居。短短的 20 多天，全市民间自发捐款就达到 700 多万元，创下苏州红会史上之最！

在苏州人民为援助印度洋海啸灾区而捐款的日子里，苏州市红十字会的工作人员，每天都被市民的爱心善举所感动，那一个个动人的故事化作一串串鲜活的人物，久久地“影印”在他们心里，让人不禁感慨万分。

2005 年 1 月 3 日，元旦休息的第三天。一大早，就有一对从吴江市震泽镇赶来捐款的夫妻。交谈中，工作人员了解到他俩都已经下岗，经济并不宽裕，但听到印度洋海啸的消息，两人立即决定到红十字会来捐款。他俩先乘农村班车，再转城市公交，最后打的找到这里。他们拿出节衣缩食积攒下来的 2000 元现金，说：一方有难，八方支援，是中国人也是苏州人助人为乐的传统，我们生活是艰苦一点，但比起灾区的人民，我们现在什么都有，向灾民献一点爱心是应该的。

83 岁的著名摄影家郝世保向印度洋海啸灾区捐款 2000 元人民币

1月4日上午10点，一位30岁左右的男子来到办公室，身材不高，戴副眼镜。文质彬彬的他拿出5.27万元现金。问他为什么捐这么多，他说："奉献爱心，共同关怀，让整个世界更美好。"中午，东冉民工子弟学校的校长带来全校师生的一片爱心。他说："平时，社会对我们倾注了许多的爱，我们应该把这爱心传递出去。"据介绍，该校一位学生将母亲给的1元午饭钱拿出来，一半捐给灾区的小朋友，一半自己中午买个面包充饥。还有一位学生，把自己卖废品得到的1元1角钱全部捐给了灾区。下午，又有一位40多岁的先生，捐了2万元，并说："灾区那边太需要钱了，我没有太多的积蓄，这份情义请收下。"

富与贫，在常人眼中衡量的尺度是金钱。其实不然，人所拥有的除了物质财富，更可贵的是精神财富。这些各行各业的捐赠者，并非一般意义上的大富大贵，但他们身上有比金钱和地位更重要的一种东西，那是一种精神，一种远远超过金钱本身价值的精神，一种超越国界和种族的精神，一种体现国际人道主义精神——人间真情。不论是富人还是穷人，不论捐多还是捐少，万水千山总是情。

1月6日上午，一位40多岁的女士在丈夫的陪同下走进门来，她面色微黄，说起话来有些吃力。看着她腋下夹着一沓X光片子，询问后得知她正住院，今天赶来是为了了却一桩心愿——为印度洋海啸中的灾民捐款。他们把1万元人民币交到了红十字会人员手里后，却怎么也不肯在收据上留下姓名，僵持一会后他们说："就叫'人民'吧。"在场的所有人看着他们远去的背影，敬佩之情油然而生，这是一份多么深沉的爱哪！更何况那位女病人得的是癌症！

接近午饭时，一个熟人打来电话，说要捐款，让等着他。此刻，工作人员的心情一下子沉重起来——尿毒症患者，他生命的每一天都是那么珍贵。没多久，他那消瘦的身影出现在眼前："对不起，我刚做完血液透析，来晚了。"尽管他满脸笑容，大家却笑不起来，眼眶禁不住湿润起来。

1月18日上午，苏州工业园区台资企业苏州唯葑食品有限公司派人来，代表已故董事长江财旺的夫人顾建芳，向海啸灾民捐款人民币8万元。这是一笔非同寻常的捐款，捐款人自己就是海啸的受害者——丈夫在海啸中遇难，自己也身受重伤，至今尚未完全康复。她悲痛，但更坚强，她把自己的悲痛化作了爱的真情撒向更多遭受同样灾难的生命。

一个个生动的画面，一句句真挚的感言，像一道道印记，刻骨铭心，挥之不去。是的，生命的价值不在于时间的长短，而在于它给人们留下的印象。就像臧克家先生在一首诗中所写的那样："有的人活着，他已经死

苏州市红十字会的广场宣传

了；有的人死了，他还活着。”那人间真爱如浩然正气，长存于天地之间。疾病诚可怕，以笑面对之；生死共相存，爱心洒人间。他们用自己的壮举向世人宣告：生命可以逝去，但全球人类的相互关爱和援助将永存。

1 月 15 日，这一天是星期六，一天下来，爸爸妈妈带着孩子前来捐款的不计其数。才过 8 点钟，工作人员就迎来了一对年轻夫妇，女的挺着大肚子，走路很不方便。工作人员招呼她坐下，她说：“不用了，下周我就要做妈妈了，我想为即将出生的孩子做件有意义的事情，为受灾的孩子们献上一点心意。”

不多时，门口又出现一位年轻的爸爸，搀着刚学会走路的女儿走了进来。工作人员问小宝贝：“几岁了？”

“2 岁。”话还没说完，她就躲到爸爸身后。爸爸把她抱到身上问：“今天你来干什么的?”“为海啸没有饭吃的小朋友送饭。”爸爸听后开心地笑了。

一位三年级的男同学和爸爸一起来到募捐点，说：爸爸刚到血站献过血，我现在还小，献血不合格，但我也有爱心，这里是我平时省下的零用钱，一共 34 元，托你们送到灾区去。

“勿以善小而不为，勿以恶小而为之”，是中国人的一句古话，有善才有德，有德方成才。世界上所有的父母都希望自己的孩子德才兼备，他们没有豪言壮语，有的是无声的行动，他们将自己善良的影子投射在孩子人生坐标上，哪怕只是短暂的瞬间。然而，但等风云掠过，鬓发如霜时，其意义才如佳酿久贮。播下好思想、好行动、好习惯、好人格的种子，每颗种子都会生根、发芽、开花、结果。正是这善良、仁爱、美德的种子代代相传，才造就了中华民族的灵魂，形成了华夏子孙的浩然正气。

1 月 7 日，这一天，一位女生为纪念自己十八周岁生日，拿出了存折上的所有积蓄 735 元，捐给了正在饱受灾难之苦的同龄人。她没有留下姓名，用自己的真诚书写了庄严的成年人誓言，点亮了不平凡的人生蜡烛。

1 月 10 日上午 9 点，一位先生带来了一封信和 500 元钱，说这是 102 岁老人费达生的一点心意。信中说：印度洋海啸造成大量人员伤亡和财产损失，深感悲痛，现表微薄之力，请收下赈灾款500，以表自己的慈爱之心。

1月20日，打开密密麻麻的捐款人记录，展现在我们眼前的捐款登记本中出现了许多“无名氏”“献爱心”“中国人”“老干部”“好心人”“爱无价”等，不一而是。但是，工作人员也透露，他们也接到几个这样的捐款电话——先问有何回报，比如要求在电视新闻上露露脸，否则就不一定考虑捐了。对此，工作人员会坦率地告诉对方动机不纯，难以配合。

当诚实成为“不成熟”，虚伪却成为“成熟”的代名词时，我们痛恨过，甚至痛心疾首地呼唤过：还我真诚！然而，面对用一颗颗爱心织成的真诚纽带，我们的心灵受到了很大的震撼，这些充满真诚爱心的捐款人，他们不为名，不为利，不图回报，只讲奉献，更不为自己的付出而索取，他们追求的是什么？是蔚蓝，是将大海与天空融为一体的蔚蓝。他们隐去的是姓名，留下了慈祥和温柔，它珍藏着爱的伟大，组接了情的辉煌，融进了人间万象，折射出心灵的霞光。

十四、“微尘”大爱

青岛是一座有历史、有文化也有温度的城市。

2004 年的最后一天，一对中年夫妇走进青岛市红十字会，掏出 5 万元现金，说要向印度洋海啸灾区捐款。工作人员在开具捐款收据时，他们说，自己是很平凡的人，做的事也很微小，就像一粒微不足道的尘埃。如果非要留下什么名字的话，就写上“微尘”好啦。

这个名字对于青岛市红十字会的工作人员来说并不陌生：非典时期，“微尘”捐款 1 万元；新疆喀什地震时，“微尘”捐款 5000 元……

“微尘”是谁？“微尘”在哪里？一时间，大家都在寻找。结果，一个“微尘”还没找到，众多“微尘”涌现了出来。

2005 年第一天，青岛红十字会的大门刚打开，一位捐款人走了进来，捐献 500 元。“要留名字的话，就写‘微尘’吧。”70 多岁的刘老先生夫妇，是退休的高级科

“微尘”的故事在继续

研人员，他们多次捐助过希望工程。

“我们向印度洋海啸受灾国捐2000元，也做一次‘微尘’吧。”一位伤残老红军把800元投到募捐箱后就匆匆离开，又一个了不起的“微尘”。

十余名大学生拿着自己的生活费赶到街头募捐点，说自己是“微尘”。

一名白发苍苍的老人拿着退休金走进红十字会办公室，在募捐册上留名“微尘”。

一位母亲抱着3岁的儿子，向募捐箱里塞进孩子的压岁钱说：“孩子也当小‘微尘’。”

工作人员发现“微尘”救助金账户里，一下子多出一笔5万元的汇款。经过认真查找，原来是一位退养在家的中年妇女继承的一笔遗产，她决定把这笔钱捐到

“微尘”救助金里。

青岛市红十字会收到的上千笔捐款中，很多捐助者都署名“微尘”。

……

“微尘”已从个体成长为数以万计充满爱心的青岛市民的象征。“微尘”精神在青岛无声地弘扬开来，从单一的个体，扩展为千千万万富有爱心的青岛市民，汇聚成社会主义核心价值观的生动体现。

据不完全统计，在为印度洋海啸募捐的时间里，以“微尘”名义或匿名向红十字会捐款的就达 290 万元，超过个人捐款总额的 50%。

青岛全市放置了 30 多个“微尘”募捐箱。一次工作人员在清理募捐箱时，发现成沓的百元钞票有 2.9 万多元。像这样的大额捐款已有好几次。

在“微尘”这一爱心行动的感召下，以“‘微尘’见真情，博爱遍岛城”为理念，打造“微尘”群众性公益品牌，迅速展开。

青岛市红十字会向社会征集“微尘”标志，收到设计方案近百份。令人感动的是，全国各地也在关注青岛的“微尘”，北京、上海、四川等地的设计方案也飞到青岛。最后，经专家评选和市民投票，最终确定的设计标志以手拉手的五颗星象征不同的人群，体现团结互助，遵纪守法。

2005 年 6 月 1 日，青岛市红十字会推出首批 1000 枚“微尘”徽章，作为爱心产品进行义卖。每枚徽章定价 10 元，不限上价，千枚“微尘”徽章共义卖了 20 万元。在义卖现场，一对夫妇往募捐箱里投了 1000 元，只要了一枚徽章；一名男子用 10 万元现金，买了 10 枚徽章；一企业改变传统的开业庆典方式，不请客、不送礼，把节省下来的 1 万元购买“微尘”系列纪念品，作为开业典礼纪念品赠送……

10 月 16 日，在北京人民大会堂，“微尘”以最高得票当选第二届全国十大社会公益之星。11 月，在民政部、中华慈善总会共同举办的首届中华慈善大会上，青岛“微尘”又荣获“中华慈善奖”。

2006 年，青岛市政府为弘扬“诚信、和谐、博大、卓越”的城市精神，在全市范围内评选十佳人物活动。20 多天里近 10 万人参加了这次投票活动，隐姓埋名热心公益事业的市民“微尘”被评选为“践行社会主义荣辱观”的十佳特别人物。

“微尘”记录了青岛这座海滨城市的文明足迹，也为青岛创建和谐社会增添了亮丽的道德之光。

源于海啸救援，却未止步于海啸救援。青岛市红十字会因势利导，多方发力，让“微尘”成为驰名中外的公益品牌。“微尘”品牌的培育和打造，让公众参与公益事业的热情高涨。学“微尘”、做“微尘”已经成为

大型公益无人机秀——《微尘》在青岛奥帆中心精彩上演

青岛这座城市的行动。

2008 年，汶川地震期间，青岛市红十字会共接收捐赠款物 2.97 亿元，占全省红十字会系统募捐总额的 56%。其中，“微尘”占所有不留真实姓名的捐助者的一半以上。

玉树地震发生后，青岛市红十字会第一时间倡导市民为灾区献爱心，短短半个月，共接收捐赠款物超过 3000 万元，化名“微尘”的同样不在少数。

“微尘”已经成为一种现象、一种力量、一种信仰。

2009 年，以青岛“微尘”故事为原型的公益电影《寻找微尘》拍摄完成。该片召集了 45 名青岛籍电影演员和16名歌唱演员，共同演绎了青岛这座美丽城市的感人故事，在社会上引起了强烈的反响。电影获得了中宣部精神文明建设“五个一工程”奖，是新中国成立60周年重点献礼影片、金鸡百花电影节开幕影片、广州大学生电影节参赛影片等。“微尘”故事和“微尘”精神继续以润物无声的方式向海内外传播。

现在，“微尘”已经内化为青岛这座开放城市的精神名片，与城市同呼吸、共发展。而且，现在的“微尘”也正在慢慢发生改变——市民并不是看到哪里发生灾害了才去捐款，而是在日常生活中逐渐形成了一种献爱心的习惯。

山海的博大孕育了青岛的不凡。在整个慈善环境并非一碧万顷的当下中国，青岛人不怀疑、不顾盼、不坐等，身体力行，把眼睛盯在自己的行动上，更多关注我做了多少。

自认渺小，却塑造了伟大，以精神上的伟岸，感动中国。“微尘”以一种潜移默化的方式，表达爱心，帮助别人，拉近了普通人与慈善的距离。她早已成为每个青岛市民最熟悉的朋友，她就在我们身边，甚至就是你我。

“微尘”唤起了潜藏在民间的巨大的慈善力量，它所表达的红十字文化意蕴与流传几千年的助人为乐、乐善好施、扶危济困的仁爱传统产生共振，形成共鸣。

做“微尘”者，超越了性别、年龄、职业、声望、地位的限制，描绘了恰如彭珮云会长所题的“微尘见真情，博爱遍岛城”的场景。

在这里，红十字文化与中国传统文化通过“微尘”实现了完美结合。

十五、“壹基金”的传奇

如果提到壹基金，相信不仅大多数中国老百姓不会感到陌生，即使海外人士也多有耳闻，因为壹基金与一位具有国际知名度的功夫明星的名字——李连杰联系在一起。壹基金被深深烙上李连杰的印记，这也成为壹基金迅速壮大的坚实基础和重要保障。

李连杰创办“壹基金”缘起于印度洋海啸的历险经历。李连杰是印尼大海啸的幸存者。那一天，他和家人在马尔代夫度假，其所在的地方是由一座座高度不超过一米八的小岛组成的。海啸暴发后的 30 秒，海水完全淹没了小岛，在小女儿被巨浪卷走后，他拉着大女儿站在水中，海水淹到了他的脖子。当时，他深切地感到了死亡即将到来的无助与绝望……

那次危难过后，李连杰对太太说：“我为家里所做的一切都已经做到了，剩下的生命我要回馈社会。”之后，他热心于慈善事业，于 2006 年年末第一次公开提出

“壹基金”计划。

这一年的12月8日，在中国大陆地区，李连杰发起与中国红十字总会合作的中国红十字会“李连杰壹基金计划”。

2007年4月19日，该计划正式启动，属于在中国红十字会总会架构下独立运作的慈善计划。

壹基金在组织结构上由管理委员会、执行委员会及北京、上海、成都的办公室构成。此外，壹基金还邀请了专家组成顾问委员会，并得到了财务领域的德勤及毕马威以及战略领域的贝恩等专业机构的支持。

李连杰与壹基金

壹基金提出“壹基金　壹家人”的公益理念，倡导一家人互相关爱、彼此关怀的慈善互动模式，致力于传播公益慈善文化，搭建公益慈善平台。

“李连杰壹基金计划”启动仪式上，首次公布了该基金在筹备阶段的募款情况。李连杰对壹基金的运行倾注了大量的心力，他不无自豪地说：“自从我打算建立这个基金，不管是什么时候、什么场合，我一开口和人说的都是这个‘壹基金’。拍戏的时候见到谁就和谁说，我去求每一个人，见到导演、演员，就连临时演员我也会去和他们说。”

时任中国红十字会常务副会长江亦曼女士对该计划赞誉有加。她谈到，这是一项公益筹款计划，旨在向有心灵创伤和心理疾患的青少年提供各种形式的帮助，向在各种灾难和突发事件中遭受创伤的人提供人道援助。

壹基金全部捐款将在管理委员会的监督下由中国红十字会统一分配，财务透明，定期公布捐款情况。

该基金改变了以往发生灾难后再组织捐款、救援的做法，注重平时积累，一旦灾难发生立刻提供救助。同时，这也是国内首个关注青少年心理健康问题的公益慈善项目。

众人拾柴火焰高。壹基金的运行离不开社会各界的支持。李连杰谈到，基金启动后，很多名人和明星积极参与志愿服务，很多团体也热情加入，确实给了他很多鼓励和信心。他希望这一事业不仅在娱乐界受到关注，更希望它能扩展到整个社会。这不是一场金钱的比赛，而是一场关于耐力、毅力和决心的较量。

此后的多年中，李连杰总是在思考自己要怎样对社会做出自己的努力，去帮助那些需要帮助的人。创办这个慈善基金，他觉得就是让更多的人都能参与，而不是靠个人一己之力。

壹基金成立后，李连杰已经将电影作为一个职业，慈善才是他的事业，所到之处都会宣传壹基金的理念。

2008 年，汶川地震将李连杰和他的壹基金推向公众视野。

灾害发生当晚，壹基金立即决定拨款 100 万元支援灾区，同时联合多家网站发起捐款活动，至 14 日已募得捐款 1860 万元人民币。

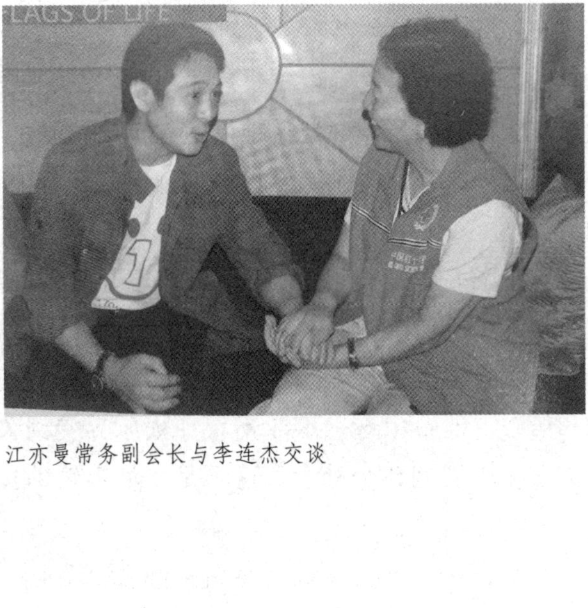

江亦曼常务副会长与李连杰交谈

第二天，壹基金的官方网站上就发出了一封呼吁信，将对四川的救援称为“一场具有使命感的战斗”。

李连杰于5月16日飞往灾区，押送救灾物资并代表壹基金全体家人看望灾民，加入救援工作。

地震后仅5个月的时间，壹基金已经为四川地区募集了82356612.85元善款，全数投入四川灾区抗震救灾与灾后重建的工作中。

壹基金为全面支持四川灾区的灾后重建工作，在成都设立工作办事处，灾后重建工作重点方向为青少年心理社会重建、生态环保、灾后经济重建、羌族妇女就业帮扶、灾区农户小额贷款扶持、灾区基础建设援建等。

但壹基金运行过程中，也遭遇了发展瓶颈。

壹基金的理念本来应是公募基金会的模式，但由于体制和政策的限制，未能实现独立注册登记，只能作为中国红十字会下设的一个专项计划。

2008年，为了保证公益项目更高效地实施，成立了非公募的上海李连杰壹基金公益基金会，作为公募款项的执行机构。

2010年9月，李连杰在接受中央电视台访谈时直陈壹基金遭遇身份困境，面临中断，舆论颇为关注。

该消息报道后，深圳主动邀请壹基金落户，并在最短的时间内办理了公募基金会的登记手续。12月3日，深圳壹基金公益基金会在深圳市民政局的大力支持下正式注册成立，拥有独立从事公募活动的资格。

2011 年 1 月 11 日上午 11 点 11 分 11 秒，这一刻，李连杰已等待了 3 年。

为了迎接这一刻，在深圳招商银行大厦 5 楼会议室，见惯大场面的李连杰和王石、马化腾、马云、马蔚华、冯仑、周惟彦等，排成一行，专门提前彩排了一遍。生怕出错的马云还小心翼翼地问旁人，做壹基金“1”的手势时，应该伸出大拇指还是食指。

当天下午，在深圳市民中心，随着一块红绸落地，深圳壹基金公益基金会宣告成立。这是中国首家无主管单位的民间公募基金会。

在这一天，深圳市市长、副市长亲自为深圳壹基金公益基金会揭牌，这标志着壹基金成功转型为具有独立法人身份的公募基金会，打破了公募基金会传统上由官办机构发起的模式，引起全国媒体的聚焦，被誉为中国公益慈善领域的历史性事件，标志着中国慈善的新纪元。

十六、启动灾后重建

紧急援助阶段之后，灾后重建工作提上日程。

温家宝总理在东盟地震和海啸灾后问题领导人特别会议上曾经发出“同舟共济重建美好家园”的号召，承诺中国政府将支持中国金融企业与世界银行等国际金融机构合作，与受灾国合作，以政府信贷、无息或低息贷款等方式，支持中国企业参与灾区重建和发展，愿意帮助受灾地区尽快修复和建设道路、桥梁、学校和医院等基础设施。

灾后重建是一项长期、复杂而艰巨的任务，需要密切配合受灾国政府灾后重建整体规划，需要根据受灾国的实际需要和意愿，帮助他们重建家园，解决他们的实际困难。为把民间捐款用到最需要的救助工作和灾后重建工作中，中国红十字会一方面密切关注国际联合会对灾后重建工作的规划和整体部署，另一方面积极与受灾国红十字会协商，参与灾后重建工作。

为更好地推动重建工作，中国红十字会积极参与国际红十字组织的海啸救援协调机制。2005 年 1 月 27 日下午，博鳌亚洲论坛在海南博鳌举行研讨会，来自中国红十字会、联合国、世界银行、亚洲开发银行以及 15 个国家和地区的代表，就“灾后经济形势分析与国际合作”展开了讨论。

海啸灾区的孤儿来中国

红十字会与红新月会国际联合会组织召开的印度洋海啸救助工作论坛于 3 月 3 日至 5 日在香港举行。参加此次论坛的约有 150 名代表，分别来自近 50 个国家和地区的红十字会或红新月会以及其他国际组织。时任中国红十字会常务副会长江亦曼率领代表团出席论坛并就一些议题发表了中国红十字会的看法和意见。

此次论坛的主题是“解决需求，恢复尊严：今天与明天”。论坛通过了救助印度洋海啸的指导性文件《红十字红新月地区战略与工作框架》和《香港宣言》。鉴于此次海啸救助工作的空前规模以及开展救助工作的复杂环境，制定这些文件可保障整个红十字运动对海啸受灾国家的受灾地区实施有效、长期的恢复与重建工作。

在《香港宣言》中与会的全体成员承诺：

按照本运动人道、中立、公正和独立的原则并基于受灾社区的需求，开展恢复与重建工作，尊重人的尊严；

强调各受灾国东道主红十字会的职责；

根据需要继续向海啸灾民提供长期的人道主义救助；

在执行各种项目时，要充分考虑到当地的各种不同情况，特别是武装冲突或者内部暴力；

根据地区战略对受灾国制定和实施多样化的重建项目；

与受灾国政府和其他国际伙伴协调，加强国家与跨国应对灾害的能力；

包括建立有志愿工作者参与的应对多种灾害的早期预警系统；

帮助受灾地区的国家红十字会或红新月会提高志愿工作者和工作人员的灾害管理技能并使之可持续性地发展；

为了脆弱群体的利益，加强对海啸后治理环境的宣传，以便改善他们的生活和提供社区的应对能力；

制定问责制框架，保障与受灾社区、受灾国政府和全世界捐赠人社区的合作，及时、有效和透明地实施红十字红新月的救助行动。

会议期间，中国红十字会代表团还进行了广泛的双边和多边活动，特别是就印度洋海啸救助工作，分别与印度尼西亚、斯里兰卡、泰国和缅甸红十字会的领导人进行了会谈，争取尽快落实中国红十字会对这些受灾国家的救助项目。

在积极参与国际组织海啸协调工作的同时，中国红十字会已经逐步融入海啸受灾国灾后重建的步伐中来。

1 月下旬，中国红十字会参与受灾国重建的计划已初步确定，在受灾国整体重建规划下，我国民间募来的捐款集中用于几个基层的、与老百姓密切相关的项目建设，而不是与国际社会的捐款放在一起使用，如承包几个村庄的整体重建，集中力量建设学校、医院、孤儿院等，并在这些项目中设置明显的“中国人民”或“中国红十字会”捐赠的标志，这样不但让捐赠者了解捐款使用情况，同时也让中国人民的爱心在受灾国永久留存。

海啸救援工作进入重建阶段以后，联合会和各国红会遇到诸多挑战和困难，灾后重建工作进展相对迟缓。为使中国民间捐款能尽早有效地用于当地灾民，中国红十字会采取多种合作方式，到印度洋海啸暴发一周年之际，重建工作已经取得重要进展。

在斯里兰卡重建工作方面，中国红十字会先后4次派工作组赴斯里兰卡，与其政府及红会洽谈，商讨为海啸灾民兴建中斯友谊村和中斯红十字村事宜。到2005年底，已与斯政府达成了在受灾最重的高尔地区征用4块土地用于重建项目的协议。其中3块土地，中国红十字会采取与中华慈善总会合作的方式，以中国民间捐款名义，共同为海啸灾民修建3个中斯友谊村，另一块土地采取与斯里兰卡红十字会合作的方式，修建1个中斯红十字村。整个工程由中国水电建设集团国际工程有限公司承建。工程完工后，可以为470多户灾民提供永久性住房。新村中除为灾民修建住房外，还修建社区学校、卫生站、社区服务站、商店等公共设施。

2005年7月，在中国驻斯里兰卡使馆的协助下，中国红十字会与斯里兰卡政府签署了合作建设友谊村的谅解备忘录；8月，中国红十字会与中华慈善总会、捐款人代表一起参加了中斯友谊村的奠基典礼，与斯里兰卡红十字会签署了建设中斯红十字村的谅解备忘录。

为保证友谊村的工程质量，中国红十字会专门聘请工程监理，签署了建设工程委托监理协议书。11月，中国红十字会工作人员与工程监理人员赴斯，对友谊村的建设质量和工程进度等进行考察。12月中旬，中国红十字会与中华慈善总会、捐款人代表以及新闻媒体代表一起，参加了友谊村部分灾民的入住仪式，对房屋质量和工程进度再次进行考察，并参加了中斯红十字村的开工仪式。

马尔代夫重建工作方面，在中国驻马使馆的积极协助下，2005 年 8 月中国红十字会与中华慈善总会组成联合工作组赴马尔代夫，经实地考察，与马尔代夫政府签署了中国民间为海啸灾民修建 86 套住房的谅解备忘录。12 月中旬，中国红十字会与中华慈善总会的代表与马尔代夫政府的代表共同举行了中马友谊村开工仪式。

2008 年 4 月 9 日，中国红十字会常务副会长江亦曼参加中马友谊村竣工典礼

在印度尼西亚重建工作方面，2005 年 7 月中国红十字会派遣一名工作人员驻印尼 6 个月，代表中国红十字会协调与印尼红十字会的重建项目。到 2005 年底，中国红十字会与印尼红十字会合作在亚齐灾区修建 350 套住房的中国-印尼友谊村已落实土地。

值得一提的是，2005 年 6 月，香港红十字会派往印尼海啸灾区的代表杨绮华女士在一次执行公务途中遭枪击重伤，她的负伤引起了国际社会的震动和关切，也体现出红十字工作者不畏艰险、勇于奉献的人道主义精神。

在缅甸重建工作方面，中国红十字会与缅甸红十字会达成协议，帮助缅甸红十字会修建社区备灾中心并为缅甸红十字会提供备灾物资。

在泰国重建工作方面，中国红十字会与泰国红十字会达成协议，帮助受灾最重的攀牙府地区修建中泰友谊村、一所幼儿园、一所小学、一所中学、一家卫生院和一家有 30 张病床的区县医院。

十七、中印（尼）红十字友谊村

“中国-印尼红十字友谊村”项目是根据中国、印尼两国红十字会于2005年签订的合建友谊村协议进行的。村内建有住房317套，每套面积约45平方米，村内公共设施齐全。项目总投资近400万美元，大部分款项由中方提供。友谊村坐落在亚齐省大亚齐县拉姆诺乡河口村，在一片依山傍水的开阔地带上，317套红顶黄墙的房屋错落有致地掩映于茂密的丛林中，犹如一幅浓墨重彩的山水画卷。

2005年4月，为更好地对印尼的海啸灾民实施有效的救援，建设好中国-印尼红十字友谊村，中国红十字会常务副会长江亦曼与印尼红十字会主席马里·穆罕默德及国际联合会驻印尼灾区的代表在对灾区进行实地考察后，进行细致商讨。

随后，中国-印尼红十字友谊村的建设工作有条不紊地进行。

2005年4月25日，国家主席胡锦涛、印度尼西亚总统苏西洛出席的签字仪式上，中国红十字会江亦曼常务副会长和印尼红十字会主席马里·穆罕默德签署了兴建“中国-印尼红十字友谊村”的合作协议

2007年10月29日，中国红十字会援建的友谊村竣工和移交仪式在雅加达印尼红十字会总部举行。中国驻印尼大使兰立俊、中国红十字会常务副会长江亦曼以及印尼红十字会主席马里·穆罕默德等出席并发表讲话。中国民间捐赠者的代表、云南省红十字会、澳门特别行政区红十字会的负责人和国际联合会的代表及印尼外交部等政府官员出席友谊村竣工和移交仪式。

兰立俊大使在致辞中表示，2004年底亚齐遭遇印度洋地震和海啸的巨大灾难，中国政府和人民感同身受，尽其所能提供帮助，向灾区人民提供了紧急救灾物资，派遣医疗队，兴建用于学校和办公室的活动板房，提供地震海啸预警系统等。中国红十字会和慈善总会捐赠了1200 万美元修建了中国-印尼红十字友谊村，已于今年 7 月份移交印尼方使用。海啸无情人有情，此次竣工的红十字友谊村充分展示了中国人民与印尼人民患难与共的深厚情谊，也表达了中国政府积极参与灾后重建工作的良好意愿。相信友谊村的顺利竣工不仅将进一步加强两国红十字会的友好合作，增进两国人民的友谊，也将有助于促进两国战略伙伴关系的全面发展。

江亦曼常务副会长在讲话中说，2005 年 4 月在中国国家主席胡锦涛和印尼总统苏西洛的见证下，印尼、中国两国红十字会签订了建设红十字友谊村合作谅解备忘录。中国红十字会向印尼红十字会捐助 360 万美元用于在亚齐省大亚齐县建设 313 套房屋，随后又捐助了 20 万美元为当地居民购买基本生活用品。这个项目充分表明了爱心无国界，体现了中印（尼）两国人民的友谊，意义重大。

马里·穆罕默德主席致辞感谢中国红十字会及其他国际组织对印尼亚齐海啸灾区和人民提供的无私援助，特别谈到中国红十字会为帮助印尼海啸灾民恢复正常生活所作出的巨大贡献。中国红十字会在向印尼海啸灾民提供紧急救援的同时，又向印尼红十字会捐助了 380 万美元，在受灾最严重的亚齐省建设了 313 套永久性住房。

红十字友谊村的竣工再次体现了红十字会在解决人类灾难方面的重要角色。

2007 年 10 月 30 日“中国-印尼红十字友谊村”，当地妇女儿童在新房前参加交付使用仪式

印尼红十字会负责人、大亚齐县县长和友谊村村长在致辞中盛赞两国红十字会为大亚齐灾区重建所作的贡献，以及两国人民的深厚友谊。当地村民还演唱了自创歌曲，饱含深情地歌颂了两国政府和红十字会为大亚齐重建所做的艰苦努力。

中国红十字会常务副会长江亦曼、中国驻印尼大使馆公使衔参赞杨玲珠、中国民间捐赠者和中国地方红十字会的代表、印尼红十字会主席马里·穆罕默德、大亚齐县县长阿扎·阿卜杜拉在热烈的掌声中共同为友谊村揭幕，并举行传统的新村交接和向灾民发放新房钥匙并赠送生活用品的仪式。

会场彩旗招展，花团锦簇，数百名首批入住友谊村的民众身着鲜艳的服装聚集在会场四周，兴高采烈地议论着眼前的新房。

“这房子真是太棒了！我们都非常满意。这要感谢中国人民的援助!”说起新房，灾民们都伸出大拇指交口称赞。

2004 年底发生的印度洋海啸冲毁了这里许多人家的幸福生活，正是中国人民伸出的友谊援助之手给了他们新的希望。数百亚齐海啸灾区的民众终于告别了避难所，住进了由中国、印度尼西亚两国红十字会合作兴建的友谊村。

74 岁高龄的灾民拉耶乌科现场写了一首赞美诗，表达他对中国人民的真诚感谢。他在诗中写道：“黄金、香蕉可以买卖，恩情则应该珍藏心底。黄金有价情无价，亚齐人民永远不会忘记中国人民的深情厚谊。”

大亚齐县县长说，友谊村谱写了两国人民友好的新篇章，它将永远载入史册。

十八、中斯红十字友谊村

考虑到斯里兰卡红十字会力量薄弱，承担灾后重建工作有困难，为了使中国各界民众捐助的救灾款真正造福于灾民，中国红十字会和中华慈善总会决定直接参与组织建设灾民永久性住房。

2005 年 8 月，江亦曼副会长和中华慈善总会人士一起，顶着烈日，踏着废墟，为建设中斯红十字友谊村选址。到 2006 年底，中国红十字会与中华慈善总会共提供民间捐款近 1 亿元人民币，在斯里兰卡修建了 4 个新村，为 462 户因海啸失去家园的灾民提供了永久性住房。事实证明，这种援建模式是成功的，灾民真正享受到援建成果，斯里兰卡政府也很满意。

2005 年 12 月 20 日，由中国红十字会、澳门特别行政区红十字会捐建的中国-斯里兰卡红十字友谊村举行开工典礼和奠基仪式。中国红十字会副会长郭长江、澳门特别行政区红十字会中央委员会委员吴川柱、中国驻

灾区男孩向江亦曼副会长展示他梦中的新居

斯里兰卡大使馆官员、斯里兰卡政府官员和当地灾民代表参加了开工典礼和奠基仪式。

在开工典礼上，当地群众载歌载舞，欢迎中国红十字会代表团，庆祝这一给斯里兰卡灾民带来幸福、吉祥的时刻。身着鲜艳民族服装的青年和当地百姓，用最隆重的礼节和甜美的微笑迎接中国红十字会代表团的到来；天真活泼的孩子自发地跳起欢快的舞蹈，欢迎中国红十字会代表团。中斯红十字友谊村开工仪式在热烈的气氛中开始。

在斯里兰卡灾民的期盼下，斯里兰卡政府官员、中国红十字会郭长江副会长共同点燃象征吉祥、幸福的椰子油灯盏，并分别在开工仪式上讲话，赞颂中国政府、中国人民与斯里兰卡政府、斯里兰卡人民的友谊。

16点50分，中国红十字会副会长郭长江、澳门特别行政区红十字会中央委员会委员吴川柱、中国驻斯里兰卡大使馆工作官员、斯里兰卡政府官员和当地灾民代表，共同以颇具斯里兰卡民族特色的方式为中斯红十字友谊村奠基。

开工仪式上，斯里兰卡佛教高僧做高规格法事。大家共同祝福友谊村的建设顺利、圆满。

2006年12月22日，印度洋海啸暴发两周年前夕，以中国红十字会苏菊香副会长为团长，由中国红十字会、中华慈善总会、中国民间捐赠者代表组成的代表团赴斯里兰卡参加"中斯红十字友谊村"的竣工典礼和交接仪式。

13点30分，中斯红十字友谊村竣工揭幕仪式在斯里兰卡高尔地区隆重举行，苏菊香副会长和中国代表团全体成员、中国驻斯使馆政务参赞葛传友、斯里兰卡社会服务部副部长普里马西里以及当地海啸灾民等数百人出席仪式。

升旗仪式在庄严又热烈的气氛中进行。13点40分，中斯红十字友谊村上空升起了中国国旗、斯里兰卡国旗、中国红十字会会旗、斯里兰卡红十字会会旗，四面旗帜在微风中徐徐飘扬。

身着鲜艳民族服装的青年和当地百姓用最隆重的礼节和甜美的微笑欢迎中国红十字会代表团，衷心感谢中国百姓对斯里兰卡灾民的无私支援，热烈庆祝中国-斯里兰卡红十字友谊村胜利竣工。

在大家热烈的掌声中，苏菊香团长、中国民间捐赠者代表、斯里兰卡政府官员共同为中斯红十字友谊村揭幕。

斯里兰卡中斯友谊村工程

苏菊香在移交仪式上说，两年前发生的海啸牵动着无数中国人民善良的心。中国红十字会和澳门特别行政区分会使用民间捐款与斯里兰卡红十字会合作援建了“中斯红十字村”，中国红十字会与中华慈善总会合作援建了 3 个中斯友谊村，这些项目由中国水利水电公司负责承建。

她说，4 个村共为 462 户因海啸失去家园的灾民提供了永久性住房，并在村中配套建设了幼儿园、商店、诊所、会堂、运动场和庙宇等公共设施。这 4 个灾民新村凝聚着中国人民对斯里兰卡人民的真诚和友谊，希望海啸灾民能在新家园安居乐业。

中国驻斯里兰卡大使馆参赞葛传友在移交仪式上说，中国和斯里兰卡长期患难与共。海啸发生后，中国政府立即向加勒地区派遣了 2 支医疗队，随后又向斯政府提供了 20 亿卢比（1 美元约合 107 卢比）的援助，免除了斯政府 4．42 亿卢比的债务。温家宝总理 2005 年 4 月访问斯里兰卡时，还决定向斯提供 3 亿美元的优惠出口买方信贷，用于建设 1 座大型火电站。葛传友希望新落成的海啸灾民新村成为中斯友好的新里程碑。

参加移交仪式的斯里兰卡社会福利部副部长普里马斯里说，新建成的房屋环境优美、交通便利。他代表灾民向中国政府和人民表示感谢，并希望入住的灾民不要忘记中国人民的美好情谊，维护好这片崭新的家园。

2006 年 12 月 22 日的友谊村里彩旗招展，大人们脸上挂着幸福的笑容，孩子们在村里来回跑动。不远处，印度洋轻轻拍打着海岸。这一切，让人们相信：海啸灾难已经渐渐远去，崭新的生活正在开始。

十九、中泰红十字友谊村

中国红十字会历来重视与泰国人民和泰国红十字会的传统友谊。面对印度洋海啸给泰国人民带来的沉重灾难，中国红十字会立即在国内举办了大规模的募捐活动，积极向泰国人民提供紧急救助并参与了灾区重建工作。

2005 年 11 月，中国红十字会捐款 300 万美元支持泰国红十字会在受灾最重的攀牙府修建中泰红十字友谊村和相关设施。2006 年 2 月，中国红十字会在援助款项上又追加 50 万美元。这样，重建援助经费达到 350 万美元。

2006 年 2 月 6 日，中国红十字会与泰国红十字会在泰华农业银行举行了研讨会，双方就灾害防范和灾后重建、医药与保健、青少年与志愿者、脆弱人群生活保障以及红十字会与民间机构的关系等问题进行了坦诚而深入的交流和探讨，并达成了共识。双方签署了中泰红十字会关于相互合作的联合声明。

彭珮云会长出席中国–泰国红十字友谊村落成揭幕仪式

泰国的诗琳通公主在致辞中对中国红十字会所做的出色工作特别是在泰国遭受海啸灾害后所做的无私援助和努力给予了高度评价。江亦曼常务副会长做了关于研讨会的情况汇报。彭珮云会长还分别与普吉、攀牙、甲米三府的红十字会进行了友好座谈，双方各自介绍了红十字会有关工作的开展情况，都希望要进一步加强红十字会的交流与合作，为中泰两国红会乃至全世界红十字事业作出更大的贡献。

2 月 8 日，以中国红十字会会长彭珮云为团长的中国红十字会代表团在泰国南部攀牙府为中国红十字会出资援建的中泰红十字友谊村落成揭幕。攀牙府府尹威耐对中国红十字会给予的人道主义援助表示感谢，他相信友谊村及其他中方援建项目将造福当地人民，同时为周边地区的居民带来益处。

随着一块红布被徐徐拉开，用中文、泰文刻写着“中泰红十字友谊村”的石碑展现在人们面前。大家情不自禁地热烈鼓掌。灾民代表的眼睛里闪出了晶莹的泪花，他们在想什么？想海啸中遇难的亲人，想在中国红十字会的帮助下，他们已经有了新的幸福的家园。

到2月8日为止，印度洋海啸灾难过去只有不到14个月的时间，大海啸给这片土地造成的凄惨景象已经荡然无存。一片片坚固、漂亮的新房，神话般出现在人们面前。微笑与希望又重新写在了泰国南部临安达曼海的海啸灾区民众脸上。他们听说中国朋友这一天要来，早早就聚集到这里，欣喜地迎接中国红十字会代表团的到来。

在中泰红十字友谊村的石碑前，中国红十字会会长彭珮云、中国红十字会常务副会长江亦曼和泰国红十字会负责人微笑着合影。她们的身后就是胜利竣工的中泰红十字友谊村。中泰红十字友谊村共有170栋住房，妥善圆满地安置了170户海啸灾民，其中40栋住房是由中国红十字会捐资修建的。此外，泰国国王基金捐助了50户，泰国红十字会捐助了80户。友谊村的住房皆为白色两层小楼，二楼是两间卧室和一个小厅，一楼是含卫生间和厨房的开放走廊，宽敞明亮、环境幽雅。由于房子设计合理，室内通风很好，即使在炎热的泰南也能有非常凉爽的感觉。

彭珮云会长、攀牙府府尹威奈等中泰人士出席“中泰红十字友谊村”落成仪式

在这个友谊村，中国红十字会还捐资修建了设备齐全、环境优美、面积为480平方米的儿童发展中心，当地及周边地区2~6岁的儿童将在这个美丽的中心得到现代化教育的启蒙。根据灾民的需要，中国红十字会还援建了泰国攀牙府1所拥有90名学生和5名老师的班通拉克小学，1所能服务37000人口的库腊武里医院，1所拥有电脑和语音室的皮萨亚昆中学，并翻新了1个村卫生

站。在班通拉克小学和皮萨亚昆中学，学生们已经高高兴兴地上课，学校里挂着中泰两国国旗。

中国红十字会在泰国的救援行动，为当地社区建设增加亮点，把安康、福祉送到了灾民身边。泰国攀牙府府尹威奈感激地对中国红十字会代表团表示：中国红十字会真诚及时的援助和周到的服务，使海啸灾区重建项目顺利进行。这将大大造福当地及周边地区的人民。

“今天，我们亲眼在灾区看到这些崭新的建筑，心情无比欣慰和激动。这不是普通的建筑，这里面包含着中国人民的爱心、中泰两国红十字会的爱心和泰国国王基金的支出。这个合作项目，是中泰两国人民、中泰两国红十字会友谊的结晶。”进村参观考察了重建项目进展的中国红十字会江亦曼副会长说。

孩子们幸福、愉快、丰富多彩的校园生活

时间来到2007年11月下旬，由中国红十字会龚怡怡、河北省红十字会张淑琴、广西红十字会方南亭和中国新闻社曾利明组成的代表团赴泰国，考察、访问了已经移交当地政府和灾民的中泰红十字友谊村，亲身体验灾民在友谊村幸福、美满的生活，与当地百姓进行了广泛、友好的交流。

中国红十字会代表团到中国红十字会援建的海啸灾区学校和儿童发展中心访问时，该校师生热烈迎接中国朋友的到来，同学们还表演了颇具民族特色的欢快舞蹈。代表团向同学们表示亲切慰问，高兴地与学生代表合影留念。令代表团成员欣慰的是，中国红十字会援建的灾区医院、诊所都很好地为当地患者提供了优质的服务和治疗，村民们都十分满意，都衷心感谢中国红十字会，感激充满爱心的中国人民。

二十、人道主义集结号

风定艳阳日，海底激雷奔。霎时数百公里，浪遏触昆仑。搅得天昏地暗，恣肆狂涛泛滥，板块只微嗔。人命竟如蚁，十五万冤魂！

赈峰会，红十字，急孤贫。蜗牛角上，急斗何日息尘氛？可叹红松临绝，更有珊瑚喋血，灭顶警沉沦。温室温须降，共建地球村。

这首《水调歌头·印度洋海啸》把我们带回了印度洋海啸的惊天巨浪中，也让我们共同思考如何面对人类问题，共创美好未来。

地球上几乎每天都有大大小小的灾难发生，但是印度洋海啸是一场罕见的人类巨灾。如此大规模的死亡，如此惨痛的毁灭，仍让人瞠目结舌。灾难发生后，中国政府以最快的速度向受灾地区派去了数支救援医疗队，送去了一批批救灾物资；中国红十字会也在第一时间向中国公民发出了赈灾募捐的紧急呼吁。

一位北京市民在北京市红十字会西单捐赠点为印度洋地区地震和海啸灾民捐款

一夜之间中国红十字会设立的募捐箱几乎遍及全国各地，前来捐款的人络绎不绝。有人说，这是多年来少见的一场自发的、几乎遍及全国的捐赠行动。也有人说，这是政府意志与民众愿望最完美的一次结合。

人类文明的发展历程也是人与自然灾害斗争的历程，人类总是在以坚韧不拔的精神战胜灾害的过程中不断前进。

此次海啸灾难国际援助中的一个“亮点”是中国的举动令世人瞩目和赞赏。对于中国在此次海啸灾难援助中的行动，国际社会普遍给予了相当正面的反应，纷纷给予“善意”“更加慷慨”“真情救灾”“实效”等评价，时任联合国秘书长安南以及联合国相关机构其他官员以及驻华代表都高度赞扬中国在此次海啸灾难救助中的“积极”“全面”反应。可以认为，中国在此次赈灾活动中的举措不仅展示了中国“安邻”“睦邻”“负责任大国”的形象，推进了中国与东南亚及南亚国家友好关系，还极大地彰显了和平崛起的中国特色大国外交的内容。印度洋海啸所取得的成就和良好国家形象的获得，也与中国红十字会所发挥的民间外交作用密不可分。

2007 年 10 月 30 日，当地儿童在印度尼西亚亚齐省大亚齐县的“中国-印尼红十字友谊村”留影

中国红十字会参与印度洋海啸诸国的救援有力地传播了中国的和平发展理念，弘扬了“人道、博爱、奉献”的红十字精神。在此次印度洋大海啸的救助过程

中，中国红十字会按照党和国家统一指挥、归口管理、协调行动、整体推进的原则展开工作，对于改善与加强我国与东南亚诸国的联系，进一步优化我国周边安全环境，深化与东盟各国的睦邻友好关系，保护东南亚国家华侨华裔的利益，都产生了积极而深远的影响。总之，中国红十字会在海啸救援中经受住了严峻的挑战和考验，向党和人民交出了一份满意的答卷。

尾　声

随着经济全球化的步伐加快，中国人的视野已逐渐拓展至海外，投向了更为宽广的世界舞台。他们开始与这个世界同呼吸、共命运。面对灾难，在这个“人类一体、四海一家”的地球村里，谁都不可能置身事外。当灾难超越了国家、民族，超越了信仰与文化，便是世界的共同灾难和人类的集体伤痛。从这个意义讲，人类的命运其实是紧密相连的。

进入新世纪以来，随着中国综合国力的进一步提升，国际上一些别有用心的人又开始宣扬“中国威胁论”。对海啸后东南亚诸国的救援，是继 1997 年东南亚金融“海啸”之后中国政府又一次大规模地援助东南亚诸国的行为。中国红十字会的义举以及中华民族和中国人民的襄助，对受灾各国灾民的生产生活的恢复与重建起到了重要作用，这同样是中国构建和谐世界的一个有力举措。此举再度表明，中国的崛起与亚洲的振兴是同步的，一个强大的中国、一个繁荣的中国是促进世界和平与稳定的中坚力量。中国将继续坚持与邻为善、以邻为伴，坚持睦邻、安邻、富邻，坚定不移地推动构建人类命运共同体。

中国红十字运动知识丛书（第五辑）

陈海高　池子华　总主编

盐城市盐都区红十字会　红十字运动研究中心　编

大爱铸就丰碑

——汶川地震救援的故事

杨红星　著

合肥工业大学出版社

图书在版编目(CIP)数据

大爱铸就丰碑:汶川地震救援的故事/杨红星著;盐城市盐都区红十字会,红十字运动研究中心编. --合肥:合肥工业大学出版社,2025.5. --(中国红十字运动知识丛书). -- ISBN 978-7-5650-7195-9

Ⅰ. D632.5;R197.8

中国国家版本馆 CIP 数据核字第 2025XJ9652 号

大爱铸就丰碑

——汶川地震救援的故事

杨红星 著

责任编辑	孙南洋
出版发行	合肥工业大学出版社
地　　址	(230009)合肥市屯溪路 193 号
网　　址	press.hfut.edu.cn
电　　话	人文社科出版中心:0551-62903200 营销与储运管理中心:0551-62903198
开　　本	850 毫米×1168 毫米 1/32
总 印 张	22.25　　**总 字 数** 394 千字
版　　次	2025 年 5 月第 1 版
印　　次	2025 年 5 月第 1 次印刷
印　　刷	安徽联众印刷有限公司
书　　号	ISBN 978-7-5650-7195-9
总 定 价	120.00 元(共 5 册)

如果有影响阅读的印装质量问题,请与出版社营销与储运管理中心联系调换。

总　序

中国红十字会诞生于1904年，至今已走过110多年的风雨历程，“是国内历史最悠久的人道组织”（习近平语），被称为“百年老店”。百余年来，中国红十字会秉持人道、博爱、奉献精神，救死扶伤，扶危济困，谱写出一曲曲人道赞歌，在中国近代史和中华人民共和国史上留下了闪光的足迹。正如习近平总书记所说的：“中国红十字会在重大灾害救援、保护生命健康、促进人类和平进步等方面发挥了重要作用。”

可是，对中国红十字会所建立的丰功伟绩，知道的人并不是很多。为弘扬红十字精神，“讲好红十字故事”，中国红十字基金会委托红十字运动研究中心，组织编写了这套“中国红十字运动知识丛书”，通过对重要历史人物、重大历史事件的挖掘，呈现一幅幅丰富饱满、多姿多彩、跌宕起伏的红十字历史画卷。

丛书虽然是“讲故事”，但不是“编”故事，没有

无中生有的猜想，没有胡编乱造的粉饰，没有“标题党”的故弄玄虚，没有添油加醋的天马行空，更没有虚构的文学情节，而是依据历史事实，用通俗易懂、朴实无华的语言，娓娓道来，再配上老照片，图文并茂，客观再现历史的场景。虽然少了点舞文弄墨的精彩，但确是信史。不求梦笔生花，但求“告诉你一个真实的红十字会”！

池子华

2018 年 1 月 9 日

目　录

引　子

汶川大地震发生后，全国人民在党中央、国务院的坚强领导下，展开了一场气壮山河、艰苦卓绝的抗震救灾斗争。中国红十字会坚决贯彻党中央、国务院关于抗震救灾的决策和部署，发扬“人道、博爱、奉献”的红十字精神，履行《中华人民共和国红十字会法》赋予的神圣职责，有力、有序、有效地开展救援救助工作。在时不我待的巨大灾情面前，中国红十字会紧急行动，迎难而上，投入到这场空前规模的人道救援行动中，在第一时间启动一级救灾应急预案，向国内外发出紧急救灾呼吁，赶赴灾区，给受灾群众送去急需的物资。在红十字的旗帜下，广大红十字会工作人员和志愿者怀着强烈的社会责任感、使命感和博大的人道情怀，不畏艰险，不辞辛苦，积极投身抗震救灾斗争，以行动展示了伟大的民族精神，在人民群众中树立起红十字会的崇高形象。

一、天府遭巨灾

四川地域辽阔，历史悠久，自古被誉为“天府之国”。早在 4500 年前，四川就已跨入文明的门槛。举世瞩目的三星堆遗址、金沙遗址，是古蜀文明鼎盛的实证。2000 多年前蜀守李冰在成都平原修建都江堰水利工程，至今造福一方百姓。

四川位于中国西南、长江上游，西与青藏高原接壤，东有三峡险峰环绕，北有巴山秦岭屏障，南有云贵高原拱卫，形成了闻名遐迩的四川盆地。

四川是多民族聚居的省份，有汉、彝、藏、回、羌等 55 个民族，是我国第二大藏区、唯一的羌族聚集区、最大的彝族聚集区。截至 2008 年底，四川省辖 18 个地级市、3 个自治州、43 个市辖区、14 个县级市、120 个县、4 个自治县，有 8800 万人。全省总面积 48.5 万多平方千米，与重庆市、贵州省、云南省、西藏自治区、青海省、陕西省接壤。

四川旅游资源极为丰富，历来有“天下山水在于蜀”之说。四川有世界自然遗产 4 处（九寨沟、黄龙、四川大熊猫栖息地、稻城亚丁，世界文化遗产 1 处（都江堰—青城山），世界文化与自然遗产（峨眉山—乐山大佛），世界地质公园兴文石海。全省拥有国家级风景名胜区 21 处，国家级自然保护区 15 处，国家级森林公园 25 处，全国重点文物保护单位 230 处。文旅资源特色显著，包括武侯祠、杜甫草堂、三星堆遗址等历史遗迹，以及阆中、成都等 8 座国家历史文化名城。21 座中国优秀旅游城市构建了完善的旅游服务体系。

四川风光旖旎、人杰地灵，但也是地震多发的地区之一。人口密集、经济发达的成都平原及其城市群毗邻龙门山地震带。这一地震带沿东北—西南方向延伸，北起青川，经北川、茂县、汶川、都江堰、宝兴、天全至泸定附近，全长约 500 千米，宽 30 ~ 70 千米。从强震活动的频度和级别来看，在中国南北向地震带中，龙门山地震带是一个相对“沉寂”的区域。

2008 年，龙门山断裂带被撕开，这一“沉寂”被打破了。

5 月 12 日，北京时间 14 时 28 分，位于北纬 31 度，东经 103. 4 度的四川汶川发生了烈度 11 度、震级为里氏 8. 0 级的特大地震。此次地震释放的能量相当于 400 颗曾推毁广岛的原子弹同时爆炸，其震波影响了大半个中

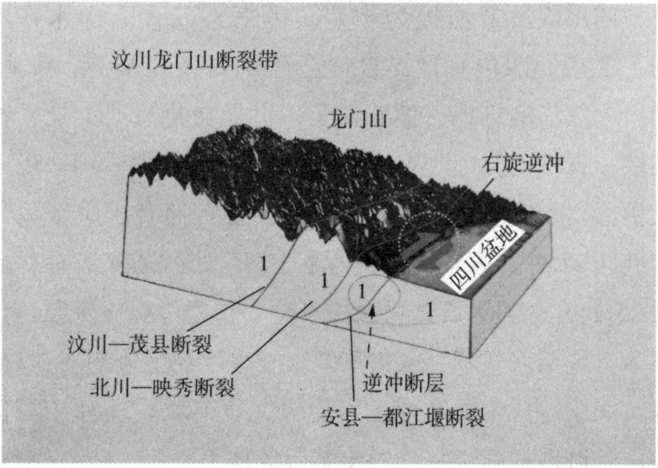

汶川龙门山断裂带

国，甚至让整个亚欧大陆感受到了震动。

瞬时间，四川、陕西、甘肃等地的求救信号传遍全国；瞬时间，破砖、瓦砾、血腥，天地扭曲，大地震颤，悲伤的呼救声在川西回荡。

雨幕笼罩下的灾区，满目疮痍。上万条鲜活的生命，上万个简单而淳朴的梦想，顷刻间化作一只只远行的纸鹤。

汶川地震是新中国成立以来破坏性最强、波及范围最广、救灾难度最大的一次地震，波及四川、甘肃、陕西、重庆等 16 个省（区、市），覆盖 417 个县级行政区、4624 个乡镇级单位、46574 个行政村，灾区总面积 44 万

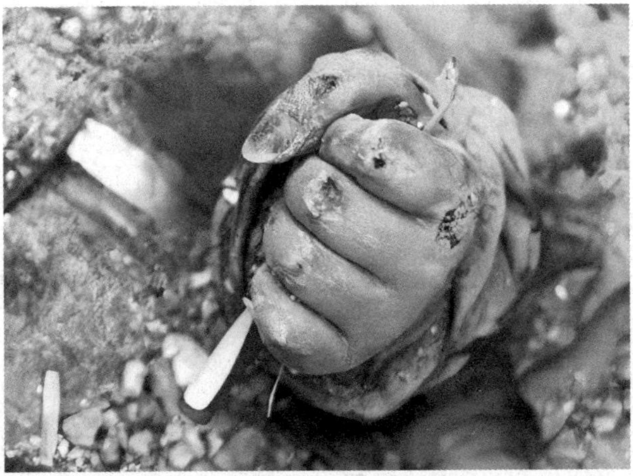

一名死难学生手里紧紧攥着一支笔

平方千米，总受灾人口 4561 万人。

据国务院《汶川地震灾后恢复重建总体规划》显示，素有“天府之国”美誉的四川省在此次地震中受灾最为严重。全省 21 个市（州）有 20 个不同程度受灾，其中成都、绵阳、德阳、阿坝、广元、雅安 6 个市（州）的 50 个县（市、区）灾情尤为严重。那些祥和宁静的村庄，前一秒还是人间天堂，后一秒却成了人间炼狱。

截至地震一周年时，确认遇难 69227 人（含失踪人员转确认数），受伤 374643 人，仍有 17923 人失踪。房屋损毁方面，倒塌房屋 652.5 万间，严重损坏房屋 593.25 万间。其中，北川县城、汶川县映秀镇等城镇遭受毁灭性破坏。四川省人民政府2009年4月公布的评估报告指出，地震造成直接经济损失达1.29万亿元。

这次地震的受灾人口达4624万人（国务院应急办2008年数据）。据民政部《汶川地震灾害综合评估报告》显示，地震导致1450.6万人需要紧急转移安置，其中四川省占87.3%。

基础设施方面：全国16条国道、215条省道中断，受损公路总里程达53295千米（交通运输部2008年公报）；铁路系统有宝成线等6条干线受损，直接经济损失49.3亿元（铁道部统计）。

次生灾害方面：国土资源部确认形成重大地质灾害隐患点6575处，堰塞湖35处（水利部监测数据）；全国2473座水库出险，其中四川省占69%。

生产系统受损情况：全国21167户企业受灾，规模以上工业企业停产5610家（工业和信息化部统计）。

农业损失方面，损毁农田16.7万公顷，死亡畜禽4462万头/只（农业部2008年灾情快报）。

灾后重建难度很大，受灾面积28万平方千米，覆盖四川省21个市州中的20个（占比95.2%）；150个县（市、区）受灾，占全省县级行政区的82.4%。受灾人口4624万人，占全省常住人口的52.9%（按2007年末人口统计）；需安置人口1450.6万人，其中农村人口占比 68. 3%。极重灾区 10 个县（如汶川、北川）城镇建筑损毁率超 90%。山区地形导致 22. 7% 的受灾区域交通修复周期超过 18 个月。

面对天府巨灾，秉承人道天职的红十字会开启了紧急救援之路。

二、总会总动员

地震发生后，中国红十字会反应迅速，立即进入救援状态。

在了解地震灾情后，中国红十字会总会（以下简称总会）争分夺秒，在第一时间启动一级救灾应急预案。

当天16时，总会从成都备灾中心调拨第一批救灾物资（帐篷557顶、棉被2500床，共计价值788646元），运往都江堰、绵阳、德阳灾区。

17时30分，经总会联络与呼吁，红十字会与红新月会国际联合会决定给予四川灾区25万瑞士法郎的救助，并先期从总会备灾库借调总价值95.89万元的物资运往成都、德阳、安县灾区，包括帐篷500顶、棉被5000床、饮水消毒剂300箱。

23时，总会调拨9300床毛巾被运往四川灾区。

23时50分，总会通过中央电视台等媒体向国内社会发出救助灾区募捐呼吁，公布抗震救灾募捐账号。

中国红十字会向灾区运输物资的车辆

在总会的安排下，云南、陕西、广东等各备灾中心安排24小时值班，清点仓库，确定联系人名单和联系方式。从这一天起，各省红十字会每天都上报募集款物情况。

5月13日，总会成立抗震救灾总指挥部，常务副会长江亦曼挂帅总指挥，副会长苏菊香、郭长江任副总指挥，负责协调调度、统一指挥全国红十字系统的抗震救灾工作。

同一天，总会发出《关于印发〈中国红十字会5·12地震救助呼吁〉的通知》，同时开通5部抗震救灾捐赠热线，24小时对公众开放。当天18时，总会正式通知红十字会与红新月会国际联合会东亚地区代表团，并通过该组织发出国际紧急呼吁。

彭珮云会长看望中国红十字会日夜坚守岗位的捐赠现场工作人员

5 月 15 日，总会在成都成立“抗震救灾驻川前线指挥部”，先后紧急派遣 8 批 89 人次的工作组常驻都江堰、德阳、阿坝、绵阳、广元、雅安 6 个重灾区。前线指挥部负责人、总会赈济部副部长张淑爱等，带领工作组在极为艰难的条件下，协助极重灾区红十字会开展抗震救灾工作。

瑞士日内瓦时间 5 月 15 日，红十字会与红新月会国际联合会正式发出国际紧急呼吁，呼吁额为 2000 万瑞士法郎，用于购买帐篷、食品、衣被等紧急救灾物资和灾后重建。国际社会对此呼吁给予积极响应，所提出的

2000 万瑞士法郎呼吁额当日即完成。

在灾害发生的第二天，中国红十字会将第二批价值 1460 万元的救灾款物运往四川灾区，救灾物资全部是灾区群众急需的日常用品，其中包括最为急需的价值 69.35 万元的 330 顶帐篷，分别运往阿坝、绵阳、德阳、雅安、成都灾区。

由此，总会募捐和紧急救援工作有序进行，各种紧急救援物资源源不断从全国各地运往地震灾区。

到 9 月底，总会先后向灾区紧急调拨 15 万余顶帐篷、12 万余床棉被、35 万多件衣服、170 万顶蚊帐和 6000 多吨粮食，还采购了大量方便面、饮用水、牛奶等物品，协助政府为灾区群众提供基本的生活保障。在分秒必争的救援岁月里，总会及地方各级红十字会充分发扬“人道、博爱、奉献”的红十字精神，一面面鲜艳的红十字旗帜向人们传递着不屈的生命力量。

三、红会募捐忙

总会13日紧急呼吁发出后，社会各界有钱出钱，有力出力。从青藏高原到东海之滨，从内蒙古草原到南疆边城，各地各级红十字会夜以继日，开展了有史以来动员面最广、募集款物最多、社会影响力最大的抗震救灾募捐活动。

在总会，捐赠如潮水般涌入，每天捐款数额都不断刷新。无论企业，还是个人，无论明星，还是民众，在这一时刻，大家心相近、情相通，共同汇聚成抗震救灾的磅礴力量。设在总会的15部捐赠热线几乎被打“爆”，中国红十字会网站因捐款者众多曾几度“瘫痪”。此次社会捐赠热情空前高涨，在5月13日一天内红十字会就收到15万张银行汇票，已经远远超过了红十字会财务部门的处理能力。

5月14日，中国红十字会会长彭珮云出席抗震救灾捐赠仪式。仪式上，新奥集团股份有限公司、中国中煤能源集团有限公司、内蒙古伊泰集团有限公司等企业纷纷慷慨解囊，捐赠款物。彭珮云会长还出席了中国银行通过中国红十字基金会向地震灾区捐赠1000万元人民币的仪式。同一天，台湾红十字会组织通过总会为灾区捐赠30万美元，澳门红十字会为灾区捐赠50万元人民币。在这一天，总会募集到的单笔10万元以上捐赠总数即达到11375.3292万元。

彭珮云会长出席“出发——为了生命的色彩”中国当代艺术赈灾义拍大型公益活动启动仪式

5月13日至14日的两天时间里，总会多次举办企业捐赠接受仪式，其中捐款1000万元人民币以上的企业有：分众传媒、新希望集团有限公司、中国中煤能源集团有限公司、内蒙古伊泰集团有限公司、中国神华能源股份有限公司、中国海运集团有限公司、北京保利国际拍卖有限公司、山西联盛能源集团、中国人寿保险（集团）公司、华夏银行股份有限公司、中国银行股份有限公司及兴业银行股份有限公司。演艺明星们也个个争先，陈佩斯捐出 5 万元、冯远征夫妇捐出 10 万元、陈坤捐出 20 万元……

截至 5 月 14 日 14 时，总会已向灾区提供价值 2142.9 万元的救灾物资。

截至 5 月 15 日 12 时，总会与地方红十字会接收赠款物共计 6.24 亿元，已向灾区提供价值 1.69 亿元的救灾物资。

截至 5 月 16 日 12 时，总会及地方各级红十字会根据到账情况已向灾区提供价值 2.23 亿元的救灾款物。截至当日，总会到账捐款突破 6 亿元。

截至 5 月 17 日 12 时，总会及地方各级红十字会根据到账情况已向灾区提供价值近 4 亿元的救灾款物。

截至 5 月 18 日 12 时，总会及地方各级红十字会根据到账情况已向灾区提供价值 4.99 亿元的救灾款物。

截至 5 月 22 日 18 时，总会及地方各级红十字会已接收来自境内外捐赠的款物达 50.6 亿元人民币，其中总会及直属单位接收承诺捐款 11.15 亿元，接收承诺捐赠物资 2.75 亿元；地方各级红十字会接收承诺捐赠款物合计 36.7 亿元。同时，根据款物到账情况，全国红十字系统已陆续向灾区提供了价值 13.63 亿元的救灾援助，其中总会及直属单位提供 3.22 亿元的救助款物，地方各级红十字会提供 10.41 亿元救助款物。

截至 5 月 23 日晚 9 点，中国红十字会系统接收款物达到 59 亿元，其中总会接收捐款 11.4 亿元，接收物资约 3 亿元。地方分会接收款物总计 45 亿元。

截至 5 月 28 日 18 时，全国红十字系统接收境内外款物合计 100.9 亿元，其中总会接收款物合计 38.25 亿元，其中款项 35.12 亿元，物资 3.13 亿元；地方各级红十字会接收款物合计 62.65 亿元。全国红十字系统已陆续向灾区提供价值 19.4 亿元的救灾援助，其中总会共向灾区下拨救灾资金 8.25 亿元人民币，调拨救灾物资价值 3 亿元人民币。

截至 5 月 29 日 18 时，全国红十字系统已向四川、甘肃、陕西灾区调拨援助款物达 20.19 亿元人民币。其中总会及直属单位下拨救灾资金 3.29 亿元，从备灾仓库调拨、紧急采购以及接收境内外捐赠的物资价值 3.31 亿元。这些物资包括帐篷 38639 顶、棉被 89394 床、衣裤 24.01 万件、药品 7490 箱、食品 65929 箱，其他 70534 件。

据统计，在汶川地震发生后的紧急救援阶段，总会仅向四川灾区就紧急调拨帐篷 13 万余顶、棉被 12 万余床、衣物 35 万余多件、蚊帐 170 万余顶和粮食近 6480 吨；直接组建派遣了 10 支专业搜救队、医疗救援队、心理救援队赶赴灾区紧急救援；协助德国、西班牙、丹麦、英国、奥地利等国红十字会为灾区提供野战医院、紧急供水站、厕所、后勤营地等灾害应急设备和相关技术支持。在过渡安置阶段，总会投入超 5 亿元修建板房，争取红十字会与红新月会国际联合会调运 10 万顶帐篷，安置无家可归的灾区群众。为帮助灾区群众顺利过冬，总会为灾区送去棉被 69 万余床、棉衣 36 万余件，并为残障人士提供大量假肢、支具及康复训练服务。

在中国红十字会的统筹协调下，截至 2008 年 11 月底，全国各级红十字会共为抗震救灾募集款物价值 164.42 亿元，广东、上海、江苏、浙江等省（市）红十字会募集款物价值均超过 10 亿元，北京、山东、福建等省（市）红十字会募集款物价值均超过 5 亿元。香港、澳门红十字会和台湾红十字组织分别募集相当于人民币 11 亿、7000 万、3.8 亿元的善款。

为了加强对救灾款物的管理和使用，由抗震救灾指挥部下设的应急救援组负责灾害救助工作计划的拟订、实施，接收使用和管理救灾款物，统筹全国灾害救助工作；后勤保障部则负责总会现场捐赠款物的接收和救灾物资的采购、运输。

5 月 14 日，总会抗震救灾募捐现场对公众开放。15

5月31日，彭珮云会长出席中国信鸽协会通过红十字会向四川地震灾区捐赠仪式

日，总会下发《关于认真做好救助四川地震灾区捐赠工作的通知》，要求全国各级红十字会要依法接收和使用捐赠款物，有效地救助灾区群众。5月18日再次下发了《关于切实做好“5·12”地震募捐款物管理、使用工作的通知》，强调各级红十字会接收的“5·12”地震灾害捐赠款物必须专款专用，严禁以转入备灾基金等名义扣留、挪用、截留或用作其他事项。

5月22日，总会又一次下发紧急通知，再次明确全国红十字系统接收的“5·12”地震灾害捐赠款物将全部用于抗震救灾及灾后重建工作。为了进一步加强捐赠款物的管理和使用，5月29日，总会成立了由江亦曼任组长的抗震救灾资金、物资监管工作领导小组。为了确保所募款物的分配、调拨和发放工作的科学化和规范化，总会对每一笔大额资金的使用都进行了严格管理。这些资金的使用，是基于灾区实际需求，并经过总会抗震救灾指挥部的深入研究和协商后决定的。随后，赈济部门会向受益省份下发拨款通知，并同时通知总会财务部门进行资金拨付。对社会捐赠的物资，总会指定部门归口专人负责接收、登记，并制定了物资分配发放工作流程，使物资的管理使用规范有序。

为了使捐赠款物和款物使用的信息公开透明，总会利用官网和《中国红十字报》陆续进行公示和发布。截至 11 月 30 日，全国红十字系统共接收超过 164 亿元的捐赠款物，有力地支援了抗震救灾和灾后恢复重建工作。

5 月 30 日上午，由监察部副部长王伟率领的中央抗震救灾资金物资监督检查领导小组，在听取中国红十字会抗震救灾工作汇报后指出，中国红十字会在抗震救灾中动作迅速，各项工作有效有序，是一支有战斗力的队伍。

四、工作组察灾

5 月 13 日起，中国红十字会会长彭珮云，常务副会长江亦曼，副会长苏菊香、郭长江，秘书长王海京等分别率工作组赴四川、甘肃、陕西等灾区考察灾情，慰问受灾群众，指导当地红十字会开展抗震救灾工作。

13 日 9 时，中国红十字会副会长郭长江带队，中国红十字会总会和红十字会与红新月会国际联合会、香港红十字会、澳门红十字会联合组成第一支抗震救灾工作组赴都江堰市和北川羌族自治县考察灾情。由于成都机场不能降落，他们滞留在距成都还有几百千米的重庆，为了尽快到达灾区，大家马上转乘大巴，于当天晚上 7 点多钟赶到成都。未及休息，他们即赶到临时设在帐篷里的四川省红十字会抗震救灾指挥部，听取四川省红十字会关于灾情和救灾工作的汇报。

14 日，工作组一行辗转到达地震重灾区北川羌族自治县，严重的灾情让他们心情沉重。他们走进一顶顶帐

5 月 14 日，郭长江副会长看望四川省红十字会志愿服务队

篷与灾民交谈，了解灾民的生活情况，倾听灾民的要求和心声，到临时搭建的医疗点查看受灾群众的伤情，了解地震灾区救护一线的需求。在北川中学救灾现场，正在那里看望慰问抗震救灾官兵的中央军委领导与郭长江亲切交谈，对红十字会在地震灾区开展的救援和救助工作给予了高度肯定。郭长江表示，作为政府在人道救助领域的助手，红十字会一定配合政府积极做好地震灾区的救助和灾后重建工作。

随后，工作组又来到受灾较重的安县看望灾民。安县县政府领导紧紧握着他们的手说：感谢红十字会，灾情发生后，你们的救援物资到的是最早的，使部分灾民当天晚上就住进了帐篷，盖上了棉被。根据了解，灾区急需帐篷、棉被、方便食品、雨具、手电筒、塑料布、饮用水、医疗用品、环境消毒剂和饮水消毒剂等物资，这也为后续的救灾工作指明了方向和目标。

5月15日，中国红十字会造血干细胞捐献者资料库管理中心主任洪俊岭率领由总会机关、直属单位和湖南、云南省红十字会共10人组成的中国红十字会总会第二支抗震救灾工作组赶赴四川地震灾区，并在灾区前线设立指挥部。

当日傍晚，工作组一到成都，即赶往四川省红十字物资库了解救灾物资情况。次日一早，工作组在听取四川省红十字会关于灾情和救灾工作情况的介绍后，与四川省红十字会主要成员召开联席会议，并成立联合抗震救灾小组。为了规范、有效地开展抗震救灾工作，联席会议决定，将救灾工作分为物资接收、分发、宣传和卫生医疗4个方面，并要求规范操作程序，严把救灾物资出入口关。会后，工作队成员分别被派往相关部门，协同四川省红十字会开展工作，并形成高效的运作流程：接收部门及时掌握外来捐赠物资的到站信息，派专人在机场和火车站登记、接收、转运物资；赈济部门在了解各地详细灾情和物资需求情况后通知分发部门将救灾物资及时发往最需要的地方。

在工作组的宏观调控下，救灾物资进出账目明晰，运转顺畅。正是因为有联合抗震救灾小组的指挥调动，救灾物资的发放及时快捷、有条不紊。在抗灾一线成立起来的宣传组，通过召开新闻发布会等形式第一时间向媒体发布各类信息，使红十字会的救灾工作公开透明。与此同时，联合抗震救灾小组还与派到前方的红十字医疗队保持紧密联系，对医疗队的工作进展以及所需药品、器械等物资需求了如指掌，确保只要有需求，便能及时送达。

5 月 19 日至21 日，中国红十字会常务副会长江亦曼率领总会赈济救护部副部长张淑爱、中国红十字基金会副理事长兼秘书长王汝鹏等组成的工作组赴川考察灾情、慰问灾民。

5 月 19 日中午，江亦曼一行抵达成都，在双流机场附近草草用完便餐即迅速离蓉北上，赶往德阳灾区。14 点 28 分，工作队全体成员下车在高速路旁为地震中不幸去世的同胞默哀 3 分钟。在灾民安置点举行了简短的救灾物资发放仪式后，工作队兵分两路：江亦曼率一队赶赴绵竹，张淑爱率另一支队伍前往什邡考察灾情、发放救灾物资。

在绵竹，江亦曼听取了德阳市的灾情介绍和当前抗震工作的措施和进展，之后前往设在绵竹新体育场的灾民安置点看望灾民。17 点左右，工作队前往绵阳辖下的汉旺镇考察灾情。由于紧邻山区，汉旺成为此次地震的重灾区。除了穿着橘红色制服忙碌的搜救队员和偶尔排

5 月 19 日，中国红十字会常务副会长江亦曼率领抗震救灾工作组赶赴四川灾区

着整齐队伍走过的解放军战士外，工作组到达汉旺镇时，再也看不到其他人。看着成片的废墟，江亦曼泪流满面，其他人也都默然无语。

5 月 21 日，江亦曼一行冒雨前往安县察看灾情。“大家都还好吧？有吃的吗？有水喝吗？有住的地方吗？”在安昌、在桑枣、在永安，每到一个集镇，江亦曼都前往灾民安置点，走进帐篷看望灾民，询问大家的受灾情况、生活状况。她一次次握住灾民的手勉励大家要“鼓起勇气、忘记悲伤、坚定信心、渡过难关”。她不停地催促司机“开快点”，希望能握住更多人的手，给更多的人带去温暖、信心和希望。她鼓励大家如实反映生活中存在的困难，并承诺中国红十字会会呼吁、动员社会各界力量，帮助大家共渡难关。

在几天的实地查访中，工作组也发现有些灾区村民并未及时获得急需的救灾物资。了解情况后，江亦曼指出，运送到灾区的物资，要尽量减少中间环节，要一竿子插到底，直接派人发到灾民手里。

5 月 20 日晚，江亦曼会见了四川省副省长陈文华。双方就中国红十字会参与下一阶段的灾后重建工作进行了交流。江亦曼表示，中国红十字会希望把募集到的资金集中、有效地用于救灾工作，由此，希望四川省能够指定特定的区域和领域由红十字会帮助灾民进行重建。陈文华表示将对上述建议予以积极考虑。

次日，江亦曼一行继续深入受灾严重的绵阳市安县考察，并为灾后重建项目选址。在永安镇，看到村民们辛辛苦苦打工挣钱盖的楼房变成一片废墟，江亦曼感同身受，嘱咐身边工作人员与安县政府领导详细洽谈，尽快落实为灾民建设简易活动板房事宜。考察中，她反复强调，一定要把所有物资、资金用到最需要的地方。考察期间，江亦曼还看望了夜以继日忘我奉献的红十字志愿者和奋战在一线的中国红十字会 999 医疗救援队、华山医院救援队的医护人员。

5 月 22 日，中国红十字会副会长苏菊香率第四批中国红十字会救灾工作组 18 人，赶赴四川地震灾区开展工作。23 日下午，工作组抵达成都，按照江亦曼提出的“一竿子插到底”指示，实行“靠前指挥”，进一步加强抗震救灾的力量。

苏菊香一行到达成都后，立刻召开了由三级红十字会工作人员参加的紧急工作会议。随团而来的 18 名专职人员，每 3 人分成一组，分别被派往受灾较严重的成都、德阳、绵阳、广元、阿坝、雅安等 6 个市、州，他们直接督导、分发社会各界通过红十字会捐往灾区的救灾物资。

5 月 25 日，苏菊香副会长与灾区小朋友在一起

“5·12”地震以来，社会各界通过全国各级红十字会纷纷向灾区捐款捐物。截至 5 月 23 日，全国红十字系

统接收的捐赠款物已突破80亿元人民币，创下历史最高纪录。如何将人们的爱心更好地送达灾区？关于巨额善款的使用，中国红十字会如何给社会各界包括国际社会提供一个满意的答案？如何使最困难的灾民得到最及时的帮助？这一切都有赖于红十字会以艰苦细致的工作做出回答。

6支救灾工作组到达灾区后，首先了解了当地红十字会工作开展情况，特别是救灾物资的接收、储存、转运、发放管理等情况。针对存在的问题，各工作组采取了相关措施，确保救灾物资及时有效地发放，切实做到“把救灾物资发到最需要的灾民手里”。

25日下午，苏菊香前往绵竹武都镇，督察那里的物资发放工作。可以看到，在武都一家医院附近一个发放点，红十字救灾物资的发放井然有序，所有灾民有序排队，依次从红十字工作组人员手中接过崭新的棉被。她们眼中噙着泪，脸上洋溢着笑，不停地说着“谢谢”。

除了救灾物资的发放，最令苏菊香挂怀的是灾区人民和中国红十字会派往灾区的救护人员。自5月24日起，苏菊香连续三天前往彭州、孝德、绵竹、九龙、什邡、平武，探望驻扎在这些地方的俄罗斯、意大利、北京红十字999、唐山、湖南以及武警总医院等红十字医疗救援队。在俄罗斯和意大利医疗队驻地，苏菊香对救援队伍的到来以及所提供的帮助表示感谢，称赞他们所做出的积极贡献。每到一处，苏菊香都进入医护人员生活的帐篷，详细察看、询问他们的身体健康状况和生活情况，叮嘱大家“小心余震”，鼓励他们“不怕疲劳，继续战斗”。

在医疗队驻地，苏菊香拉着伤员的手嘘寒问暖，询问他们目前的饮食生活状况。她不断鼓励大家坚强、乐观。在绵竹九龙镇，苏菊香鼓励灾民：“要相信政府，社会不会抛弃大家”，“要挺起不屈的脊梁”。

五、救援队赴险

5月13日至15日，中国红十字会紧急组织上海华山医院、武警总院、北京市红十字会“999”救援队、河北省红十字会、安徽省红十字会、湖南省红十字会、贵州省红十字会、福建省红十字会等8支救援队，紧急赶赴灾区，为灾区群众提供第一现场医疗和心理援助。

“灾情就是命令”。5月13日上午11时，999紧急救助中心接到赶赴四川灾区的通知。经过4个小时的应急准备，一支包括医护、后勤保障、信息联络员在内的38人组成的紧急救援队集结完毕，并于5月13日15时从北京出发。为在第一时间赶赴灾区，救援队日夜兼程，驱车2200余千米，用时36小时，于5月15日凌晨4点赶到四川省绵竹市地震灾区，在位于绵竹市体育场的地震医疗急救站建立临时营地，开展救援工作。

到达之初，救援队分成两个救援小组，沿绵竹市灾情严重的汉旺镇周边村落进行搜救，在汉旺镇东汽运输

5 月 13 日，首批 999 救援队启程赴川

公司、绵竹市第三医院附近地区展开对伤员的集中施救和转运工作。5 月 15 日 12 时，救援队接指挥部通知，通往灾情最为严重的清平乡公路经抢修打通，要求救援队组成突击队迅速出发，强行军开进清平。救援队迅速组成一支突击分队，由正副总指挥带队，于 13 时集结汉旺镇待命。公路因余震再次毁坏后，指挥部于 15 日 23 时命令救援队翌日徒步强行开进清平乡。因为救援队是当时唯一一支具备突击条件的地方医疗队，所以指挥部令其随兰州军区某部队的 5 支医疗队徒步进入清平地区展开搜救，路线选择沿山谷上行。

16 日 13 时，救援队组成了一支 17 人突击分队，由孙硕鹏带队进入了异常险峻的山谷。经过 1 个多小时的艰苦跋涉，突击队行进到一处河谷地界，前方突发泥石流，先头部队出现大量伤员。救援队迅速展开现场施救，共救治为抢救儿童受伤的成都军区某部政委等军地伤员21人，并为静脉断裂、颅脑外伤昏迷等危重伤员实施了静脉通路、夹板固定、清创包扎等复杂救治程序。此时，前面的水库已经溃堤，山洪渐渐迫近，情况十分危急。在前有洪水，后有泥石流的生死关头，救援队员与部队官兵抬着伤员、举着吊瓶、背起器械最后一批撤出险地。几分钟后泥石流和山洪就堵塞了救援队身后的河道。

从17日开始，救援队开始承担绵竹新体育场四川省政府地震医疗救助站的分诊和转运任务，并从玉泉镇开辟的直升机伤员转运降落点、汉旺镇东汽运输公司设立的医疗点转运伤员。同时，协助当地医疗机构在体育场伤员留观和救治点、绵竹市人民医院救治伤员，队员分成几个救援小组24小时值班。据不完全统计，截至19日上午，中国红十字会999应急救援队共搜救、救治、转运、分诊伤员281人。

除了医疗救护，救援队还承担起灾区人员的饮食供给任务。5月19日18时，晚饭时间，急救队的餐车前排起长长的队伍，而且一拨一拨，络绎不绝。这是因为很多志愿者匆忙赶往灾区，没有相应的后勤储备，吃饭成了问题。而救援队则于出发前准备了周全的后勤保障：除4辆指挥救护车外，还配带了多功能饮食供应车辆，携带大米1000斤、饮用水2吨、大蒜100头，从而解决了吃饭问题。救援队到达绵竹灾区后，利用设备先进的饮食供应车为各类救援机构、志愿者以及新闻工作者提供全天候24小时的免费饮食服务，保障了救援工作的开展。截至6月中旬，救援队共向山东疾病控制中心、绵竹市卫生局、兰州军区某部、绵竹市人民医院、山东大学志愿分队等救援机构和新闻工作者等供应饮食1000余次。同时，还向灾民发放捐献物资，对受灾群众开展心理干预。

除了突击前行的北京市红十字会999救援队，华山医院紧急救援队也冲在一线，成为灾民心中的“生命中转站”。

5月14日上午，复旦大学附属华山医院由汪志明教授挂帅、21名医护专家组成的中国红十字会华山医院紧急救援队，从浦东国际机场启程，开赴四川省汶川县，执行人道救援任务。当救援队到达汶川时，这些受灾地区连军队都无法进入。在汪志明队长的主持下，大家一致决定：尽可能靠近前线，救治更多的伤员。于是，救援队与当地红十字会取得联系。获知安县茶坪灾区有大量伤员需要救治，且该地区离北川最近，于是队长当即决定组织5人突击队向安县重灾区茶坪乡挺进。到达晓坝镇五福村姊妹桥时，前方道路已经被塌方滚石堵住，无法继续前进。在姊妹桥，医疗队向灾民送去200副手套、100个口罩等。开始，他们想将急救站设在人员较集中的姊妹桥，可那里既缺水又断电，不具备急救条件。

后来，医疗队在安县老县城安昌的一所中学里扎营，建起了急救站。这成为外来医疗队最早建立的、离地震重灾区最近的急救站。

中国红十字会华山医院紧急救援队于5月14日出发

到达灾区后，队员不顾旅途辛劳，还奔波于宾馆与机场之间，搬运随后抵达成都的医疗救援物资，一直忙碌到深夜2点。5月15日，天色微明，队员们再次搬运物资上车，直奔安县灾区。进入安县后，得知只能到达千佛山五福村时，救援队当即兵分两路，一路冒着余震、滚石和泥石流的威胁，经山路到五福村勘察情况；另一路则到山下各处踩点，选择合适地方建立医疗站。经过一天的奔波，救援队最终决定在安昌镇西苑中学操场驻扎。在那里可以为大量伤员进行第一步，也是最为及时的救治。

5月15日下午，当印有中国红十字会和华山医院标识的队旗高高飘扬时，队员们不顾连日的疲劳，开始接收救治一批又一批的伤员。骨科医生忙着为伤员清洁创面、包扎固定；神经外科医生忙着为伤员清除头颅皮下血肿、检查神经系统损伤程度；外科医生忙于缝合伤口、留置导尿……仅这一天下午至晚间，救援队就救治了近50名伤员，清创等手术做了20多台。忙碌了一天的队员们，晚饭都顾不上吃，利用短暂间隙交替吃些压缩饼干、速泡面等。有时队员还主动把自己的物资送给灾民。

当天晚上，全体队员就在操场上曾经堆放过遇难灾民尸体的空地上搭起了简易的露天帐篷，睡在那里。由两名队员轮流值班2小时，以保证伤员可随时得到及时救治。随着搜救时间的推移，许多伤员的病情更加严重复杂，救援队逐渐感觉现有的医疗设备已经无法满足需要。所幸的是这时已经有许多军队医院救援队也到达了安县，但他们大多驻扎在距茶坪更远的花荄甚至绵阳市。

于是救援队与其他医疗救援队及志愿者保持联系，并配合当地行政部门，协调进行转运伤员的工作，使病情严重的伤员可以尽快到条件更好的野战医院，接受进一步医治。很快，华山医院医疗救援队在安昌西苑中学所设立的救助点在当地已小有名气，成为伤员和许多医疗救援队伍眼中的“生命中转站”，许多媒体慕名前去采访报道。

与此同时，救援队队员们更清楚地意识到：时间就是生命。在汪队长的决断下，队员们在分工上进行了调整，自16日起，救援队几乎每天都会轮流派出5名突击队员在当地志愿者的指引下出发经山路徒步进入茶坪，一步步接近救治伤员的最前线。

因为道路塌方、山势陡峭而且余震经常引起滑坡，队员们的生命随时都面临着危险。但当队员们看到被搜救官兵从山林间背出的伤员时，当即就在山脚为病人做紧急的包扎和处理并协助疾病防疫人员进行消毒。他们心中只有一个信念，“救治、救治、多救治”，要尽可能多地救治伤员。

5月18日，当救治点被一夜的狂风暴雨及余震摧毁得惨不忍睹时，部分队员有些心灰意冷。就在此时，安县人民医院的护士长悄悄告诉他们，许多灾民已经把这里的医疗救治点当成一座象征希望的生命绿洲。“只要救治点在，他们就放心了”，正是这句朴素的话，深深感动了每一个队员，他们更清楚地意识到救援队驻扎在受灾最前线的意义不仅仅在于提供医疗援助，救援队的存在和坚持对灾民和伤员来说，具有深远的心理慰藉作用。很快，在中国红十字会及上海市卫生局的资助及支持下，救援队用了一上午的时间重建了这个医疗救治点，环境更整洁、设备更先进，队旗再次飘扬在安昌镇西苑中学的操场上。许多当地的灾民看到救援队“重建家园”的举动后，纷纷自发前来慰问救援队，并送来了黄瓜、绿豆粥和菜汤。

生命救援是一个完整的概念，不仅包括身体救援，也包括心理救援。

中国心理健康协会教授肖水源认为，灾难会在人身上造成严重心理创伤，如果不及时治疗，这些创伤可能持续一生。人们对于自然灾难的恐慌若没有外界细致入微的抚慰疏导和心理干预，很难在短时间内回归正常状态。“心理救灾”是灾后重建的一项重要内容。

房屋倒塌、财物损失、亲人亡故、通信中断等，这些人最基本的生存需要被掐断，无疑带来巨大恐慌。在幸免于难后，往往迫切需要确认自己是否被世界遗弃。此时，沟通联系就变得非常重要。能与家人通话，哪怕一分钟，能与亲人哪怕一个简单的拥抱，能给孩子一下浅浅的抚摸……他们需要有归属感的确定。汶川地震后，受灾群众的悲惨遭遇令不少人潸然泪下，加强对受灾群众，尤其是儿童的心理创伤干预，显得尤为重要。中国科学院心理研究所所长张侃预计，汶川地震中直接和间接受到心理伤害的群众及救灾人员不少于50万，有些人会留下长期的心理问题。

地震发生后，以首都医科大学杨凤池教授为领队的第一支中国红十字心理救援队和以心灵阳光工程办公室黄依为领队的第二支中国红十字心理救援队分别于 20 日、21 日抵达四川省绵阳市，针对“5·12”地震给人们造成的心理创伤进行心理干预。邓亚萍、杨扬、高敏、谢军、莫慧兰、孙海涛等奥运冠军也加入了心理救援队的行列。

5 月 19 日，中国红十字会第一支心理救援队出征仪式

以杨凤池教授为领队的第一支中国红十字会心理救援队到达后顾不得休息，很快开展了工作。在绵阳的一个帐篷学校里，邓亚萍等奥运冠军通过他们的影响力和感染力去安慰那些受地震灾害影响的学生，帮助他们建立积极向上的良好心理状态。21 日，心理救援队继续在该学校的 6 个帐篷进行分组辅导。他们采取角色扮演、

情景再现、放飞希望、写信等方式，帮助学生化解灾害带来的负面情绪。心理专家还对那些情绪反应强烈的学生进行了个别的有针对性的心理辅导。奥运冠军们还向学生们赠送了体育器材等礼物。

21日中午，心理救援队来到参加抗震抢险的陕西、甘肃、广东等地的武警消防队员驻地。心理救援队将官兵分成6个组进行团体心理辅导，引导他们消除目睹惨状后的负面情绪和感觉。专家还对反应强烈的20多人进行了小型心理治疗。一名来自宁夏武警消防支队的战士，家乡就在北川，母亲在地震中遇难。杨教授对这名战士进行了专门的心理治疗。

22日，国际联合会的宣传、卫生代表观摩并采访了心理救援队的工作。

23日，心理救援队赶赴德阳，通过广播、电视向社会发布中国红十字会心理救援队在此开展工作的消息，欢迎需要心理援助的人前来报名，并计划在帐篷里为80人做心理辅导。

第二支中国红十字会心理救援队于21日抵达绵阳后，对当地近40名志愿者进行了培训，并到九州体育馆了解灾民的心理需求。22日，他们分两个小队，一队前往绵阳九州体育馆开展心理辅导，另一队则前往两所小学，那里有从北川转来的学生，心理救援队给他们送来了书包、彩笔、手表、收音机等。23日，该心理救援队前往安县继续开展心理援助活动。

总之，在汶川救援中，中国红十字会的应急救援工作实现了生活保障、医疗救助、心理救援的有效结合，提高了灾害救助的技术含量，人道救助领域得到前所未有的拓展。

六、川省会当先

四川省红十字会渊源于1911年成立的中国红十字会成都分会和重庆分会。2008年，四川省红十字会共有21个市州红十字会，181个县（市、区）红十字会，5024个基层组织，120万余名会员，100万余名志愿者。

汶川地震发生后，四川省红十字会在党中央、国务院、四川省委省政府的坚强领导下，在总会和兄弟省（市、区）红十字会的倾力支持下，全力以赴投入到艰苦卓绝的抗震救灾中。

5月12日15时20分，四川省红十字会党组书记、常务副会长张波带队赶到省政府请战，并在第一时间向总会汇报了灾情。17时，省红十字会迅速启动了应急一级预案并及时召开机关中层干部及职工会议，紧急进行了思想动员和工作部署，成立了四川省红十字会抗震救灾指挥部，张波任指挥长，秘书长吴琼英任副指挥长，下设5个工作组，同时向各市、州红十字会发出抗震救灾的紧急通知。在红十字精神的指引下，四川红会展开了一场感天动地的生死大营救。

面对猝然而至的巨大灾难，只有 17 个人的四川省红十字会迅速行动，他们不顾个人安危，全身心投入到抗震救灾中。在紧急救援的 20 多个日夜里，他们中有的人一连几天没回过家、没洗过澡，每人每天平均工作 20 小时以上，困了打个盹儿又接着干。因为有了他们，在地震中失去房屋的灾民不再流离失所；在地震中所有东西都毁于一旦的灾民不再为衣食而忧；在地震中失去亲人的孩子不再惶恐哭泣。他们用行动履行着红十字的宗旨，用行动诠释“人道、博爱、奉献”的红十字精神，用行动创造出“六个第一时间”的工作业绩。

红十字人第一时间进入紧急救援状态。特别值得一提的是，处于极重灾区的德阳、绵阳、阿坝、成都、广元、雅安等市州、区县红十字会和省红十字会的一部分同志，其家人、财产也遭受了沉重打击，受到重大损失。但是他们从废墟、危房中逃出来后立即投入紧急救援工作，废寝忘食地坚守在抗震救灾的第一线。

第一时间与中央驻川新闻单位和省市各大媒体连线，向社会发出抗震救灾紧急呼吁。四川省红十字会紧急抗震救灾的工作情况视频，于 5 月 12 日当晚在中央电视台新闻联播和四川各主要媒体播出，对动员社会各界迅速投入红十字会抗震救灾工作起到了重要作用。5 月 19

日，中央电视台等数十家新闻媒体的记者，在实地探访四川省红十字会的捐赠现场后无不感慨，他们说，原以为省红十字会已经乱成一锅粥，没想到工作如此有序、高效运转。

第一时间向灾区运送救援物资。5 月 12 日当晚，省红会组织车辆装载总会拨付的价值 78 万元的救灾帐篷和棉被，连夜由常务副会长张波、秘书长吴琼英分头带队，冒着暴雨和余震不断的风险运抵极重灾区都江堰市和北川羌族自治县，成为运抵灾区的第一批救灾物资。短短的半个月时间，省红十字会调集了 1.2 万台车次，运送了 6.5 万吨价值 11.08 亿元的物资到灾区。成都、德阳、绵阳、阿坝、广元、雅安 6 个极重灾区红十字会的同志与总会赈灾工作队的同志在人员极少、工作量极大的情况下，日夜奋战，把巨量的救灾物资分发到灾区群众手中。

第一时间组织红十字紧急救援队奔赴极重灾区开展生命大救援。5 月 12 日当晚，省红十字会组织的两支医疗救援队抵达北川、安县极重灾区抢救转移伤员，13 日上午又派出 6 支红十字应急抢险队急赴灾区。13 日，由 28 名红十字志愿者组成的救援队，在队长唐建华的带领下，在北川羌族自治县连续奋战两天两夜，他们不畏艰难，徒手从废墟中救出 260 多名被埋群众，他们的指甲几乎都被磨掉了，鲜血淋淋。他们几天几夜没漱口、设

彭珮云会长听取四川省红十字会工作人员介绍情况

洗脸、设洗澡，回到成都后每个人都蓬头垢面，瘦得脱了形，让熟悉的人都不敢认。

第一时间启动科学、规范、公开、高效的募捐操作流程和制度，严格管理救灾款物。“5·12”特大地震发生后，捐款捐物的人员之多、范围之广、款物的数量和额度之大，超过了四川省红十字会建会以来的总和。当捐款捐物的人流如潮水般涌向红十字会的时候，各级红十字会迅速制定了特定情况下的款物管理制度和工作流程。一方面，省红十字会聘请银行工作人员到捐款现场收款入库，先后招募了400名专业财务人员参与捐款账务的清理、登记、公示。另一方面紧急邀请西南交通大学物流学院院长张锦和8位博士生，在对救灾物流情况进行调研后，连夜设计出了一套应急物流管理软件，并立即投入使用。在紧急救援阶段，全省红十字会接收境内外捐赠款物合计 24.76 亿元，其中资金 13.68 亿元，账务 30 余万笔，账单票据重达 500 公斤；物资价值 11.08 亿元，共 3103 批次，1256.3 万件。

成都备灾救灾中心在只有 4 个工作人员的情况下，接收转运了价值 3 亿元的物资。成都、德阳、绵阳、广元、阿坝、雅安 6 个极重灾区红十字会接收、发放款物上亿元。南充、宜宾、巴中、自贡、乐山、达州、眉山、攀枝花等市红十字会募集了超过千万元款物援助极重灾区。在短短半个月时间内，如此巨量、复杂的款物接收、分发、运送，四川省红十字会做到了账目清楚、手续齐备、公示及时。中央纪委、国务院纠风办联合检查组 3 次到省红十字会检查，都对四川省红十字会的款物管理工作给予了肯定。省纪委、省监察厅、省审计厅督察组等也对省红十字会的款物管理工作给予了充分肯定。

第一时间把工作重心转入灾后重建。5 月下旬，四川省红十字会在抓紧救援的同时，组织力量制定了《四川省红十字会“5·12”特大地震灾后重建方案》，并指导各市州红十字会制定了灾后重建项目书，6 月初迅速把工作重点转到灾后重建。常务副会长张波亲自率领团队，多次带着灾区“重建方案”和 30 公斤重、援助总额达 250 亿元的中英文对照的重建项目书到北京、西安

彭珮云会长和江亦曼常务副会长陪同红十字会与红新月会国际联合会主席托罗先生看望灾区儿童

等地向总会、国内外红十字会和企业集团汇报并争取灾后援助资金。截至2009年4月1日，已落实灾后重建资金38.562亿元，项目1930个。为了规范、高效地做好灾后重建项目，四川省红十字会举办了4期灾后重建培训班，累计培训400多人。

到2008年5月26日，在震后的14天里，四川省红十字会共组织和派往灾区一线的应急救援队伍有75支，共计6546人；省内专家医疗队伍6支，共计326人；专业搜救队伍5支，共计295人；心理干预队伍12支，共计540人；共调配和运输灾区急需物资51000吨。到6月4日，四川省红十字会共组织志愿者近15.1万名，在灾区建立75个医疗救护站，建立49个灾民安置点，从废墟和危房中抢救灾民伤员7200人，救治伤员1.2万人次，转移灾民12.1万人，参与抢险380余处。

5月14日，温家宝总理在遭受毁灭性破坏的北川羌族自治县灾害现场，看望了四川省红十字会两支由志愿者组成的抗震救灾医疗急救队的队长唐建华和孙柏安（美国人）。温总理感谢红十字医疗急救志愿队为救护伤员的生命做出的积极努力和发挥的作用。后来，温家宝总理在一次抗震救灾工作会议上对中国红十字会常务副会长江亦曼和副会长苏菊香讲："我在四川抗震救灾一线看到四川省红十字会的人了。这一次抗震救灾，红十字会表现非常突出，在那么艰苦的地方开展工作很了不起！"

5月14日，温家宝总理在北川羌族自治县看望受灾群众

5 月 14 日，彭珮云会长专门致电四川省红十字会，充分肯定了该会的抗震救灾工作，并向奋战在抗灾一线的四川省红十字系统工作人员及广大红十字志愿者表示慰问。6 月 3 日，彭珮云会长在省人大、省政府领导的陪同下，检查并指导四川各级红十字会的抗震救灾工作。彭会长高度肯定了四川省红十字会在抗震救灾工作中付出的艰辛努力和取得的显著成效。她说："四川省红十字会在抗震救灾工作中非常努力，做得很好。他们不怕艰苦，不怕困难，顽强拼搏，为抗震救灾作出了重要贡献。我对他们表示崇高的敬意。"

七、市州紧相随

在应对“5·12”汶川特大地震灾害的过程中，成都市红十字会全体同志始终坚持战斗在抗震救灾第一线。灾害发生的当天下午，成都市红十字会党组就立即作出决定，启动灾害救援应急预案，成立抗震救灾应急指挥组，并在第一时间通过成都电台开通了市红十字会募捐热线电话和账号，第一时间向全社会发出了紧急救助呼吁。紧接着，兵分两路，一路冒着余震危险急赴都江堰市、彭州市两个重灾区实地调查灾情，一路留守成都紧急组织救灾物资。

5月12日22时和5月13日6时，成都市红十字会分别将首批食品和矿泉水等救灾物资送到了都江堰市和彭州市。13日晨，依托成都电台、成都市红十字会网站等向全社会发出救援呼吁，进一步获得了社会各界的积极响应。

在成都红十字会的努力下，社会各界人道力量和爱

成都市红十字会在组织募捐

心人士纷纷慷慨解囊，报名参加志愿服务的爱心人士络绎不绝。成都市红十字会全体工作人员为了募集更多的款物，平均每天工作 18 个小时以上，保证了救灾款物的正常接收和发放。

为了克服工作人员少、办公场地狭小、无备灾仓库的困难，成都市红十字会在省红会指导和有关单位的支持下，自 5 月 18 日以后，在招商局物流仓库增设了救灾物资管理库，顺利接收了大量救灾物资并通过现代化的管理手段进行管理和传递。成都信息工程学院大力支持，其在校体育馆增设了市红十字会抗震救灾物资接收和发放基地，该基地的管理工作由该校物流系管理，既解决了红会人员不足、仓储条件差、安全隐患大的问题，又整合了学校资源，发挥了相关专业学生的专业优势。

到2008年11月份，成都市红十字会共接收各种捐款2.7万余笔，总金额3.5465亿元；物资1295539件。共组织志愿者4万余人次参与物资装卸、押运以及医疗救护、卫生防疫等志愿服务工作，并组织调运志愿车辆5000余辆次运送救灾物资等。同时，成都市红十字会还积极争取中国红十字会总会、中国红十字基金会、上海市红十字会、武汉市红十字会、福建省红十字会等红十字组织援建项目187个，资金达12亿元人民币。这些工作均开创了成都市红十字会近百年历史之先河，并被中国红十字会总会评为全国抗震救灾先进单位。

特大地震发生后，德阳市通信瘫痪，电力中断，交通混乱。面对这前所未有的紧急情况，德阳市红十字会迅速作出反应，在震后1个小时，常务副会长邱绵山就组织召开了红十字机关工作人员抗震救灾工作紧急会议。会上，德阳市红十字会全面启动了救灾预案，对机关的5名工作人员进行分工，要求所有人员迅速与市委、市政府取得联系，迅速了解辖区内的受灾情况和灾区急需的物资种类、数量。

5月13日上午，德阳市红十字会向全国各地红十字会发出求援信，并通过网络、新闻媒体和短信方式向社会公布募捐信息，设置募捐点（箱），接受社会捐赠。13日晚，德阳市红十字会在原办公楼大门前搭建帐篷，设立了抗震救灾指挥协调中心，成立了综合协调组、物资组、资金管理组、志愿者管理组，开始帐篷办公。

从 5 月 14 日开始，全国各地的救灾物资源源不断地涌入德阳。为确保每一批物资能及时发放到灾区，首先，德阳市红十字会在会总部、成绵高速八角出站口和德阳出站口共设立了 3 个物资接收站，实行轮班制，确保 24 小时有工作人员接待，缩短了手续办理时间；其次，安排志愿者引导外地车辆进入灾区；再次，采取“不下车、不停留、不滞留”的办法，按需求来一批接收一批、转运一批；最后，采取市、县、乡镇、村和志愿者服务队直接发放的方式，以最快的速度，让救灾物资及时分派到乡镇、村、组和灾民手中。

对于刚刚独立运行一个多月的绵阳市红十字会而言，此次灾情是一次严峻的考验。面对突如其来的地震，常务副会长陈红充分意识到了红十字会面临的艰巨考验和重要责任。5 月 12 日 16 时，陈红召集全体干部职工召开紧急会议，安排部署抗震救灾工作，明确工作职责，落实工作任务。22 时，在得知平武县急需帐篷等物资的情况下，陈红及秘书长唐中秋紧急将库存的 30 顶帐篷在道路中断、余震不断的情况下运抵平武县平通镇，让受灾群众有了临时的住所。

13 日凌晨 2 时许，四川省红十字会紧急调拨的 140 顶帐篷、1500 床棉被运达绵阳市。忙碌了一夜的红十字会工作人员又及时将帐篷送到安置北川重伤员的安县安昌中学中转站，并抓紧时间将其中30顶帐篷搭建成紧急救治伤员的帐篷病房及急需安置的灾民的帐篷住房。余下的110顶帐篷、1500床棉被在红十字会领导的亲自护送下运到了北川县城和九洲体育馆，为灾民送去了温暖。

按照绵阳市委、市政府的统一部署，绵阳市红十字会充分发挥募捐职能，在火炬广场设立抗震救灾临时办公点，下设综合协调小组、物资接收组、救灾募捐组。截至11月30日，绵阳市红十字会共接收各地捐赠救灾物资1700余批次，总价值近5亿元。

特大地震发生后，广元市红十字会立即召开抗震救灾紧急会议，组建了灾情收集上报、资金募集、物资接收分发、宣传联络等工作组。

广元市红十字会第一时间通过市级新闻媒体和广元市红十字会网站向社会发出紧急募捐呼吁，公布捐款热线电话、募集救灾资金账户。他们努力争取市抗震救灾指挥部的支持，将市红十字会救灾专户指定为接受募捐款的指定账户，以此广泛开展抗震募捐，筹集物资支援灾区救灾工作。市红十字会还在广元市主城区设置了10个红十字会募捐点，并主动与全国各地红十字会联系，积极争取救灾物资援助。

赈灾过程中，广元市红十字会积极组织全市各红十字会医疗机构、卫生系统红十字会会员，配合天津、江

广元市红十字会向参加地震灾区紧急救护的医疗卫生单位发放救灾药品

西、安徽、宁夏、上海、河南、陕西等地医疗队与省内医疗队及时赶赴青川县对受伤群众全力施救，尽全力减少伤员出现伤残、伤亡情况。截至 9 月底，广元市累计收治受伤群众 36626 人。

为加强防疫力度，确保大灾之后无大疫，广元市红十字会迅速向兄弟市红十字会请求消杀药品支援，并及时运送到地震灾区，对全市城区、受灾乡镇、村和灾民临时安置点进行全面消杀，共出动消杀队伍 85394 人次，消杀面积达 5. 74 亿平方米。与此同时，广元市红十字会加强卫生防疫知识宣传普及，大力开展环境卫生整治工作。

地震发生后，雅安市红十字会立即启动自然灾害应急预案Ⅰ级响应，以实干加苦干的精神，迅速投入救灾工作。雅安市红十字会创造了全市“八个第一”：第一时间上报灾情，第一时间在灾区搭建救灾帐篷，第一时间向社会发出紧急募捐呼吁，第一时间收到社会捐款，第一时间在重灾区汉源县搭建起活动板房，第一时间组织发动了抗震救灾志愿者队伍，第一个在市区举办义演募捐活动，第一时间启动灾后重建项目，3个由红十字会援建的博爱新村永久性住房，在全国率先竣工。

5月12日，雅安市红十字会紧急将库存的70多顶帐篷发放到市区医疗单位，使伤病员在下雨之前有了安身之处。5月13日一早，雅安市红十字会就通过党政网、电台、电视等途径向社会发出募捐呼吁、公布捐款账户，并印制灾情图片资料、招募志愿者，设置街头募捐点8个，迅即发起了规模浩大的募捐活动。同时积极争取外援，募捐活动取得显著成效。在紧急救援阶段，雅安市红十字会及时向灾区下拨救灾资金3批，共计1650万元；向灾区发送包括帐篷、衣被、食品、矿泉水、药品等救灾物资，为确保灾区群众有饭吃、有衣穿、有干净水喝、有临时居住场所，作出了积极贡献。

地震发生后，阿坝州红十字会第一时间从甘肃等地紧急购置了价值超130万元的帐篷、药品、食品等物资，克服沿途余震不断、滑坡滚石、道路中断、大雨滂沱等困难，在灾后30个小时内将物资运达重灾区汶川县，成

阿坝州红十字会向汶川受灾地区捐赠价值12万元救灾物资

为第一批运至汶川县的社会捐赠物资。5月20日，州红十字会根据茂县灾区需求，又将紧急采购的大米和643顶帐篷连夜送往茂县灾区。同时，建立红十字志愿者队伍，组织志愿者广泛从事抗震救灾医疗卫生救护、款物筹集、运输、救灾队伍接待服务等各项工作，为阿坝州、县红十字会抗震救灾工作高效运转发挥了积极作用。

到12月10日，阿坝州红十字会共接收国内外社会各界人士及各级红十字系统捐赠救灾资金24164.46万元，根据捐赠者意愿和救灾需要，已划拨救灾资金11805.21万元；接收并发放至各受灾县救灾物资价值共计10100万元，220余车、50多批次、22余万件。

八、全国疾奔赴

汶川地震发生后，各地红十字会情系灾区，把抗震救灾作为最重要、最紧迫的任务，以多种方式，广泛开展献爱心送温暖活动，积极支援灾区。一笔笔饱含爱心的善款、一支支救援队伍、一批批救援物资源源不断地抵达灾区，及时有力地支援了救灾工作。一些省、区、市红十字会的领导深入灾区开展紧急救援，谋划灾后恢复重建。他们以实际行动展示了伟大的民族精神和崇高的红十字精神，在人民群众中树立了红十字会的光辉形象，激发了广大红十字工作者为人道事业努力奋斗的豪情壮志。

到6月23日，天津红十字系统就累计接收款物2.53亿元，其中物资价值5101.70万元。从5月13日开始，已陆续为灾区运送照明设备、活动板房、帐篷、药品、棉衣棉被、食品、饮用水等急需物资共计17批。

到6月20日，河北红十字会系统累计接收社会捐赠

5月17日天津市红十字会与市委宣传部等单位联合举办“情系汶川”晚会，现场募得4000余万元

款物达1.8912亿元人民币（捐款1.57亿元，捐赠物资价值3212万元）。部分捐款和所有救灾物资及时送往灾区，为地震灾区紧急救援和灾民安置作出了积极贡献。

在月余时间里，山西红十字会系统接收社会各界捐赠款物累计2.5099亿元（捐款2.1887亿元，捐赠物资价值3212万元），已向四川、甘肃、陕西等地震灾区拨付救灾款5742.1万元，共向灾区运送救灾物资价值4700余万元。

到6月30日，内蒙古红十字系统共接收社会各界捐赠款物3.53亿元（捐款3.13亿元，捐物3912万元）。此次募捐活动，参与范围之广、募捐数额之大、捐赠热情之高都是自治区红十字会历史上前所未有的。其中自治区红十字会共接收捐赠5975.29万元，成为全区接收捐赠最多的部门。

据统计，辽宁省红十字会系统共募集救灾款物3.10亿元，支援灾区救灾款物近1.8亿元。先后派遣了医疗救援队、红十字会工作救援队和红十字志愿者救援队6批次，共计106人，在灾区开展了医疗抢险救援、救灾物资运送发放、安置受灾群众等工作。在执行医疗救援任务期间，省红十字会两支医疗队总门诊量13447人次，巡诊患者7923人次，组织卫生防疫讲座13次，开展心理干预咨询1540人次，发放防病防疫宣传手册、宣传单万余册（套）。

到10月31日，吉林省红十字会系统共募集救灾款物折合人民币2.8亿元（其中现金2.1亿元，物资折合人民币0.7亿元），已向四川、陕西、甘肃、重庆等地震灾区发出救灾款物1.04亿元，现金4070万元（发往四川3410万元，陕西200万元，甘肃200万元，其他省260万元）；物资6326万元（发往四川3960万元，陕西1300万元，甘肃1066万元）。

到11月10日，黑龙江红十字会系统共接收社会各界捐赠款物价值人民币约1.2亿元，已向四川灾区发送款物总计人民币4684.82万元。其中物资3884.72万元，救灾款800.1万元，另出资18万元为45名在黑龙江省就读的四川灾区贫困学子提供生活费，其他资金则准备用于灾后重建项目。

在前期救灾中，安徽省红十字会援助灾区款物达到1.12亿元，另外还有1.05亿元通过安徽省委、省政府统筹安排，用于支援四川灾区重建工作。其中，向安徽省对口支援点松潘县援助资金1亿元，用于灾后重建；此外，向甘肃、陕西两省各援助资金200万元。

到8月4日，福建红十字会系统共接收社会各界捐款5.32亿元，捐物价值1.30亿元，款物合计6.62亿元。其中省红十字会共接收捐款8189.42万元（不含各地市红十字会汇来的1629万元），捐物价值2902.25万元，款物合计约1.11亿元。

闽籍奥运火炬手李珊珊将109号“祥云”火炬拍卖款通过福建省红十字会捐赠给灾区

到6月6日，江西省红十字会已向四川地震灾区发送救灾款2010万元。截至7月31日，全省红十字会系统共募集抗震救灾款物2.048亿元，其中接收捐款1.69亿元，捐赠物资价值3580万元。

到9月20日，河南红十字会系统共募集抗震救灾款物价值约4.06亿元（现金3.22亿元，救灾物资价值8445万元），其中省红十字会机关募集1.59亿元（现金1.19亿元，物资价值3984万元），有力地支援了地震灾区抗震救灾工作。全省红十字会系统已向灾区发送救灾款物价值1.14亿元（现金5589万元，物资价值5847万元）。

到6月23日，湖北红十字系统共募集款物价值2.5亿元（现金2.1亿元，物资价值4000万元），已发运四川灾区救灾物资价值3600多万元。

地震发生后，湖南省红十字会和部分市州红十字会先后向四川等省灾区紧急拨付捐赠款物价值1.25亿元。其中拨付救灾捐赠款7103万元；向灾区发放救灾捐赠物资价值5397万元，包括5月13日、23日调运帐篷1100顶；5月16日，省药品监管局、省红十字会紧急筹措645万元的甲肝疫苗、破伤风疫苗、抗生素等部队急需的药品空运至四川灾区。

广东各级红十字会拓宽募捐渠道，以多种形式筹集款物。各地通过与宣传、文化部门以及媒体、企事业单位合作，开展义演、义卖，添设募捐箱等多种方式筹集善款；并主动联系银行、邮电等相关部门，简化转账、汇款手续，减免手续费用，加快红十字会工作流程。截至10月底，全省红十字系统共接收捐赠款物12亿多元人民币，向灾区调拨救灾款物超过4亿多元人民币。

到7月底，广西全区红十字系统共接收捐赠款物价值2.0894亿元，其中自治区红十字会接收捐款6222万元，接收物资价值1076万元；各市、县（区）红十字会接收捐款1.27亿元，物资价值896万元。在紧急救援阶段，自治区红十字会向四川灾区援助捐款2802万多元，援助食品、药品、帐篷、白糖、消毒剂、饮用水等捐赠物资价值1972万元。此外，经各级红十字会协助由捐赠方直接送往四川省红十字会的捐赠药品价值近500万元。

到9月29日，海南省各级红十字会接收社会捐赠资金6805.20万元，其中省级4208.49万元，地市级1346.59万元，县级1250.12万元；拨付四川省红十字会1835.82万元（含购买灾区所急需物资125.82万元），资金结余4969.38万元。捐赠物资折合人民币价值2532.61万元，捐赠物资已全部发往灾区，其中运往四川的物资折合人民币2426.18万元，运往陕西的物资折合人民币64.40万元，运往甘肃的物资折合人民币42.03万元。

到10月31日18时，贵州省红十字会总共接收社会各界捐款捐物价值约1.23亿元，其中钱款9256万元，物资价值3017.88万元。已向四川灾区援助紧急救助款859.5万元，发运物资价值3017.88万元，向甘肃灾区援助紧急救助款50万元。

救灾中，云南省红十字会系统接收社会捐赠款物价值共计3.42亿元（其中资金2.96亿元，物资价值0.46亿元）。其间云南省红十字会还先后派出了4批救援队奔赴四川灾区一线，加入中国红十字会总会救援指挥部和红十字会与红新月会国际联合会救援队，开展有力的救援行动。

西藏与四川省唇齿相依、血脉相连。5月12日下午，从新闻媒体得到汶川地震的消息后，西藏自治区红十字会立即作出反应。到6月18日，自治区红十字会共募集到资金658万元，物资价值240万元，款物合计898万元。加上医疗队的开支，西藏自治区红十字会投入灾区的款物达到1029万元。

汶川大地震发生后，陕西省红十字会开展了建会以来最大规模的救灾与灾后重建工作。紧急救援阶段，陕西省红十字会本级共收到捐款6538万元，接收物资价值5549万元，款物累计约1.21亿元；收到兄弟省红十字会援助款3903万元。从6月中旬开始，陕西省红十字会由紧急救援转向灾后重建，经积极努力和多方争取，到2009年5月，共为陕西省灾区筹集到重建资金约5.3亿元，其中1.8171亿元已确定用于农村灾区群众住房补助（13284户），1.598亿元用于建设中小学校（83所），1.4475亿元用于建设乡镇卫生院（104个）、村级卫生室（749个）。

到8月15日，甘肃省红十字会接收省内外社会各界救灾款物合计人民币4.31亿元，其中现金2.82亿元，物资价值1.49亿元。省红十字会按照不停留、不积压的原则，每天将接收到的省内外救灾物资即刻向灾区运送。

在这次抗震救灾工作中，宁夏红十字系统通过银行、邮局、现场捐赠等多种途径和方式，累计募集社会各界和广大群众的捐赠善款4825万元。向灾区支出捐款3496.88万元（包括为地震灾区建造1000万元的活动板房）；接收救灾物资总价值804万元。分7批向四川省青川、绵阳，陕西省宁强、南郑和甘肃等灾区发送救灾物资47车，价值857万元。

灾害发生后，新疆红十字会和自治区慈善总会联合发出了倡议书，开始了募捐活动。自治区红十字会本级共接收捐款923.6万元，收到捐赠物资折合人民币264万元；各地州红十字会共接收捐款8270.2万元，接收捐赠物资价值1286.6万元；全区红十字系统共接收捐款9193.8万元，接收捐赠物资价值1150.6万元。

九、京沪见真情

在抗震救灾的一个多月时间里，北京市红十字会全体工作人员以顽强的拼搏精神与无私奉献的实际行动，向党和人民交出了一份满意答卷，成为对北京市红十字会建会 80 周年、复会 30 周年的最好献礼。

地震发生后，仅过半小时，北京市副市长、市红十字会会长丁向阳便与常务副会长韩陆通了电话，决定启动北京市红十字会应急预案，开展“汶川救援行动”。

5 月 13 日一早，市红十字会执委会召开机关中层以上干部紧急会议，决定立即拨付 50 万元支援灾区，并成立募捐组、宣传组、信息组，开展接收社会捐款工作，同时成立 999 应急救援队，由孙硕鹏副会长带队，赴灾区紧急支援。

会议一结束，大家便分头行动。13 日下午 1 点，抗震救灾的横幅刚刚挂上，捐款的人流就不断涌入捐赠室。当天下午仅 3 个多小时，就收到社会各界 380 多万元的

北京红十字会 999 应急救援队在救援

捐款。一个多月的时间里，每天前往捐款的单位和个人络绎不绝。截至 6 月底，接收救灾捐款近 4 亿元，物资捐赠折合人民币近 1 亿元。在地震发生后的 20 多天里，机关和备灾中心的 4 部值班电话几乎 24 小时不间断。

“汶川救援行动”是对全会同志政治素质的一次考验。全会 80 多名工作人员在各自的工作岗位上尽职尽责，大家都清醒地认识到，这是一个在北京市委、市政府领导下，发挥红十字会作用的特殊时期，是考验队伍的关键时期。大家心中只有一个共同的信念，就是一定要把自己的本职工作做好，不辜负人民群众对红十字组织的信任。大家在危急时刻所表现出来的沉着冷静、紧密团结、有条不紊再次证明：北京市红十字会是一个服从大局、心系群众、敢于担当、勇于奉献的坚强组织，是一支政治素质过硬、能够经得起严峻挑战的队伍。

“汶川救援行动”也是对全体人员工作能力和作风的一次考验。应急预案稳步实施、一线救援赢得广泛好评、大规模接收社会捐赠工作零差错，人道精神被越来越深入地弘扬，红十字公益联盟迅速拓展，都证明了北京市红十字会抗震救灾的工作能力、反应能力。

红十字工作者的一言一行都诠释着他们对生命的保护和尊重，承载着他们为减轻灾害给人类造成伤害而不断抗争的神圣使命。

汶川特大地震，震惊了世界，震惊了全国，也唤醒了沪上民众的一片深情。

地震的第二天，上午 8 时，谢丽娟会长主持召开了赈灾紧急会议。当天，市红十字会即向四川省红十字会紧急电汇 100 万元救灾款并通过北郊站急运 100 万元救灾物资。随后在市政府抗震救灾协调会上，上海市红会承诺捐赠第 1 笔 1.9 亿元的救灾款，另外追加 3000 万元捐给甘肃、陕西两省受灾地区。不久向灾区发送救灾物资共 41 车皮，价值 6100 万元。

从 5 月 13 日清晨开始，上海市各级红十字会成为大家不约而同的心之所向。捐款热线被打爆，红十字会网站点击率数 10 倍增长。在建设银行外滩分行的支援下，上海市红十字会所在地增设了 10 多个捐款窗口。

对于上海红会的工作人员来说，很多画面不能忘却：5 月 13 日清晨，第一位为地震灾区捐款 1000 元后匆匆离去的中年妇女；用一双双稚嫩小手把储蓄罐的零钱全部倒进红十字募捐箱的孩子；用布满皱纹的双手打开旧报纸包裹着的数万元捐款的 94 岁老爷爷；捐出全部礼金的新婚夫妇。

2008 年 5 月 13 日的上海，等候捐款的爱心人士排起了长队

同时，捐款者的话语同样让人难以忘怀：

“我们是来自灾区的工友，自家的房子虽然受到损毁，但得知要为地震灾区募捐时，我们掏出了身上仅有的钱。”世博会园区道路及市政配套工程浦东 4 标项目部的外来务工人员如是说。

“灾难中的人们是需要大家关心和帮助的，我们捐出已故妈妈留下的7000元。”袁玮女士代表全家如是说。

“我们愿意放弃为儿孙们买节日礼物的钱捐给灾区，哪怕用这点钱买一支铅笔、一块橡皮、一本笔记本……我们这些老人只想让同片蓝天下的孩子们都能过上同样的儿童节”。上海市闸北区北站街道永乐老年合唱队团员如是说。

“心要重生，梦也要重生。你们在震灾中表现出来的那种不言放弃、奋斗到底的精神让我们在钦佩的同时也感到汗颜。这正是我们自身所缺少的。我们下决心，一定要用实际行动为抗震救灾尽自己微薄之力。”上海市劳教所的劳教人员如是说。

在此次募捐过程中，红十字志愿者给予了有力支援。不论是年逾花甲，还是豆蔻年华的志愿者，都不分昼夜，不计报酬，每天工作十几个小时，为圆满完成各项任务尽心尽责。而且，很多志愿者还把红十字会发给他们的车补悄悄投入募捐箱。

新闻媒体的全面报道推动着上海市红十字会抗震救灾工作的顺利开展。SMG直播车多次来到市红十字会募捐现场；东方卫视、凤凰卫视向世界播放上海人民空前的赈灾热情；上海东方明珠移动电视有限公司在全市8000余辆公交车上和数百幢大楼内每天数10次播放红十字募捐公益广告。

6月初，上海市红十字会会同中国红十字会总会、上海市抗震救灾指挥协调小组、四川省红十字会等有关单位，共同协商近、中、远期援助灾区项目。

抗震救灾期间，上海市红十字会将数十万笔捐款名单和数千万救灾物资明细在上海市红十字网站上公示，并不断加快速度，持续向社会公示所有捐款及捐物用途。用这些方式，加强社会对红十字会的监督，让大家看到了一个清朗透明的红十字组织。

到 5 月 31 日，上海市各级红会已收到超过 8.5 亿元人民币及数十万元外币的捐款，救灾物资价值 6000 余万。据统计，这次为四川地震的捐款超过了改革开放以来上海红十字系统所募集捐款的总和。

十、川渝一家亲

无论地理位置、历史渊源，还是文化内涵，重庆与四川都像是一对手足情深的兄弟。

地震灾害，让重庆人痛不欲生。灾情就是命令，一个个企业慷慨解囊，一车车物资接连不断地运往灾区。重庆市红会迅速投入到紧张的与生命赛跑的战斗中，呼吁捐款捐物，组织救灾物资运送，召集红十字志愿者服务。市内各级红十字医院 6 天内收治了 800 多名从灾区转来的伤员。上万名红十字医务人员用忘我的工作精神和亲人般的关怀，救治灾区伤员。重庆很快成为汶川地震救援的“大后方”。

在震后的第一时间，市红会紧急启动了应急预案，成立了以常务副会长周清梅为组长的抗震救灾领导小组，当晚 10 点通过华龙网、腾讯 · 大渝网及电视台、交通广播台发出了募捐倡议书。同时，市红会派出救援队火速奔赴梁平灾区，次日又派出爱德华医院救援队奔赴汶川

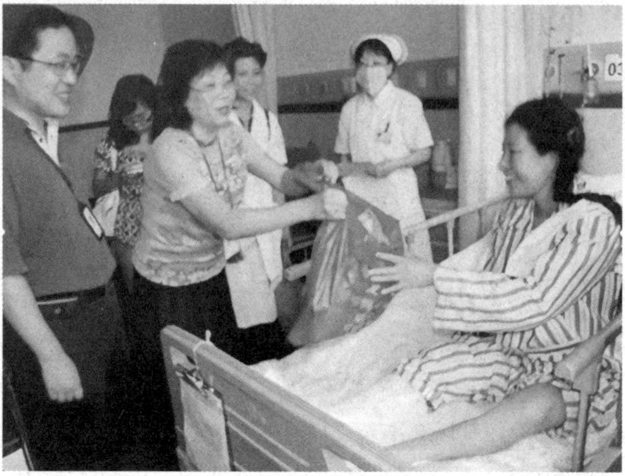

重庆市红十字会常务副会长周清梅慰问来重庆治疗的灾区伤员

灾区。

从13日开始，来市红十字会捐款捐物的市民络绎不绝。市红会仅有的十余名工作人员24小时坚守岗位，所有红会干部按应急方案有序开展工作。两周下来，许多人疲惫不堪，声音嘶哑，有的累倒了，但坚持不下火线。赈济救护部部长杜新华刚做完肾囊肿手术，尚未完全康复，天天坚持工作到深夜。负责捐款接收工作的骆蓓刚刚怀孕，顾不上身体不适，每天清点着上百万捐款。

灾区同胞的安危牵动着每位重庆人的心。华宇控股集团董事长蒋业华13日一早就派人送来100万元，这是市红会收到的第一笔个人捐款。捐款市民中有刚满1岁的小朋友，也有92岁高龄的老人，还有身患绝症的姑娘。有的老人将自己多年的积蓄全部捐出，而一对情侣将自己的结婚费用全部捐出。

许多单位和个人前来做志愿者。重庆红岩联线文化发展管理中心的4位志愿者担任接线员，耐心地接受各界人士的咨询；青田家私派出45名员工搬运和装卸救灾货物，2000多吨的救灾物资都是志愿者完成的。来自西南大学、重庆大学、求精中学等院校的学生，还有来自北京、广州和绵阳、德阳等地的志愿者与红会工作人员并肩作战、共克时艰。

重庆市各级红十字会为灾区举行义演

川渝一家亲，重庆在行动！重庆人有责任、有义务当好抗震救灾的“大后方”。

救治伤员是重庆红十字会的首要责任。当获知四川灾区大批伤病员需要血液，重庆市民立即挽起了衣袖。5月13日，重庆解放碑广场出现了数千市民冒雨排队献血的感人场面。仅两天时间，重庆就采集了74万毫升血液，令血库“爆库”。此外，西南大学心理学部的老师及硕士生、博士生组成了“心理救助队”，重庆市民组成了民间医疗队和“重庆红十字抗震救灾志愿队”，都加入抗灾救援的热流之中。

从5月16日第一批伤员到达开始，重庆红会就和全市各红十字医疗机构的所有人员紧急行动起来。周清梅不顾连日来的操劳和奔波，带领工作人员深入各家医院看望、慰问，并为2800名伤员送去了生活用品和慰问金。南川区红十字医院还派出急救医疗队深入汶川送药，在路途中遇到山体滑坡的危险时刻，勇敢的医护人员做到“人在药在”，安全地把药品送到灾区。

綦江县红十字医院原计划收治45名伤员，后来医院又千方百计腾出床位，前后共收治73名伤员。骨科主任翁庆云、护士长唐丽群两天两夜一直守候在病房，精心照料危重病人。院长王佩忠说：“汶川伤员是我们的亲人，我们要尽全力为他们治疗。”

爱德华医院救护队是代表市红会第一个奔赴梁平灾

区的。完成任务后，救护队员又火速奔赴都江堰、汶川灾区，抢救了200多名伤员。随后他们又将2名重伤员送回重庆继续抢救。曹红副院长在灾区奋战了七天七夜，回到重庆后，又马上进入手术室为伤员实施手术。

大足县红十字医院骨科主任许明熙在外地医院进修，听说自己的医院接收了灾区伤员，立即连夜返回，当晚就做了5台手术。护士长何玲每天都加班到深夜2点才回家，她说："为了灾区同胞我们要挺住。"

到12月份，全市红十字系统接收社会捐款1.84亿元，接收救灾物资3000多吨，物资折合人民币5490.85万元，款物合计约2.39亿元。累计用于救灾款项4958.18万元，用于崇州市灾区重建资金4200万元，用于本市灾后重建第一批项目资金4342万元，第二批项目资金4300万元，544.19万元用于项目支持费及行政支出。市红十字会累计出动救灾车400多辆，把救灾物资全部运往灾区。

十一、江浙暖人心

5 月 12 日下午，江苏省红十字会救灾应急培训班在扬州市举行。课间休息时，得知汶川发生了大地震，强烈的救灾意识使大家迅速行动起来。

当晚 6 时多，省红十字会在扬州通过新闻媒体发出支援灾区呼吁，公布了热线电话和接收捐赠账号；同时决定 24 小时值班，并紧急联系铁路系统，于当晚 9 时多将第一批 5 万多元的救灾物资通过中铁快运发出。

13 日一上班，省红十字会从紧急备用金中向四川省红十字会汇出第一笔 20 万元救灾款，并通过短信向他们表示慰问和致敬。与此同时，向各市红会发出紧急通知，并通过媒体号召社会各界向灾区伸出援助之手。为便于群众捐款，省红十字会将设在南京市区苏果超市连锁店的 400 多个募捐箱全部贴上支援地震灾区的捐赠标识，并主动与总会和四川省红十字会联系，了解灾区急需物资的状况。在与四川省红十字会和江苏省卫生厅联系沟通后，决

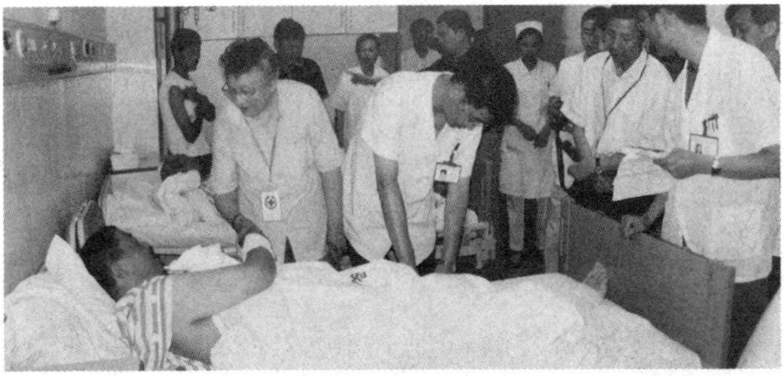

江苏省红十字会会长吴锡军看望地震灾区转院来的受灾群众

定组派医疗队和其他志愿服务人员奔赴一线……

5 月 13 日，全省红十字系统就收到款物 2986 万元，向灾区汇款和发运物资合计 1265 万元。

在灾害危难面前，民胞物与、患难相恤的人间大爱充分显现。社会大众怀着共同的情感，聚集在红十字的旗帜下。

5 月 12 至 22 日是省红十字会的捐赠高峰期，最多一天接收捐赠达 1174 笔，共 1728 万元，其中单位 403 笔，个人 771 笔。在这一天，同时设立 6 个接收捐款组，但仍应接不暇。

捐赠者身上蕴含着的同胞情谊和无私大爱，深深感动和震撼着红十字会工作人员和志愿者。从 96 岁的耄耋老人到幼儿园小朋友，从党政领导机关干部到普通市民，从专家教授到进城务工人员，从演艺家、体育明星到残疾人，无不慷慨解囊、倾献爱心。他们中有从几十里外冒雨赶到红十字会捐款的老人、残疾人和农民，有身患白血病却将报销的 1.5 万元药费捐出的病人，有在 5 月 26 日生日当天捐款 26 万元的夫妇，有捐了 10 万元不肯留下姓名的“市民”，有正在南京旅游慷慨捐款 2 万多元的台湾新竹妇联会的同胞，有专程从日本赶到南京向省红十字会捐款 20 万日元的日本友人，甚至还有靠拾废品和乞讨为生的困难人员……

这是中华民族“扶危济困、仁爱助人”传统美德和“一方有难、八方支援”强大凝聚力的集中表现，也是对“风雨同舟、患难与共”的人道、博爱、奉献精神的最好诠释。

5 月 14 日省级机关干部群众到江苏省红十字会捐款

本着对捐赠者和灾区人民高度负责的精神，即便忙得不可开交，省红十字会工作人员和志愿者们仍严格按规范程序操作：对每笔捐赠都留下单位、姓名、地址、数额、联系电话、是否定向等信息，并开具捐赠收据（即使捐赠者不留姓名或不要收据，包括通过银行、邮局汇款没署姓名、地址的也一定开出收据入账）；对每位捐赠者都给一封感谢信，个人超过 1000 元、单位超过 1 万元的颁发荣誉证书，个人超过 1 万元、单位超过 10 万元的颁发荣誉铜牌；凡是定向，特别是要用于灾后重建的捐赠都仔细询问、认真记录，事后进行汇总，以便在灾后重建规划中选择适宜项目并征求捐赠者意见。

每天无论工作到多晚，工作人员都认真核对清点接收款物的数量。有时清点核对捐款到凌晨两三点钟；有时因几百万元现金放在办公室几位同志彻夜未眠；有时因与银行数据差几千元而十余遍地核对几百张收据至凌晨，而事后发现是银行有误。

有的单位或个人将整车的捐赠物资送到备灾中心，没有清单，也不要收据，只要求及时送往灾区。中心同志往往连夜清点、登记造册，没有价格的还要与有关方面一起估价，同时开出收据入账。

得知江苏赴灾区医疗队急需 20 辆救护车，省红十字会急灾区之急，争分夺秒，请卫生厅专业人士对车辆、型号、规格、配置、价格等把关，确认后签订正式合同，从决定到出发仅用两天时间。省红十字会承担对口援助7000顶帐篷的任务，赈济部请省经贸委提供厂家名单和规格、质量标准及价格，通过网上公开招标，择优择廉，加班加点，短短一周就将4000顶帐篷在端午节前运抵绵竹灾区，后陆续运达8300顶（其中争取到捐赠1300顶）而超额完成计划。当得知灾区急需大米，省红十字会通过爱心企业家捐赠并争取部队调拨车皮，以最快速度将200吨大米送到受灾群众手中。

到6月17日，江苏省红十字系统接收社会各界支援抗震救灾捐赠款物已达12.46亿元（其中款9.92亿元、物2.54亿元）。其中省红十字会直接接收约1.56亿元（其中款9057.11万元、物6564.73万元），创江苏红十字运动一百多年历史之最、省红十字会建会50多年之最。这是社会各界爱心奉献和红十字会巨大公信力相互融合的生动体现，是中华民族强大凝聚力的缩影。

至6月17日，省红十字会已支援抗震救灾款物6799.69万元（其中款2181.34万元、物4618.35万元）。全省红十字系统支援灾区款物约3.17亿元（其中款9611.6万元，物2.21亿元）。此外，省红十字系统还承担着来江苏治疗的1299名灾区伤员的各项费用6235.2万元，有8个市红会承担着2.057亿元对口援助活动板房的任务。

江苏爱心彰显，浙江也与灾区心手相连。

灾情发生后，一场大规模的募捐行动在浙江省展开。5月12日晚7点，浙江省红十字会领导看到地震报道后，班子成员经电话磋商并征询总会意见后，连夜通过《浙江日报》公布捐赠账号和热线，呼吁全省人民支援灾区。会长鲁松庭亲自过问救援灾区工作。

13日一早，省红十字会党组书记、常务副会长张国强主持召开紧急会议，部署相关工作。会议决定，成立省红十字会援助灾区工作领导小组，下设赈灾募捐组、宣传发动组和物资筹备组，建立24小时值班制度，责任到人。会议还决定捐助灾区50万元款物，其中现金30万元，物资20万元。

浙江省红十字会向青川拨付1亿元

救灾行动中，一股股爱的浪潮不断在浙江大地涌动。13日早上，省红十字会的5部募捐热线电话响个不停，平均每天有数千个电话咨询捐款事宜，前来捐款的人络绎不绝。工商银行、中信银行各派出3名工作人员协助清点捐款。省红十字会工作人员每天工作15小时以上，但捐款人的一份份滚烫的爱心让他们充满了力量，蜂拥而至的志愿者更是深深感动着每个人：100多名志愿者手捧募捐箱上街募捐，30多名志愿者在省红十字会帮忙。

5月14日下午，首批价值209.8万元的物资装满两辆军用大卡车开往灾区。5月15日至17日，省红十字会通过铁路每天运送物资10余车皮。

5月17日晚，省红十字会和浙江省多个部门共同举办的“浙江人民支援四川地震灾区特别晚会”在杭州举行。在特别晚会现场，捐赠1000万元现金的金都房地产集团有限公司总裁吴忠泉，捐赠300万元现金、价值600万元服装的浙江振兴阿祥集团有限公司常务副总经理陈丽红现场接受采访，遥祝灾区人民平安健康。

在救援活动中，红十字会成了企事业单位和各界人士公认的救灾公益品牌。省红十字会每天收到的现金都突破100万元，14日更突破200万元。省红十字会在该省知名品牌栏目《范大姐帮忙》设置的临时捐赠点也迎来大批热心企业和市民，截至5月25日，这个爱心平台收到捐款630万元。

在救灾过程中，省红十字会注重与新闻媒体和文学艺术团体互动，及时发布捐赠信息和撰写以抗震救灾为内容的作品。每次款物捐赠仪式和救灾物资启运仪式，都邀请省级新闻单位参加，并请媒体及时报道捐赠中的感人事迹和志愿者的感人事迹。据不完全统计，省级新闻媒体报道省红十字会抗震救灾工作的文章和消息达130余篇（次）。省作协发动20位浙江省知名作家到省红十字会从事志愿者工作，体验义工生活，并创作了20多篇文艺作品。省红十字会联系广告发布商免费发布路牌、灯箱等户外广告，相当于节省广告费60余万元。同时，印制募捐呼吁书2万份，红十字宣传小折页1万多份，制作爱心卡1万多份。通过全方位、立体式的运作，在全省形成了巨大的宣传声势。

为解决人手紧缺的问题，省红十字会从一开始就有意识地组织志愿者投身募捐救灾第一线。省红十字会志工委组织了8支志愿者队伍，从5月13日至6月13日，共有2000多人次的志愿者参与抗震救灾各项工作，服务时间总计长达7650小时，上街发放资料1.2万余份，募集善款108.33万元。

浙江红十字会的救援中出现了“五个想不到”。群众热情极其高涨“想不到”，募捐款物数额之高“想不到”，新闻媒体一路开绿灯“想不到”，社会各界对红十字精神的认同感之高“想不到”，红十字会工作人员、志愿者吃苦耐劳的精神“想不到”。这五个“想不到”是对浙江社会各界支援灾区的忘我精神的高度概括。

从15日省红十字会通过铁路向灾区运送价值1600多万元的救援物资那天起，越来越多的爱心企业将物资运送到货运站，要求发往灾区。全省红十字系统接受的捐赠款物也成倍增加。到29日12时，全省红十字系统接收社会各界捐赠款物9.14亿元，其中现金7.51亿元，物资价值1.63亿元，已向灾区运送物资价值7778万元。

十二、齐鲁在行动

灾情发生后，山东省红十字会立即向省政府汇报并启动救灾应急预案；召开新闻发布会，呼吁社会各界和群众为灾区奉献爱心；加强值班和调度，及时接收捐款和物资，迅速组织将救灾物资发往灾区。救灾伊始，山东省红十字会就充分发挥红十字会社会团体优势，坚持高效、畅通、透明、规范、有序的工作原则，使红十字会成为抗震救灾民间力量的最有力的载体和政府救灾工作的助手。

为确保救灾工作规范有序进行，省红十字会下发通知，就做好支援四川地震灾区工作进行部署安排，强调规范救灾款物的接收和使用，加强管理，严格制度，确保每一分钱都用在灾区；加强同总会和省抗震救灾办公室的联系和沟通，及时上报信息，及时汇报工作进展情况，反馈工作中遇到的困难和问题；及时贯彻总会和省委、省政府的工作部署，按照总会和省抗震救灾办公室的统一调度安排，及时将物资和资金拨付灾区；坚持信息公开，及时将接收捐款和物资情况在媒体和红十字会网站上进行公布，使每一位捐赠人都能查到自己的捐赠信息，知道捐赠使用情况，使红十字会接收的每一笔款项和物资都公开透明。审计部门对红十字会救灾款物管理工作的“阳光操作”给予高度肯定。

在支援四川抗震救灾工作中，省红十字会始终坚持快节奏、高效率：5 月 13 日上午即确定拨付四川省红十字会应急款 10 万元，调拨烟台市 30 万元药品当天发往灾区；14 日，将价值 90 万元的药品、手电筒通过四川航空公司发往灾区；15 日上午，组织 10 辆志愿车队将 23 吨、价值 21 万元的食品运往灾区；5 月 23 日，组织 6 辆车向四川省北川羌族自治县运送价值 40 多万元的救灾物资；5 月 31 日，又将价值 150 万元的净水车送往灾区。

6 月 13 日，省红十字会组队到灾区考察灾后重建工作，制订中长期援建工作计划，增强救灾工作的针对性和实效性。同时，全省先后派出 3 人次参加了总会救灾工作组，并派员参加省抗震救灾办公室工作。

红十字会的工作得到了省委、省政府的重视和支持。5 月 19 日上午，省委副书记、省长姜大明，副省长王随莲到省红十字会机关视察支援四川抗震救灾工作，慰问捐赠人员、志愿工作者和红十字会工作人员。姜大明说：“四川地震灾害发生后，省红十字会积极行动，迅速反应，紧急募捐，及时调拨，工作成绩突出，在时间紧、人手少的情况下，做了大量艰苦细致的工作，省委、省政府对你们的工作充分肯定、非常满意。”他还欣然为红十字会题词：发扬红十字精神，实施人道主义救助，为四川震灾地区作出应有贡献。

山东省领导视察省红十字会抗震救灾工作

为使社会各界和群众了解红十字会、认识红十字会，创立一个良好顺畅的捐赠渠道，使他们的爱心及时得以实现，省红十字会持续加大了宣传力度，多形式募集捐款和物资，多形式为援助灾区搞好服务。此外，省红十字会还加强了与媒体的联系沟通，与报纸、电视、广播等各大媒体建立了沟通联系机制。

救灾期间开展的系列大型活动吸引了社会目光，极大地增强了社会各界对红十字会的信任度和知晓率。

省红十字会先后同省广播电台开展了直播节目，介绍红十字会开展的救援工作情况；同大众日报社开展了书画义卖活动；同省委宣传部、省政协科教文卫委、省文化厅、省文联、齐鲁晚报、省美术家协会等开展了山东抗震救灾艺术创作展，艺术家们创作出的一批震撼心灵、感人至深的艺术作品，讴歌了伟大的民族精神，表达齐鲁儿女支持灾区重建家园的美好愿望；省红十字会和山东航空公司开展的空中捐款活动，接收捐款 121 万多元；同齐鲁电视台先后举办了“大爱无疆”专题晚会和“凝聚人道力量、共建和谐社会”抗震救灾暨红十字博爱卫生站建设专题晚会；同山东有线电视中心联合主办了“抗震救灾——山东在行动”特别节目，现场邀请了一些参加救援的军人、记者，以及来自四川灾区的孩子和村党支部书记。他们用爱诠释了生命的希望，用行动证明了在灾难面前不屈服的民族精神力量。

山东在行动，川鲁一家人。爱的潮流在齐鲁大地流动，爱的奉献在齐鲁大地唱响。

灾区同胞牵动着齐鲁儿女的心，全省各界群众纷纷为灾区捐款、捐物，奉献爱心。有位女士捐款时落泪了，她带来了自己和孩子们的心意——36000 元；一位老家四川的女士捐了 10000 元，又单独替孩子捐了 500 元；

山东省红十字会和山东有线电视中心举办“抗震救灾——山东在行动”特别节目

济南泉城长跑队的老年队员捐款10000元；聋哑学校的几个同学来到捐款办公室，捐出自己的生活费；一位92岁高龄的老人由两个孩子推着轮椅过来，捐款1000元，孩子们介绍说，老人刚刚从齐鲁医院输液回来就坚持要到红十字会来捐款。19日上午，一位女士到省红十字会捐款20万元，工作人员要求其留下姓名，女士说是代人捐款，经工作人员反复劝说，这位女士才留下了“爱心人士”四个字；有位孕妇捐款5万元，也坚决不留名；还有几岁的孩子、残疾朋友、88岁的老人、学生、农民朋友、个体老板、下岗职工甚至流浪者，捐款不留名，他们说就写“山东人”“山东济南人”吧。

救灾中，山东省红十字会注重发挥红十字志愿队伍力量。到省红十字会的捐款者几乎都能看到，很多志愿者在忙忙碌碌地搬运救灾物资。物资量很大，有时近百名志愿者一气要搬运几十吨。他们个个汗流满面，有时很晚才能吃上饭。济南大学的小孙同学说，早上不到8点就有捐赠物资到了。我们人手不够，还是对面保险公司的工作人员帮忙卸下来的。

志愿者来自社会各个阶层，有普通市民，有驻济高校大学生甚至中学生，还有医生护士，也有休假的公务员、交通警察等。几天时间，省红十字会就招募了2000余名红十字志愿者参与搬运救灾物资、接听热线电话、接收捐款、服务引导等工作，很多志愿者一来就忙活一天。

一位不愿透露姓名的女士从5月13日开始就一直在省红十字会帮助接听热线电话。在接收捐款办公室，有很多来自银行的志愿者。有时捐赠的成箱、成袋的零钱需要几个人一点就是半天，他们耐心细致、有条不紊，认真点好每一笔钱。

5月18日，山东大学来自澳大利亚、英国、荷兰、巴基斯坦的5名留学生穿上志愿者服装，马上参加到搬运物资的队伍中来。来自荷兰的窦格文说："四川的地震灾害不光是中国的问题，也是全世界的问题，我们都应该来帮助中国。红十字会的工作是很重要的，我们希望能够成为红十字志愿者，用自己的行动帮助灾区人民。”一位来自马来西亚的志愿者KT在红十字会一干就是几天，接听电话、引导服务、搬运物资，她良好的服务和敬业精神感染了大家，大家都亲切地称她是红十字会的荣誉员工。

6月3日，省红十字会选拔了10名红十字护理志愿者，在山东大学第二附属医院，协助院方护理来自四川灾区的3名重症伤员。

红十字志愿者，是抗震救灾强有力的中坚力量，他们用爱心、奉献、行动谱写了支援灾区人民的动人赞歌。

截至6月18日，省红十字会已收到款物5.93亿元。其中捐款4.55亿元，物资1.38亿元；已拨付灾区款物2.04亿元，有力地支援了灾区救援和恢复重建工作。到9月4日12时，全省红十字系统共募集救灾款物6.12亿元，其中资金4.72亿元，物资折价1.4亿元；已拨付灾区款物约1.11亿元，其中捐款1894万元，救灾物资价值9293万元。省红十字会机关共募集款物3683万元，其中资金2616万元，物资折价1067万元；已拨付灾区款物1096万元，其中救助款144万元，救灾物资折价952万元。

十三、高原爱心潮

5月12日晚，青海省红十字会连夜召开紧急执委（扩大）会议，要求全体人员进入临战状态，保持通信畅通，全力以赴投入抗震救灾工作。与此同时，向全省各党政军机关、企事业单位及社会各界发出紧急呼吁，号召社会各界为灾区奉献爱心，并连夜向四川省红十字会发出慰问电，密切关注四川的地震灾情以及对青海周边地区的影响。此外，省红十字会还组建了3支医疗队和1支由省红十字会机关工作人员与志愿者组成的救援队，根据总会的调度，随时准备奔赴四川灾区。

为了打赢支援四川地震灾区的募捐工作这场硬仗，省红十字会党组多次召开会议，就劝募原则、劝募方向、劝募策略和劝募方法进行研究和总结，力争在最短的时间里为四川灾区群众募集更多的善款。

5月13日9时，省红十字会召开全体干部职工动员大会，将全会的20余名工作人员分成了劝募组、收款

青海省红十字会募捐活动

组、报道组、秘书组、保障组、物资接收组 6 个工作小组，各负其责、多路出击、募捐赈灾。

报道组的同志往返于各个捐赠现场，用手中的相机、摄像机真实地记录着青海人民无私奉献的动人画面。晚上，同志们又要将几百张照片和数百分钟的录像资料逐一筛选、归类，为省红十字会的募捐工作留下宝贵的历史资料。

秘书组的同志白天跟随会领导参加各个募捐点上的捐赠仪式，尽全力记录捐赠现场一幕幕感人的场景和事迹，晚上回单位后整理形成最基础素材，领导修改定稿后连夜印刷、装订。工作人员每天都是在凌晨两三点以后才下班。

保障组的同志每天要组织红十字志愿工作者承担全会工作人员的车辆运送、募捐箱分发、捐款标识牌的制作、捐赠仪式现场的秩序维护和致捐赠者感谢信的填写工作，哪里的工作吃紧，他们就随时抽调人员进行“填空”，拾遗补阙地完成每一个环节的工作任务，无怨无悔地履行着自己的职责。

青海省红十字会募捐活动

收款组每天要接收几百笔救灾款，为了点清毛票，经常熬到深夜，手也肿了，脚也麻了，尽管这样，他们都做到了当天的款项当天结清。

劝募组的同志每天至少要联系 300 多家捐赠对象，至少要跑 100 多个募捐点或捐赠现场，一天下来，他们口干舌燥。

物资接收组的同志不但要承担捐赠物资的搬运装卸工作，还需要将每批捐赠物资进行分类摆放，对出入库情况做详细的登记，做到账物相符。

十几天来，青海省红十字会全体工作人员连续作战、不怕疲劳、不计得失、雷厉风行的工作作风，保持和传承了“五个特别”的青藏高原精神，展示了青海省红十字人的自我价值，使红十字会“人道、博爱、奉献”精神得到了升华，为地震灾区的抗灾救灾作出重要贡献。

募捐活动中，省委、省人大、省政府、省政协的领导于第一时间，以不同形式向灾区人民捐款。全省各党政军机关和驻青企事业单位及各族、各界群众踊跃为灾区捐款捐物，一场“众志成城，抗震救灾”支援灾区的热潮在青海高原迅速掀起。一股股爱的暖流，一幕幕感人至深的事迹，每天都涌现在省红十字会的募捐现场。

我国唯一的僧人红十字会——塔尔寺红十字会于5月14日、5月29日向灾区捐款30余万元。宗康活佛、扎西活佛及全寺500余名僧侣在大经堂集体念诵平安经7天，为地震灾区受难的民众祈祷平安，超度亡灵。

青海省伊斯兰教协会和西宁东关清真大寺利用主麻日——广大穆斯林群众做礼拜的时机，号召向灾区奉献爱心捐款捐物。其中，湟中县大才乡张氏家族张成英、张成明等捐款200万元，私营企业家冶福财捐款100万元。西宁东关清真大寺是西北地区最大的清真寺，3 次通过省红十字会累计向灾区捐赠了总价值近 400 万元的救灾款物。

西宁法幢寺在维修寺院、经济十分困难的情况下，捐出 16500 元善款。法幢寺住持释慈云个人捐出 1000 元，并祈愿灾区人民早日渡过难关。

国有企业、民营企业、私营企业家积极伸出援助之手。

5 月 21 日下午，青海庆华矿冶煤化集团有限公司副总经理丁平受公司董事长霍庆华及夫人周亚芹个人的委托再次来到省红十字会捐款 1000 万元，这是青海红十字会募捐史上接收的最大一笔个人捐款。

5 月 15 日，中国石油天然气股份有限公司青海油田分公司捐赠 200 万元，西部矿业集团有限公司捐赠 100 万元；随后，青海省投资集团有限公司、中国移动通信集团青海有限公司、西宁特殊钢集团有限责任公司、青海黎明化工有限责任公司等中央驻青企业和本地大中型企业累计捐赠 566 万元。

青海金跃电器有限公司是青海省唯一一家专业生产低压电流互感器的聋哑残疾人福利性企业。当得知地震导致许多地方断电的消息后，立即组织员工连续加班五天五夜，赶制了价值 3. 6 万元的低压电流互感器，并通过省红十字会捐赠给四川灾区。

青海省红十字会募捐活动

西宁市湟中县多巴镇扎麻隆村52岁的王凤琴女士，从电视上看到地震灾区的情景后，便跑到血站想为灾区人民献血，由于身体原因没有献成，她便连夜赶做了16双婴儿鞋，专程送到省红十字会。

5月18日，家境不富裕却乐善好施的乐都县中岭乡中岭村农民余万存不顾40多天前因骨折刚刚做了手术、行动不便的困难，来到省红十字会捐款点，把家里的全部积蓄15000元人民币捐给灾区。看着他拄着双拐、步履艰难地走进募捐大厅，在场的每一个人都被深深感动……

5月25日，美籍藏胞扎西江措来到省红十字会为四川地震灾区捐款5万元，完成了他的第二个心愿。5月20日，他组织果洛州甘德县龙什加寺300多名僧人为灾区群众齐诵《平安经》，祈福灾区群众平安，这是他的第一个心愿。

连日来，先后有古巴的国际友人、西宁市中古友好眼科医院副董事长阿达女士，在青海师范大学任教的日本教授阿部治平先生等多名驻青外国爱心人士纷纷向灾区捐款，表达了他们对四川灾区人民的一份爱心。

在省红十字会的带动下，省内各级红十字会积极募捐支援四川地震灾区。5 月 21 日，“青海省红十字会接收省内各级红十字会支援四川地震灾区募捐款仪式”在省政府东楼门前举行。仪式上，省红十字会接收了全省各州（地、市）及部分县（市）红十字会支援四川地震灾区的捐款共计 706. 7 万元。

青海省红十字会募捐活动

到6月5日18时，省红十字会累计接收到青海社会各界支援地震灾区的捐赠款物折合人民币达6009.58万元，其中救灾款5428.25万元，救灾物资价值581.33万元。先后向四川灾区捐赠了1000万元救灾款，向陕西、甘肃各捐赠了60万元救灾款。

十四、患难姑苏情

慈善，是温暖人心的强大力量。苏州是座爱心之城，爱心首先体现在患难相恤、同舟共济。

地震发生仅仅45分钟后，苏州市红十字会就收到了市民捐赠的第一笔500元赈灾善款。截至6月10日的29天里，爱心特别丰厚、口袋相对富有的苏州人民慷慨解囊，向苏州市红十字系统共计捐赠款物达2.7亿元人民币，在全国地级城市中遥遥领先。苏州市红会在29天中创造出许多之“最”，他们收获了满满的激励、感恩和感动。

——最早的一笔个人捐款500元到达苏州市红十字会时，距“5·12”地震发生仅仅45分钟。

——最早的一笔企业捐款55万元来自苏州精细化工有限公司，5月13日上午8时。

——最多的一天捐款到账额1500万元，5月20日。

——最大的企业单笔捐款500万元，来自台资企业名硕电脑（苏州）有限公司。

——最远赶来苏州捐款的外国人，是日本小松精练株式会社代表、副社长莲本英信先生，他专程从东京飞来苏州，捐款合计人民币 20 万元。

——最多的个人单笔捐款 10 万元，来自一位名叫牛颖的爱心人士。

——最高寿的捐款者，是一位 96 岁的老人，其委托他人前来捐赠。

——最大年纪的亲临红会的捐款者，是一位 94 岁的老太太，其在家人搀扶下前来。

——最小的捐款人，是一个被外婆抱在怀里的刚出生 42 天的婴儿。长辈们一定要以婴儿名义捐款。

——最令人感动的捐款者，是一位下肢残疾人，他从苏州西北的虎丘，冒着 30 多度高温，自驾电动轮椅车，专程赶到红十字会。

——接受捐款最多的苏州市下属县级红十字会为昆山市红十字会，收到捐款 7000 多万元。

——接受物资最多的县级红十字会为常熟市红十字会。这个全国著名的轻纺城市，捐赠了价值共计 1600 余万元的物资。

——最大规模的书画义拍，是由民进苏州市委组织的义卖活动，共拍得善款 101 万元，全部捐给苏州市红十字会，用于灾区重建。

——最具特殊意义的爱心捐款，是苏州市癌症康复协会近千名癌症患者捐赠的20085元善款。善款定向捐给四川省绵竹市的贫困癌症病人。

——最具纪念价值的捐款，是苏州市邮政局联合苏州市红十字会发行的抗震救灾专题明信片义卖，卖得善款12万元。这套明信片颇具纪念和收藏价值。

苏州举行红十字青少年爱心储蓄罐发放仪式

——最受不愿留名的捐款人欢迎的代理姓名为“爱心人士”，以此为“名”的捐款者中最多捐款5万元，最少8元。

——苏州市红十字会接待要求做志愿者的市民，最繁忙的时候每天多达上百人。被红十字会留下帮忙的志愿者，最多的几天平均每天有三四十人。

——最长的日工作时间为早上7：30至深夜12：00。这样的连续工作，使得红十字会工作人员不堪重负，有的同志累病了，有的同志还负伤。

——最紧缺的东西是募捐箱，原有20只机动募捐箱，又赶制了60只仍不够用。

——最易消耗的材料是收据、荣誉证书和爱心贴花。29天来，仅苏州市红十字会机关就用掉每本50页（一式三联）的捐款收据220多本。荣誉证书紧急加印了5万本。

——最让红十字会工作人员心怀歉意的是市民前来捐款竟然排起了长队，甚至还打了弯。

——最让红十字会工作人员欣慰的是市民们的信任与重托。

苏州百姓汇聚起来的爱心大潮，通过红十字的桥梁，汹涌澎湃地奔向地震灾区。

十五、台港澳情深

2008 年 5 月 12 日，突如其来的四川汶川大地震让台港澳同胞深深感到一种十指连心的痛……

手足骨肉，亲情拳拳。

无论在香江两岸、濠江之畔，还是台湾海峡的另一边，华夏子孙的赤子之心越千山，渡万水，汇聚在遭受苦难的地震灾区。

“两岸都是中华儿女，血浓于水，我们无法对这样的巨大灾难无动于衷。”5 月 16 日，来自台湾的红十字救援队抵达四川成都，17 日一早就进入重灾区绵竹，展开搜救工作。

此次由台北直飞成都的台湾红十字救援队，共有 22 人和 1 只搜救犬。领队欧晋德表示，22 名搜救队员，都受过多年的专业训练，参加过包括台湾“9·21”大地震在内的多次灾难搜救，是台湾灾难搜救的精英。17 日一早，救援队一行奔赴四川省绵竹市剑南镇，在一些废墟未能发现生命迹象后，又紧急赶往灾情更严重的汉旺镇。

2008 年 5 月 13 日台北市红十字救援队队队员整装待发

台湾红十字救援队到达后，提供了搜救犬、钻孔机、影像探测器等多方面帮助。领队欧晋德和海军陆战队、浙江消防的两名负责人制订了联合搜救计划，并调来发电机在现场挑灯夜战。与现场救灾指挥部商量后，救援队先派出 2 个小组深入现场。

在绵竹第三医院职工宿舍一座倒塌的 4 层楼废墟前，救援队加入紧急救援中。

据介绍，地震发生时，这座 4 层单身宿舍楼里有几名职工正在午睡。地震发生后，已经救出数位幸存者，解放军和消防员也曾多次来此搜索，但至今仍有 2 名职工失踪。

听取简单的介绍后，队员们便分头使用声音探测器和影像探测器，爬上随时可能会垮塌的废墟顶部，以及其他不同位置仔细搜索。经过数个小时的搜寻，未能发现生命迹象。救援队员郑伯能告诉记者，虽然距离地震发生已经超过 5 天了，但生命是很顽强的，谁也不能肯定已经没有幸存者了，台湾就曾经有被困一个星期后仍然获救的例子，只要有一线希望，就不能放弃。22 时左右，浙江消防总队副总队长曹瑞明遗憾地告诉大家，已经从四楼打了一个孔到二楼，但经过搜救犬和生命探测仪的反复探测，已经没有生命迹象，工作已经转移到清理废墟和寻找遇难者遗体方面。

欧晋德领队疲惫的脸上写满了遗憾。他说，尽管没有找到幸存者，但这次联合行动仍然很有意义，他刚才和大陆人员合作得很好，彼此之间很容易沟通。他表示，希望将来能跟大陆方面有更多的交流。

汶川大地震发生后，香港同胞也紧急行动起来。

6 月 1 日，香港红十字会国际及赈灾服务高级主任林传芃向记者透露，不计网上捐款和信用卡捐赠，香港红十字会已接到各界捐款 7 亿元港币，全部是现金！

如何用好这笔数额空前的巨款，对于香港红十字会来说，压力同样是空前的。5 月 26 日，香港红十字会秘书长陈启明和香港红十字会国际及赈灾服务管理委员会副主席胡郭秀萍飞抵成都，分别与中国红十字会总会、四川省红十字会商讨参与地震救援和灾后重建事宜。

5 月 27 日下午，陈启明和胡郭秀萍一起，与正在四川考察灾情的中国红十字会副会长苏菊香就下一步香港红十字会对地震灾区的援助工作进行了商议。

香港红十字会的四川地震赈灾热线电话响个不停

陈启明认为，当前抗震救灾工作已处于从紧急救援阶段向下一阶段过渡的关键时刻，香港红十字会面临着如何用好这笔钱的问题。在媒体开放、发达的香港，香港红十字会的一举一动都格外受到关注。“处理不好捐款，将是另一场灾难！”陈启明希望香港红十字会能参与到总会与中央政府协调的过渡时期和灾后重建项目中来，诸如镇一级的临时医院、临时学校建设；在偏僻的地方设立流动医疗队；在截肢人员多的地方设立假肢中心等。

实际上地震灾难发生后的第 2 天，香港红十字会即派人随同中国红十字会副会长郭长江前往一线灾区考察。林传芃从那时起就一直在灾区忙碌，直到 6 月 1 日始有时间短暂飞回香港。她负责香港红十字会震后援助项目的具体实施。

震后第 2 天，香港红十字会先期拨付 50 万元采购物资。林传芃和同事需要带着采购来的棉被、帐篷前往灾区与当地政府沟通，商议出合理的方案，安排分发物资。在此过程中，她与村长、村民代表沟通，了解灾民的详细需求，如需要哪些物资以及社区恢复重建需要什么帮助等。分发物资时，她严格按要求登记、按手印，保留花名册，以备回访、检查。除了分发物资，林传芃的另一项重要任务是为援助项目选点。她先后考察了绵阳、德阳、雅安的 11 个镇，仅绵竹九龙镇就去了 4 次。香港红十字会援助的重点集中在卫生健康领域，对于援建的医院，都是根据当地人口确定医院的病床数和规模，再据此确定医院的建设规划。对于每家医院的资金预算，林传芃满怀信心地谈到，每平方多少钱，都是有经验的。当然也会考虑到各地区不同的运输成本和市场动态。

汶川地震同样牵动着澳门民众的心。

地震翌日，澳门特区行政长官何厚铧即宣布：特区政府拨款1亿元人民币，澳门基金会拨款1000万元人民币，全力支持内地救援四川地震灾区工作。

震后不到24小时，近300万澳门元的善款就从城市的各个角落汇聚到中央政府驻澳联络办；一个多月中，中联办共向地震灾区转交捐款2.05亿澳门元，其中澳门红十字会筹集的赈灾善款善物总值超过8000万澳门元。澳门红十字会中央委员会主席黄如楷表示，这是澳门红十字会成立以来接收捐赠款物数额最多，规模最大，捐赠范围最广，捐赠人数最多的一次。

有一个故事，澳门红十字会中央委员会主席黄如楷曾经讲过很多遍，至今读来依然让人感动。

故事的主人公叫刘不凡，原来是黄如楷所在住宅区的保安员，后来辞职走了，再无音信。2008年5月17日，黄如楷家的邮箱里收到一封用白纸折叠的信，打开一看，内夹500澳门元。信中只有简短的两行字：

黄先生您好：我见到电视影（里）四川地震各同胞很凄谅（凉），很同情。我亦要出一份力，就捐500元，小小心意，请代劳。

管理员刘不凡

黄如楷说，信中原本没有标点，有错字。

像这样的故事，澳门还有很多。

汶川特大地震后，澳门红十字会在成都设立援建办

澳门特别行政区红十字会

事处，在四川省投入了6300万元人民币用于灾区援建，先后在绵阳、德阳、阿坝、自贡和内江5个地市州，援建了7所学校、5所卫生院、27个卫生站以及7家集养老、卫生和文娱为一体的颐康中心，并帮扶1765户受灾户建房。到2011年，经过两年多的努力，澳门红十字会援建汶川大地震受灾地区的绝大部分项目已竣工落成，援助项目覆盖了四川、甘肃、陕西3省8市州的14县区，共援建民房1874户、学校12所、卫生院10所、卫生站29所、颐康中心7所，涉及金额逾7000万澳门元。

十六、人间万般情

汶川在哭泣，四川在呼唤。

哪里有灾情，哪里就有红十字人救援的身影。中国红十字会闻灾而动，第一时间出现在救灾现场。在红十字的旗帜下，全国人民万众一心，以人间大爱“筑起新的长城”。

坐着轮椅来捐款

5 月 13 日下午，右脚骨折的李春平坐在轮椅上来到中国红十字会总会捐赠大厅，亲手将支票交到正在忙碌的工作人员手中。12 日晚上看到地震发生的新闻后，李春平的心立刻提了起来。那天晚上，他一直看到凌晨 3 点。通过电视，他看到了倒塌的房屋、等待施救的灾民，特别是那些废墟中的孩子。

5 月 15 日，北京市各界群众在中国红十字会总会为地震灾区捐款

“震惊！当时的感觉就是震惊！”他当即决定向中国红十字会捐款 50 万元。13 日早晨，李春平将捐赠的 50 万元汇入中国红十字会账户。为了表达对灾区人民的心意，下午，他坚持坐着轮椅赶到捐赠现场，再次捐 50 万元。100 万元！李春平成为汶川大地震发生 24 小时内中国红十字会总会收到的最大一笔个人捐款。李先生说他父亲是老红军，妈妈是老八路，他们从小就教育他要服务人民、关爱社会。因此，他希望为灾区民众尽自己的一点微薄之力。同时，他还表示，将根据灾情发展采取相应行动。

恨不得插上翅膀飞到灾区

13 日早上，著名演员陈佩斯在经纪人陪同下，急匆匆地赶到中国红十字基金会，为灾区捐款 5 万元，成为第一个走进中国红十字基金会的捐款人。作为老百姓所熟知和喜爱的喜剧演员，陈佩斯一直热心公益事业。这次看到灾区受灾严重，他觉得自己责无旁贷地要为抗灾出把力。

中国红十字基金会现场邀请陈佩斯参加下午的赈灾捐款发布会。陈佩斯表示，他只想为灾区抗灾贡献一份力量，他的捐款微不足道，不希望被关注。但在得知基金会希望通过他向社会发出呼吁，号召大家齐心协力共渡难关后，他又欣然接受了邀请。

在下午的发布会上，陈佩斯说，很难用语言表达自己的心情："我会尽最大努力、最大能力帮助那些困难的人们，这是每个人的义务和责任。我恨不得插上翅膀飞过去，飞到灾区去帮助他们。"

不仅自己亲临现场，陈佩斯还将他的老搭档——著名演员朱时茂带到了现场。朱时茂说："这是我翻遍家里找出的 5 万元现金，兜里剩两百块够吃晚饭就行了。和佩斯一样，我很想组织一些人到灾区尽一点微薄之力。"

陈佩斯前往中国红十字基金会捐款

呼吁给孤残儿童继续前行的希望

“汶川地震已经造成3万多人死亡，这个数字还在增加，这几天看到媒体报道心情一直很沉重。我们无法阻止一个个生命在眼前消失，但可以帮助活下来的人尽快恢复生活。很多孩子，或许成为孤儿，或许身体残缺，无法像正常孩子那样生活，特别需要帮助。我们希望有更多的企事业单位、爱心人士和媒体朋友们加入进来，让无数的爱汇集起来，拯救正在苦难中的孩子们，照亮他们继续前行的希望。”作为中国红十字基金会奔跑天使基金的形象代言人——倪虹洁在全国助残日来临之际，大声呼吁。

奔跑天使基金是为下肢残疾的儿童设立的专项基金。地震发生后，基金将关注的群体扩大到灾区所有孤残儿童。中国红十字基金会副理事长兼秘书长王汝鹏告诉记者，目前，奔跑天使基金已筹集了 700 万资金和物资，将在适当的时候组织医学专家、捐助人代表赶往灾区，会同当地相关部门，就孤残儿童的数量和需求等进行调研，制定具体的救治方案。

5 岁幼儿捐出“小金库”

14 日中午，五岁半的小朋友侯宇琪在妈妈陪同下来到中国红十字会总会捐款办公室，向灾区捐款 200 元。记者问小宇琪为什么要捐款，她躲到妈妈背后，悄悄地说，她在电视上看到灾区的小朋友有的被埋在地下，有的受伤了，有的没有房子住，睡在帐篷里，很可怜，于是就想到了自己的“小金库”——储蓄罐。13 日晚上，她决定把“小金库”里的钱捐给灾区小朋友。宇琪妈妈说，宇琪平时把零用钱放在储蓄罐，都是 5 元、1 元、5 角、1 角的零用钱，她把这些零钱换成了整钱，以免在这特殊时刻让红十字会工作人员花费更多时间。趁女儿午休时间，就带她来了。

70 多岁的老大娘：灾区的孩子太让人揪心了

一位两眼红红的 70 多岁的老大娘走进了捐款办公室。老太太一进门就说个不停，边说边抹眼泪："这几天看电视都到凌晨 1 点。那些废墟下的孩子太让人揪心了。"她说，自己退休了，年纪大了，不能去灾区参加抗震救灾，灾区需要帐篷，需要食品，我们就捐些钱，尽点微薄之力。她捐出了自己一个月的退休金。在捐赠证明上，她签名：铺路石。

出租车司机：拒收捐款人 97 元车费

15 日一大早，中华印刷包装网董事长王圭平专程从上海搭乘飞机赶到北京捐赠。在捐赠金钱表达爱心的同时，他希望到中国红十字基金会看看有什么力所能及的工作可以做。

当出租车司机把他送到目的地时，让他惊讶而感动的是，司机师傅把他递过来的 97 元车费退了回去："您来这儿肯定是捐款的，我不收您的车钱。四川发生地震，有那么多同胞遭了难，我们也很揪心。不过，咱老百姓不能像大企业那样捐那么多钱，但有力出力，把您送到，也算我对灾区人民献了爱心。”

大学生一份特殊的生日礼物

5 月 16 日，是中央财经大学二年级学生小李 20 岁的生日。早在年初家人就决定要隆重地为她庆祝生日。这学期，家里还特意多给了她 1000 元，让她在生日那天和同学一起庆祝。

突如其来的大地震让小李决定以特殊的方式过生日。她决定捐出这 1000 元。拿到捐赠单时，她脸色凝重地说：“我要永远保留这份特殊的生日礼物。”

痛失爱子的母亲：他们比我更痛苦

玉新年仅 3 岁的孩子在 3 月份因白血病去世。为挽救孩子的生命，作为母亲的她，竭尽全力，但孩子颅内突然大出血，拉也拉不回地去了。这些天来，她时刻都沉浸在失去孩子的悲痛中。

但当她通过电视了解到一座座校舍倒塌，一个个健康鲜活的生命在刹那间消失，在废墟中的父母悲痛欲绝时，便觉得自己的痛苦算不了什么。于是，她来到曾为孩子申请骨髓移植的地方，捐出了她所能捐出的钱。

老兄：代我捐 1000 元吧

18 日晚上 10 点多，正当《中国红十字报》的记者写稿时，手机响了。“老妹，我是你湖南老家的李孝华，现在云南一个偏僻山区，人生地不熟的，无法给灾区人民捐钱，明天请你代我到红十字会捐款 1000 元。”

记者的这位老兄很忙，平时少有联系。他说，这段时间一直都在关注灾区情况。他看到，废墟中一位已经失去生命迹象的母亲，双膝着地，身体匍匐，用生命挽救了身下那个三四个月大的孩子，并在手机上写好了短信：“孩子，如果你能活着，要记住妈妈爱你！”

那个时候，他再也无法控制自己的情绪。本想回到湖南再捐款，但他在云南还要待好几天，于是，他想到了在红十字系统工作的记者，希望早日给灾民一点帮助。

十七、携手为人道

5月12日汶川强震发生以来，中国政府和全体人民在灾难和困难面前表现出来的坚强意志，中国军民夜以继日抢救生命的感人场面，牵动着世界人民的目光和情感。

在华夏儿女为失去同胞而悲痛，举国上下齐心自救的关键时刻，国际社会以不同方式，向中国人民伸出援手，表达了同情、慰问与支持。以人道救援为天职的国际红十字组织也紧急行动起来，通过多种方式支持中国红十字会的抗震救灾工作，实现“携手为人道”的美好理想。

5月15日，中国红十字会通过红十字会与红新月会国际联合会（以下简称国际联合会）正式发出紧急国际呼吁，为地震灾区募捐2千万瑞士法郎（合1930万美元），希望能够维持10万灾民12个月的基本生活，呼吁所得款项将重点用于支持中国红十字会在地震灾区的救援工作。

按照国际联合会的计划，募得善款后，第一阶段救灾计划着眼于紧急救灾物资的购买和发放，准备发放3000顶帐篷、10万床棉被、10万包食品和2000箱饮用水净化装置。另外还将为红十字医疗和救援队提供支持，计划派出10支救援队奔赴灾区。

呼吁所募款项还将为长期的救灾恢复工作提供支持。国际联合会日内瓦总部项目协调主任托马斯·古尔特纳解释说："第一时间的救援是生死攸关的，但同时我们也要开始启动灾后漫长的恢复重建过程，让灾民生活尽快回到正常轨道。"

第二阶段救灾计划重点在于支持至少1000户家庭的重建工作。

自5月15日中国红十字会总会通过国际联合会发出紧急国际呼吁后，几日内收到了众多国家的捐助。其中，通过国际联合会为地震灾区捐款的包括：美国红十字会捐1000万美元，欧盟捐200万欧元，德国政府通过德国红十字会捐150万欧元，爱尔兰政府捐100万欧元，日本政府通过日本红十字会捐170万美元，澳大利亚政府捐100万澳元，美国政府捐50万美元，新西兰政府通过新西兰红十字会捐50万美元，新加坡政府捐20万美元，阿联酋红新月会捐2万美元。此外，世界粮食计划署还通过国际联合会捐赠了价值58万元的方便面。

中国红十字会接受的双边直接捐赠包括：西班牙政府通过西班牙红十字会捐100万欧元，挪威红十字会捐100万美元，土耳其红新月会捐51万美元，日本红十字会捐2000万日元（约合130万元人民币），西班牙红十字会捐3万欧元。另外，荷兰国际集团（ING）捐10万欧元、泰国红十字会捐10万美元、泰国国王发展基金会捐10万美元、巴基斯坦红新月会捐5万美元及柬埔寨红十字会捐1万美元，均通过中国驻当地使馆转交中国红十字会。

5月15日，红十字国际委员会主席克伦伯格给中国红十字会会长彭珮云发来慰问信。信中说，看到5月12日的地震在中国造成了巨大伤亡，他感到非常难过。他代表红十字国际委员会对受灾人员表示深切同情，对中国红十字会的员工和志愿者表示慰问。红十字国际委员会愿意加强对中国红十字会的支持，共同帮助有需要的人。

5月16日下午，国际联合会东亚地区代表处主任卡尔·诺克拜会中国红十字会常务副会长江亦曼。据他介绍，全世界都在关心和支持中国的地震救助行动，虽然中国红十字会的紧急国际呼吁发出还不到一天时间，但响应率已经超过100%。此外，国际联合会还将根据救灾工作的需要，与中国红十字会协商，适时发出第二次紧急国际呼吁，争取为灾区提供更多帮助。

5 月 16 日，国际联合会主席托罗给彭珮云会长发来慰问信。信中说，他已与西班牙政府和相关部门进行了联系，西班牙政府和西班牙红十字会将为中国红十字会提供捐款。他还表示希望能在适当时间对地震灾区做短暂访问。

彭珮云会长陪同国际联合会主席托罗先生看望灾区儿童

此外，地震发生以后，美国政府，美国红十字会、企业及其他民间机构通过各种方式向中国灾区提供的资金和物资援助总额超过 2300 万美元。

韩国红十字会向中国红十字会捐献了 1500 件家用救济包和 15000 条毛毯。

德国红十字会准备向中国红十字会捐赠一套流动医

院设施，并派遣相应技术和医务人员来华协助安装和指导。该套流动医院设施可为 25 万人的地区提供医疗服务。

地震救援期间，在中国红十字会的协调下，来自世界各地的不同肤色、不同语言的救援队、医疗队、志愿者的身影出现在震后的废墟上，拯救生命，抚慰心灵。国际红十字大家庭的鼎力协助，使汶川地震救援行动和各级红十字组织受益颇多，他们的人道情怀、敬业精神和应急救援的专业水平令人敬佩。

十八、救援启示录

汶川地震发生后，来自多个国家的救援队、医疗队和志愿者积极参与了灾区紧急救助行动，截至5月17日12时，已有日本、俄罗斯、韩国、新加坡4个国家救援队在四川灾区进行搜救工作。国际救援队本着人道主义精神和对生命的高度责任感，积极开展救援行动，发挥了专业救援队的作用。

日本救援队是进入中国的第一支外国救援队，他们携带了四大“秘密武器”。第一是世界最先进的生命探测仪，能够探测到废墟底下心脏的跳动和轻微呼吸。第二是二氧化碳探测仪，该仪器可通过一条细管向废墟的深处输入二氧化碳，以此确认是否有生命迹象。第三是地震预警器，可以提前测知余震。第四是警犬，日本救援队携带了3只救灾警犬，其中一只是在日本赫赫有名的“英雄”。它在4年前的日本新潟大地震后第5天，凭着异常灵敏的嗅觉，从一堆废墟中发现了一位尚存一息的女孩。训练这条警犬的队员在出发前曾表示，希望“英雄”能够为救助中国的孩子再立新功。

救援中，另一个惊艳世人的神奇存在是中德红十字会野战医院。

5 月 25 日下午 3 点，中德红十字会野战医院在都江堰落成。这个医院是由德国红十字会捐赠，中德红十字会合作搭建的一座“帐篷医院”。随行的有 2 名分别来自德国北威州和巴符州的医生，4 名护士和 5 名技术人员。

这座医院坐落在都江堰天府大道尽头，可为一座有 25 万人口的城市服务。

说它最高级别，并不代表设备多么高级，而是因为它具备一个医院应有的大部分设施。搭建一座这样的野战医院，只用了不到 3 天时间。所有的东西都装在箱子里，箱子分为不同颜色：绿色代表门诊部，红色代表住院部，黄色代表手术室。不同颜色的箱子按特定顺序堆在一起，只需依序安装。

这个医院设备齐全，有 120 张床位；处室包括门诊室、手术室、产房、药品储藏室等；其电力全部由一部便携式发电机提供；帐篷有两层，隔热防雨，防阳光辐射；帐篷里的每张床头都对着一个窗户，病人可以决定是否打开；手术室是一个充气帐篷，内部高压，保证外部空气中的不洁物不会进入；一共有 50 至 60 个小型简

5 月 26 日，中德红十字会野战医院的医护人员和志愿者在运送病人

易马桶，病人使用后，马桶会自动将排泄物粉碎，导入一个塑料袋，统一送到环卫部门处理；还有一个 X 光室帐篷，与其他帐篷保持较远距离。

中德红十字会野战医院的一个特点，是用最少的德国人在最短的时间内，把医院移交给本地人运行。在 6 个星期甚至更短的时间内完成交接之后，德国红十字会人员将全部返回德国。德国红十字会发言人科赫女士谈到，与中国方面的合作，是他们所经历过的最顺利、最高效。

在整个汶川救援中，国际救援队不仅表现出了良好的专业素质和先进的施救理念，也为我们的救援工作提供了许多可资借鉴的经验。

首先，技术精湛、经验丰富的专业救援在抗震救灾中至关重要，而我国的专业救援队伍建设亟待加强。

5 月 17 日，一位被困 127 小时的 61 岁女性幸存者被俄罗斯救援队发现。队员们仅用了 16 分钟，就将被困者从两层楼的夹缝间救了出来。俄方高效的工作，赢得了人们的普遍赞誉。

由 50 名成员组成的俄罗斯国际救援队是一支经验丰富的专业团队，隶属于俄罗斯紧急情况部行动管理局。他们平时训练有素，一旦接到命令，可以在 24 小时内到达全球任何一个区域。此次参与救灾的其他几支专业国际救援队、医疗团队，也都具有同样的实力。

相比之下，我国的灾难救援精锐之师——国家地震灾害紧急救援队毫不逊色。这支组建于 2001 年的队伍，曾经参与了巴基斯坦地震、印尼海啸等多次国际救援行动。汶川地震发生之后，这支地震救援“国家队”的 180 多名队员，仅用一天时间就在都江堰救出 21 名受困者，让外国同行刮目相看。

但由于总人数偏少，国内的专业救援服务在严重的自然灾害面前显得力不从心。尽管国内大部分省份都初步建立了地震救援队，但是由于进口地震救援设备费用很高，难以配齐，直接导致专业训练无法开展。应该说，专业救援队是我国灾难应急救援体系建设的根本，必须得到进一步加强。

5 月 26 日，俄罗斯救援队为灾区孩子做心理辅导

其次，在抗震救灾过程中，专业化志愿者的作用不容忽视，志愿者队伍和平台的搭建须从平时做起。

此次来华参加救灾的国际救援团队中，有不少是由专业志愿者组成的。比如日本，他们有一个网络平台，各地的医生均可作为志愿者在平台上报名。遇有国际紧急医疗援助任务，平台可以很快和他们取得联系。汶川大地震发生后，很多医生主动和平台联系，强烈要求到四川来协助医疗救援。日本这支志愿者队伍有 30 多年的历史，在地震、海啸等重大自然灾害的医疗救援方面有着丰富的经验。和日本医疗队一样，中德红十字会野战医院的德方人员也都是志愿者。

与之相比，虽然目前我国的志愿者服务规模已经不小，但缺少专业分工和成熟的组织。

与此同时，一些发达国家的社区志愿者救灾组织也很完善。事实表明，大地震后，被亲属救出的被困者数量惊人，甚至超过专业救援队救出的数量。原因很简单，一是，亲属之间相距不远，救援及时；二是，亲属往往知道被困者的准确位置。如果社区的救灾志愿者组织建立起来并进行适当训练，今后再遇到震灾，肯定能挽救更多生命。

最后，在全球化时代，灾难国际救援成为潮流。积极主动地接受与参与国际救援行动，有助于中国进一步树立成熟、开放的大国形象。

随着全球化进程的不断加深，人类相互依存程度也在不断加深，出现在世界各个角落的自然灾难已经成为世界性问题，国际合作应对灾难是未来的发展趋势。

我国政府顺应了这一趋势。近年来，对于他国遭遇的灾难，中国都在第一时间提供有效援助，获得了国际社会的高度赞誉。

此次汶川大地震，中国政府的态度更加国际化，在首次接受他国救援来华的同时，还公开表示帐篷严重不足，希望国际社会增加援助。对此，美国《西雅图邮讯报》评论说：没有人会因为中国呼吁帮助而认为其无能自救，这反而会改善和提升中国的形象，推动抗震救灾和灾区的重建。

十九、大爱铸丰碑

2008 年 6 月 4 日，汶川大地震发生后第 23 天。

当天 12 时，根据民政部公布的数据，全国共接收国内外社会各界捐赠款物总计 436.81 亿元。也就是说，地震灾难发生以来，社会公众捐赠平均每天近 20 亿元。436.81 亿元！这个数字已经超过了有关部门所统计的中国 2006 年、2007 年捐款总额！单就捐款数据，可以说，这是中国慈善事业一次井喷式的爆发。这种井喷不仅仅表现在捐款数据上，还体现在整个中国慈善事业发展的各个方面。

事实正是如此，汶川救援中，慈善参与规模空前壮大、公众慈善热情空前高涨、慈善捐赠模式呈多元化发展、慈善组织呈现出更加理性与协作的姿态。种种迹象表明，中国的慈善事业或许将就此进入一个全新的发展阶段。一个个感人的故事和一串串让人惊叹的数据充分显示，我国的全民慈善已初现雏形。在这一背景下，中国红十字会的应急救援工作也在经历着前所未有的变革和发展。

2010 年 3 月 10 日，中国红十字会总会公布了汶川地震捐赠款物接收、拨付、使用和结存情况。根据公布的信息，中国红十字会总会及中国红十字基金会在开展“5 · 12”汶川地震抗震救灾捐赠活动中，共接收捐赠款物 57. 12 亿元人民币，其中资金 51. 22 亿元，物资价值 5. 9 亿元。信息显示，到 2009 年 12 月 31 日，中国红十字会总会及中国红十字基金会接收的捐赠款物已支出 42. 3 亿元。其中，用于应急抢险、派救援队、采购调拨物资等开支 1. 8 亿元，购置搭建活动板房 5 亿元，拨付四川、甘肃、陕西、重庆、云南、宁夏、贵州等灾区用于救灾和灾后重建 34. 79 亿元，用于残疾人安置康复、灾民心理救援和恢复等项目支出 0. 57 亿元，用于办公耗材、通信、招募志愿者、项目督导检查、捐赠收据打印、邮寄等费用 0. 14 亿元。

据统计，到 2011 年 2 月 28 日，全国红十字系统共接收汶川地震救灾款物价值人民币 199 亿元，其中资金 160 亿元，物资价值 39 亿元。

根据中国红十字会 2011 年 5 月 5 日发布的总结报告，汶川地震发生后，总会先后向灾区调拨帐篷 13 万余顶、衣物 69 万余件、棉被 79 万余床、蚊帐 170 万顶和粮食 6400 多吨；全国各地红十字会也接收了大批各类捐赠物资并运往灾区，灾区各级红十字会对救灾物资及时进行分发，协助政府做好群众的生活安置工作。此外，志愿者的深度参与成为此次救援的一抹亮色，仅在四川灾区就有来自全国各地的红十字志愿者18万人参与抗震救灾工作。

灾区人民重建家园

灾难是磨砺队伍的试金石。面对这场特大的地震灾害，中国红十字会经受了前所未有的严峻挑战，书写了灾害救援的历史新篇章。2008年以前，中国红十字会的救灾工作停留在较低的水平上，主要是筹钱、买粮、买衣被，模式相对单一，领域比较狭窄，缺少科技含量，在社会上的影响力也很有限。而2008年的救援工作，让中国红十字会懂得了如何从容应对巨大灾难，如何运用先进经验和理念参与救灾。经历此次救援行动，中国红十字会提出了提升中国红十字会救援的专业化水平、加快实现红十字救援工作战略转型的目标，这个目标包括工作预案、指挥系统、备灾体系、救援队的建设、标准化建设及信息化管理和信息发布机制的建设等。

在这次抗震救灾中，中国红十字会第一次组建前线指挥部和工作组，靠前指挥和协调抗震救灾工作；第一次实现救灾、救护、救助三项职能同步展开；第一次接收、管理和使用超过 160 亿元的捐赠款物；第一次组织专业医疗、心理救援队实施救援；第一次大规模协调、接受国外、境外医疗队来华开展救援工作；第一次组织规模庞大的红十字志愿者队伍参与救灾；第一次参与大量的灾后恢复重建工作。汶川地震救援展示了蕴藏在红十字队伍中的巨大力量，使广大红十字工作者懂得了应当如何更好地履行红十字会的使命，更好地为人民服务。

汶川地震的抗震救灾推动中国红十字会救灾工作实现了从单纯的紧急救助转变为紧急救助与参与灾后重建相结合的根本转变，也是中国红十字会救灾赈灾工作走向更加专业、更加规范、更加高效阶段的新起点。

尾　声

为有力、有序、有效推进灾后恢复重建，根据中央部署，国务院及时颁布了《汶川地震灾后恢复重建条例》，迅速出台了《国务院关于做好汶川地震灾后恢复重建工作的指导意见》和《国务院关于支持汶川地震灾后恢复重建政策措施的意见》，明确了灾后恢复重建的主要任务、工作要求、实施步骤和保障措施。

2008年8月13日，中国红十字会已与四川省人民政府签署了《中国红十字会援助四川省首批灾后重建项目备忘录》，承诺援助四川首期重建项目资金25亿元，涉及农户住房建设，重建村卫生站、村民活动室、乡镇卫生院、乡镇学校及社区防灾减灾设施等项目。8月14日，中国红十字会援助四川德阳的首批49个灾后重建项目在德阳举行了签字仪式，并为援川首个重建项目黄许小学奠基，这标志着中国红十字会援助四川灾后重建项目正式启动。

客观而言，汶川特大地震灾后重建一直被认为是一道世界性难题，其重建范围之广、难度之大，为世人瞩目。那么，重建三年后中国向世人交出了一份怎样的灾后重建答卷呢?

到2011年2月28日，全国红十字系统重建阶段已投入资金123亿元，待拨付资金12亿元，这些资金将根据项目协议及项目要求分批拨付。到此时，红十字系统在汶川地震灾区共援建民房183179户、学校2114所、卫生院（站）5123所，此外还有部分康复中心、敬老院、福利院及防灾减灾设施等。至此，红十字会参与的汶川地震灾区的硬件重建任务已基本完成。

同时，中国红十字会在灾区还开展了包括防灾避险、救护培训、心理支持、健康教育、发展生计等在内的“博爱家园”软项目工作，支持中国残疾人联合会和国家人口和计划生育委员会，在四川灾区开展了红十字博爱康复援助项目和红十字博爱家庭关爱行动项目等。

在三年的重建工作中，汶川地震带给中国红十字会的考验和挑战是前所未有的，通过这次大灾的历练，中国红十字会变得更加成熟、更加自信、更加开放。三年重建工作的圆满完成，使中国红十字会积累了丰富的重建经验，也认识到自身诸多的不足，这些都是以后参与重建的宝贵财富。